普通高等教育"十四五"规划教材

中国石油和石化工程教材出版基金资助项目

流动过程原理及设备

张　颖　徐保蕊　赵庆贤　丛　蕊 **编著**

邵　辉 **主审**

中国石化出版社

内容提要

本书以流体为研究对象，将流动过程原理与流动系统管路和设备有机结合，系统阐述了流程性工业的特点、流体的主要性质、流体静力学和动力学基本方程等基本理论，流体流动现象及流动参量的主要测量方法，流动系统的管路组成、管路流动阻力的计算及管路特性分析与计算。重点介绍了以离心泵为代表的流体输送用泵及其选型方法。同时，结合工程教育专业认证的相关要求，对流体输送过程常用数值仿真分析软件和分析方法进行了较为系统的介绍，并给出了相应的分析实例。

本书可供涉及流动过程原理及设备的本科专业，如安全工程类、过程装备与控制工程类、油气储运类、市政工程类、环境科学类等相关专业的学生使用，也可作为相关行业专业技术人员的参考书。

图书在版编目（CIP）数据

流动过程原理及设备/张颖等编著．—北京：
中国石化出版社，2021.5
ISBN 978－7－5114－6233－6

Ⅰ.①流…　Ⅱ.①张…　Ⅲ.①过程控制
Ⅳ.①TP273

中国版本图书馆 CIP 数据核字（2021）第 098866 号

中国石化出版社出版发行

地址：北京市东城区安定门外大街 58 号
邮编：100011　电话：(010)57512500
发行部电话：(010)57512575
http://www.sinopec-press.com
E-mail：press@sinopec.com
北京富泰印刷有限责任公司印刷
全国各地新华书店经销

*

787×1092 毫米 16 开本 16.25 印张 411 千字
2021 年 7 月第 1 版　2021 年 7 月第 1 次印刷
定价：48.00 元

前　言

过程工业是加工制造流程性材料产品的现代国民经济支柱产业之一。流体作为流程性材料的主要形态，掌握其性质、流动过程原理和流动系统组成，是化工、安全、过程装备与控制工程等与过程工业相关的工程类本科专业的重点教学内容。

根据"工程教育专业认证"和"卓越工程师教育培养计划"的相关要求，本书以流体工程技术应用为主线，确定将流动过程原理与流体输送设备相融合的编写思路。全书以液体这一流体的主要形式为研究对象，主要介绍流体的基本性质、基本概念和基本原理，重点介绍解决管路流动过程问题的静力学方程和动力学方程，以及分析管路流体流动过程中的能量守恒特性。同时，对输送流体的主要设备——管路和泵，进行了较为系统的介绍；主要包括管路元件、管路流动阻力的计算和管路分析计算；以离心泵为代表，重点介绍基本结构和工作原理、主要性能参数和特性曲线、主要零部件，以及与管网联合工作的调节与操作；对其他类型泵和选型方法进行了较为系统的介绍；最后，通过3种典型流体输送过程数值模拟应用实例，对计算流体力学的相关知识和数值模拟软件进行了介绍。

由于流体力学理论较为复杂，作为一种尝试，本书以流体工程技术应用为主线，在知识体系的组织上力求深入浅出，突出对流动过程本质的理解，在理论概念方面尽量做到准确、精炼。

本书共分5章，常州大学张颖教授负责拟定编写体系，并编写第1章和第2章；东北石油大学徐保蕊博士负责编写第5章；常州大学赵庆贤老师负责编写第3章和书后习题的编写与校对；常州大学丛蕊副教授负责编写第4章。全书由常州大学邵辉教授负责审阅。

在本书的编写过程中，东北石油大学戴光教授、李伟教授和李宝彦教授提出了许多宝贵意见，中国石油大学魏耀东教授、陈建义教授和王振波教授提供了许多帮助指导。邱枫、高晗、赵广宇、张盛瑀和刘爱玲等研究生帮助完成了书稿的编辑工作。本书得到中国石油和石化工程教材出版基金和常州大学重点教材项目的资助。在此一并表示衷心的感谢!

本书的编审人员具有多年的专业教学经验,参阅了大量专业书刊,认真进行了编写,但由于编者的水平有限,工程实践经验不足,欠缺之处在所难免,恳请读者给予指正!

目　　录

第1章 绪 论

1.1 过程工业与工艺过程

过程工业是指以改变物料的物理和化学性能为主要目标的加工业，它涵盖诸如化学、化工、石油化工、炼油、制药、食品、冶金等许多工业门类和行业部门。过程工业处理的物料主要是流程性材料。流程性材料是指其量和形状是由包容体（例如容器等）给定的一类材料。气体、液体和粉粒体，是典型的三类流程性材料。

过程工业是通过一系列有机结合的工艺过程来实现的。这些工艺过程可分为物理过程和化学过程两大类，具体包括如下典型过程：

①传质过程——基于传质学原理的质量传递过程；

②传热过程——基于传热学原理的热量传递过程；

③流动过程——基于流体力学原理的动量传递过程；

④反应过程——基于化学和反应动力学原理的化学过程；

⑤热力过程——基于热力学原理的能量转换过程；

⑥机械过程——基于粉体力学原理的粉体静力和动力过程。

上述六大典型过程的前四种，即为传统化工过程的"三传一反"。我们所熟悉的化工单元操作过程，如流体输送、搅拌、沉降、过滤、热交换、蒸发、结晶、吸收、蒸馏、萃取、吸附和干燥等，均包含在传质、传热和流动（动量传递）三大过程中。在过程工业生产中，粉体物料占有很大比例（例如在化工行业占三分之一以上），在某些行业甚至占绝对比例（例如在水泥、部分食品行业等），对这些粉体物料进行加工处理的单元操作过程，如储存、输送、粉碎、造粒、掺混、分离及流态化等，称为粉体的机械过程。热力学是工艺过程的最基本的理论基础之一，它可以给出这些过程的方向和限度，同时一些典型的热力过程（如冷冻过程等）和热力设备（如热机等），又是工艺过程和过程设备的重要组成部分。显然，化学工业是过程工业的典型代表，化工过程全部包括了上述六大典型过程。

1.2 过程装备及其特点

1.2.1 过程装备的基本特点

过程装备是实现过程工业生产的硬件设施。广义地讲，过程装备包括了过程装置（或称工艺装置）和辅助设施（如动力及其他公用工程辅助设施等），但我们通常将它限定为过程装置。过程装置是由过程设备（或称工艺设备）组成的设备系统。过程设备既包括静设备，也包括动设备。过程机械是过程设备的统称。过程设备这一概念既可用于泛指，也可用于特指。泛指时，它与过程机械具有相同的含义；特指时，它是一台台具体单体设备的代名词。

过程设备由过程机械（即泛指的过程设备）和成套技术两部分组成，前者是系统的"硬件"，后者是系统的"软件"。图 1-1 表示了上述不同概念间的层次关系。

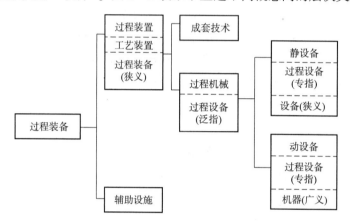

图 1-1 过程装备不同概念间的层次关系

过程工业生产在"硬件"上是通过过程装备实现的，在"软件"上是通过工艺过程来实现的，而每一个工艺过程又是通过一台台过程设备（专指）来实现的，这些关系可概括地表达如下：

$$过程工业生产 = \Sigma 工艺过程$$
$$\downarrow\uparrow \qquad\quad \downarrow\uparrow \qquad\qquad (1-1)$$
$$过程装备 = \Sigma 过程设备（专指）$$

对于化学工业，可具体表示为：

$$化工生产 = \Sigma 化工过程$$
$$\downarrow\uparrow \qquad\quad \downarrow\uparrow \qquad\qquad (1-2)$$
$$化工装备 = \Sigma 化工设备（专指）$$

上面过程装备（化工装备）式中的"Σ"号，即为成套技术。

1.2.2 过程装备的特性

过程工业的技术、经济特征，以及生产条件和生产方式等，决定了过程装备具有如下特征。

（1）提供了被动加工条件。在机械工业中，被加工件必须适应机械设备的性能，这是主动加工。在过程工业中，为使物料发生物理、化学性能变化，必须具备一定的工艺条件（温度、压力等），过程设备要适应这种条件，因而是被动加工。

（2）容器类设备多。在过程工业中，为提供一种被动加工条件，物料必须被限定在密闭空间内，因此大多数设备具有容器外壳，且这类容器的操作条件往往很苛刻，例如高压（数百甚至上千兆帕）、高温（数百甚至上千摄氏度）和强腐蚀等。

（3）非标准设备多。由于设备必须满足工艺要求，而工艺条件的多样化，使得过程设备难以实现标准化、系列化。

（4）对安全性和可靠性要求高。大规模的连续生产方式，不允许因设备故障而中断生产。由于所处理的物料往往易燃、易爆或有毒，或者处于高温、高压状态，设备泄漏或破裂，会造成严重后果。

1.2.3 过程装备的基本构成

前已述及，过程工业的工艺过程是在各种各样的过程设备中实现的。相应于不同的工艺过程，就有不同的过程设备。由各种各样的过程设备，就构成了过程装备的“硬件”部分——过程机械（或泛指的过程设备），如图 1-2 所示。

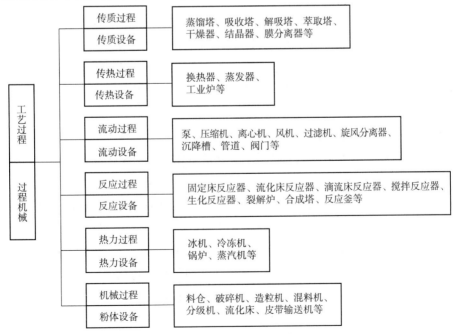

图 1-2 过程与对应的典型过程装备

图 1-2 所列举的过程设备中，流体设备中的动设备（亦称为流体机械，如泵、压缩机、离心机、风机等），热力设备中的锅炉等动力设备等，属通用机械，是完全标准化设备；非传质分离设备（如过滤机、旋风分离器等），以及换热设备中的换热器、工业炉等，属于基本标准化设备；反应设备和传质设备等，均属于非标准设备。严格地讲，通用机械不属于过程机械的范畴，鉴于它们在过程工业的重要地位和作用，往往将其与过程设备放在一起讨论。

1.3 过程装备的发展趋势

我国科技部和国家自然科学基金委在 21 世纪初发表了《中国基础学科发展报告》，其中分析了世界工程科学研究的发展趋势和前沿，这也为过程装备的发展指明了方向，值得借鉴和参考。

（1）全生命周期的设计/制造正成为研究的重要发展趋势。由过去单纯考虑正常使用的设计，前后延伸到考虑建造、生产、使用、维修、废弃、回收和再利用在内的全生命周期的综合决策。

过程装备的监测与诊断工程、绿色再制造工程和装备的全寿命周期费用分析、安全和风险评估以及以可靠性为中心的维修（Reliability Centered Maintenance，RCM）和预测维修（Predictive Maintenance，PdM）等正在流程工业逐渐应用。

（2）工程科学的研究尺度向两极延伸。过程装备的大型化是多年发展方向，近年来又有向小型化集成化方向发展的趋势。

（3）广泛的学科交叉、融合，推动了工程科学不断深入、不断精细化，同时也提出了更高的前沿科学问题，尤其是计算机科学和信息技术的发展冲击着每个工程科学领域，影响着学科的基础格局。学科交叉导致传统的生产观念和生产模式发生了根本转变，随着需求个性化，制造信息化的进程，传统的生产观念由物质制造向信息制造转变。

学科交叉、融合和用信息化改造系统的化工机器与设备学科产生了过程装备与控制工程学科，这一学科的发展也必须依靠学科交叉和信息化。过程装备复杂系统的监控一体化和数字化是发展的必然趋势。

（4）产品的个性化、多样化和标准化已经成为工程领域竞争力的标志，要求产品更精细、灵巧并满足特殊的功能要求，产品创新和功能扩展/强化是工程科学研究的首要目标，柔性制造和快速重组技术在大流程工业中也得到了重视。

（5）先进工艺技术得到前所未有的广泛重视，如精密、高效、短流程、虚拟制造等先进制造技术对机械、冶金、化工、石油等制造工业产生了重要影响。

（6）可持续发展的战略思想渗透到工程科学的多个方面，表现了人类社会与自然相协调的发展趋势。制造工业和大型工程建设都面临着有限资源和破坏环境等迫切需要解决的难题，从源头控制污染的绿色设计和制造系统为今后发展的主要趋势之一。

1.4　本课程的主要内容和学习方法

1.4.1　石油化工流动过程及设备

石油化学工业简称石化工业，是化学工业的重要组成部分。石油化学工业是基础性产业，它为农业、能源、交通、机械、电子、纺织、轻工、建筑、建材等行业和人民日常生活提供配套和服务，在国民经济中占有举足轻重的地位，是我国国民经济的支柱产业部门之一。石油化工指以石油和天然气为原料，生产石油产品和石油化工产品的加工工业。石油产品又称油品，主要包括各种燃料油（汽油、煤油、柴油等）和润滑油以及液化石油气、石油焦炭、石蜡、沥青等。生产这些产品的加工过程常被称为石油炼制，简称炼油。石油化工产品以炼油过程提供的原料油进一步化学加工获得。生产石油化工产品的第一步是对原料油和气（如丙烷、汽油、柴油等）进行裂解，生成以乙烯、丙烯、丁二烯、苯、甲苯、二甲苯为代表的基本化工原料。第二步是以基本化工原料生产多种有机化工原料（约 200 种）及合成材料（塑料、合成纤维、合成橡胶）。这两步产品的生产属于石油化工的范围。有机化工原料继续加工可制得更多品种的化工产品，例如以天然气、轻汽油、重油为原料合成氨、尿素，甚至制取硝酸也列入石油化工过程。进入 21 世纪以来，随着依靠自有技术建设的千万吨/年炼油装置不断建成投产，均采用设备标准化、管理程序化及 DCS 控制的现代石油化工装置，标志着我国炼油化工行业在规模上、技术上达到了国际领先水平。

尽管构成石油化学工业生产的装置千差万别，即便是在同一装置中也是管道纵横交错，机泵等设备星罗棋布，看上去极其复杂，但是，这些复杂的化工装置基本上是由上述六个基本过程与设备即单元操作组合而构成的工艺加工装置。

本书根据石油化工生产过程的特点，重点介绍以流体力学为基础的单元操作——流体输送过程及设备。

通过对流体力学基本规律的学习，重点掌握过程原理，熟悉典型设备的结构及计算、选型和优化等基础知识，不仅仅懂得怎样进行操作与调节，而且还可以通过计算机进行优化操作，节能降耗，以适应不同的生产要求；编制应对事故预案，并在遇到突发情况时，能准确分析、寻找其原因，并采取正确的解决措施。目的是培养、提高学生运用工程的观点分析和解决各种石油化工工程中实际问题的能力。

1.4.2　课程的学习方法

本课程是一门实践性很强的工程学科，在其长期的发展过程中，形成了两种基本研究方法。

（1）实验研究方法（经验法）。该方法一般用量纲分析和相似论为指导，依靠实验来确定过程变量之间的关系，通常用无量纲数群（或称准数）构成的关系来表达。实验研究方法避免了数学方程的建立，是一种工程上通用的基本方法。

（2）数学模型法（半经验半理论方法）。该方法是在对实际过程的机理深入分析的基础上，在抓住过程本质的前提下，做出某些合理简化，建立物理模型，进行数学描述，得出数学模型，通过实验确定模型参数。这是一种半经验半理论的方法。

如果一个物理过程的影响因素较少，各参数之间的关系比较简单，能够建立数学方程并能直接求解，则称之为解析方法。

值得指出的是，尽管计算机数学模拟技术在化工领域中的应用发展很快，但实验研究方法仍不失其重要性，因为即使是可以采用数学模型方法，但模型参数还需通过实验来确定。

1.4.3 课程的学习要求

本课程是"科学"与"技术"的融合，它强调工程观点、定理运算、实验技能及设计能力的培养，强调理论联系实际。学生在学习本课程中，应注意以下几个方面能力的培养。

（1）"过程"与"装备"知识的有机结合。本课程将石油化工生产中的主要工艺过程与所用的典型设备相结合，进行课程的组织和学习，旨在培养学生"设备与工艺"相结合的综合技术能力；

（2）单元操作和设备选择的能力。根据生产工艺要求和物系特性，合理地选择单元操作及设备；

（3）工程设计能力。学习进行工艺过程计算和设备设计。当缺乏现成数据时，要能够从资料中查取，或从生产现场查定，或通过实验测取。学习利用计算机辅助设计；

（4）操作和调节生产过程的能力。通过流体力学及管路特性等方面的仿真实验，学习如何操作和调节生产过程。在操作发生故障时，能够查找故障原因，提出排除故障的措施；

（5）过程开发或科学研究能力。学习如何根据物理或物理化学原理而开发单元操作，进而组织一个生产工艺过程。将可能变现实，实现工程目的，这是综合创造能力的体现。

思考题

1. 过程装备具有哪些特点？试举例说明。

2. 流程性材料包括哪几种？

3. 过程工业生产中包括哪几个典型生产过程？举例说明。

4. 过程机械主要包括哪两大类？每类列举两种以上的典型机械。

5. 以石油化工生产过程为例，列举书中六种典型工艺过程及每种工艺过程中所用到的典型过程设备。

6. 简述石油化工生产过程的特点。

7. 简述过程装备的分类。

第 2 章　流体特性及力学基础

2.1　流体的主要性质

在自然界中，常见的物质主要以固态、液态和气态三种形式存在，其对应的物质分别称为固体、液体和气体。由于液体和气体具有通常所说的流动性，因此把液体和气体统称为流体。与固体相比，流体不具有固定的形状，在外力的作用下能够连续变形；静止状态下的流体既不能承受拉力也不能承受剪切力。依据流体的上述特性，也可以把流体定义为自身不具有固定形状（形状由容器而定）、在微弱剪切力作用下能够连续变形的物质。

流体力学是力学的一个重要分支。与固体力学相似，流体力学是研究流体在静止和运动状态下的力学行为规律及其在工程实践中应用的一门学科。

随着科学技术和生产实践的不断发展，流体力学在各行各业乃至日常生活的方方面面都有着十分广泛的应用。自然界中空气不同形式的流动形成普通的风、台风、飓风和龙卷风是流体力学研究的范畴；河流中水的流动也属于流体力学的范畴。在诸多以水等液体或气体作为介质的行业，如发电行业、化工行业、材料行业、土木建筑等行业，凡是有流体参与的设备和设施，其中流体的行为必然受到流体力学相关规律的支配。可以说，由于流体无处不在，因此流体力学的规律也随处时时刻刻地影响着人们的生活和生产。了解和掌握流体力学的相关知识，对于了解、掌握、解释乃至控制自然规律起着十分重要的作用。随着工业化的不断发展，流体力学也已经在各个行业起到了不可或缺的作用。

石油化工是国民经济的支柱行业，其生产加工过程中都会有流体的参与。掌握流体的性质及流体力学的相关规律，才能正确有效地解决材料生产加工等各个环节所遇到的相应问题，为提高生产效率、节约能耗、控制生产过程和优化生产工艺提供依据。

2.1.1　流体的主要物理性质

流体的运动状态不仅与外部条件（受力状态、边界条件）有关，还与其自身的物理性质有着密切的关系。

1. 密度

流体的密度是流体的最基本的物理性质之一。单位体积内流体的质量称为流体的密度，通常用符号 ρ 表示。其定义如式（2-1）所示：

$$\rho = \lim_{\Delta V \to 0} \frac{\Delta m}{\Delta V} = \frac{\mathrm{d}m}{\mathrm{d}V} \qquad (2-1)$$

式中 ρ——流体的密度，kg/m^3；

m——流体的质量，kg；

V——质量为 m 的流体相应的体积，m^3。

如果流体是均质的，则流体的密度可以表示为：

$$\rho = \frac{m}{V} \qquad (2-2)$$

流体的密度单位除了上述国际单位（kg/m^3）以外，常用的还有 g/cm^3。

2. 比体积

流体的比体积定义为单位质量的流体所占的体积，用符号 ν 表示。

$$\nu = \lim_{\Delta V \to 0} \frac{\Delta V}{\Delta m} = \frac{\mathrm{d}V}{\mathrm{d}m} \qquad (2-3)$$

由上述比体积的定义式可知，比体积是密度的倒数，即

$$\nu = \frac{1}{\rho} \qquad (2-4)$$

比体积的国际单位是 m^3/kg。

3. 重度

流体的重度是指单位体积流体所受的重力的大小，用符号 γ 表示。

$$\gamma = \lim_{\Delta V \to 0} \frac{\Delta G}{\Delta V} = \frac{\mathrm{d}G}{\mathrm{d}V} \qquad (2-5)$$

式中 γ——流体的重度，N/m^3；

G——流体所受的重力，N。

由于： $$G = mg \qquad (2-6)$$

式中 g——重力加速度，m/s^2。

因此重度和密度存在如下关系：

$$\gamma = \rho g \qquad (2-7)$$

流体的密度、比体积和重度均是温度和压力（压强）的函数，因此在给出流体的上述物理性质时，一定要说明其对应的温度与压力。

水是最常见的液体，其在标准大气压下不同温度时的密度、比体积和重度如表2-1所示。

表 2-1 标准大气压下不同温度时水的密度、比体积和重度

温度/℃	0	4	20	40	60	80	100
密度 ρ/（kg/m^3）	999.8	1000.0	998.2	992.2	983.2	971.8	958.4
重度 γ/（N/m^3）	9805.0	9807.0	9789.3	9730.5	9642.2	9530.4	9399.0
比体积 $\nu \times 10^3$/（m^3/kg）	1.0002	1.0000	1.0018	1.0079	1.0171	1.0290	1.0434

除了水以外，常见液体在标准大气压下的密度和重度如表 2 - 2 所示。

表 2 - 2　标准大气压下常见液体的密度和重度

液体种类	乙醇（酒精）	苯	甘油	汞（水银）	液态氢	液态氧
温度/℃	20	20	20	0	-257	-195
密度 $\rho/(kg/m^3)$	789	895	1258	13600	72	1206
重度 $\gamma/(N/m^3)$	7738	8777	12337	133375	706	11827

从上述水的密度数据可以看出水的密度随着温度的变化不是很大，同时，下面将要介绍的压缩性与膨胀性数据也表明，液体的密度随着压力的变化也不是很大。然而，对于气体而言，温度和压力对密度和重度的影响则非常明显。对于理想气体，其密度可以通过气体状态方程式（2 - 8）计算得到。

$$\frac{p}{\rho} = RT \tag{2 - 8}$$

式中　p——气体压强，Pa；

　　　R——气体常数，$R = \dfrac{R_m}{M}$，$J/(kg \cdot K)$；

　　　R_m——通用气体常数，$R_m = 8314 J/(kmol \cdot K)$；

　　　M——气体的摩尔质量，$kg/kmol$；

　　　T——气体的热力学温度，K。

因此，理想气体的密度为：

$$\rho = \frac{p}{RT} \tag{2 - 9}$$

式（2 - 9）说明理想气体的密度与压强成正比，与温度成反比。在压力不是很大、温度不是很低的情况下，通常气体都可以看作理想气体，在工程实际应用中，其密度可以通过气体状态方程得到的密度公式（2 - 9）计算。

例 2 - 1：试分别计算空气、氧气和氮气在标准状态下的密度。

解：标准状态下，温度和压力分别为：$T_0 = 273.15 K$，$p_0 = 101325 Pa$。

空气、氧气和氮气的摩尔质量分别为：

$$M_a = 29 kg/kmol, \quad M_{O_2} = 32 kg/kmol, \quad M_{N_2} = 28 kg/kmol$$

因此，空气、氧气和氮气的气体常数分别为：

$$R_a = 8314/29 = 287 J/(kg \cdot K)$$
$$R_{O_2} = 8314/32 = 260 J/(kg \cdot K)$$
$$R_{N_2} = 8314/28 = 297 J/(kg \cdot K)$$

根据式（2 - 9）可得：

$$\rho_a = \frac{p_0}{R_a T_0} = \frac{101325}{287 \times 273.15} = 1.293 \ kg/m^3$$

同理：

$$\rho_{O_2} = 1.427 kg/m^3 \qquad \rho_{N_2} = 1.249 kg/m^3$$

4. 黏性

虽然静止状态的流体不能够承受剪切力，但是当流体处在运动状态时，如果由于流体内部质点或者流层之间存在相对运动，那么流体将产生与该运动相反方向的力以抵抗该相对运动。流体的这种抵抗流体质点（或流层）之间相对运动或者抵抗流体剪切变形的性质称为流体的黏性。

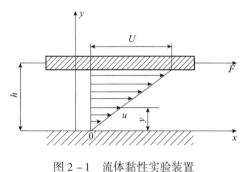

图 2-1 流体黏性实验装置

为了证明黏性的存在，1687 年著名科学家牛顿（Newton）通过研究两块平板间流体的层状运动进行了定量研究。实验装置如图 2-1 所示。两块平板之间的距离为 h，面积为 A，板之间充满流体。平板的面积足够大以致可以忽略平板的边缘效应。下面平板固定（速度为 0），上面平板以速度 U 沿着 x 方向向右做匀速直线运动。实验结果表明：

（1）平板之间流体的速度沿着 y 方向呈直线分布，即 $u = \dfrac{U}{h} y$；

（2）维持平板向右做匀速直线运动的力 F 与平板的面积 A 的比值 $\dfrac{F}{A}$ 与 y 方向的速度变化率 $\dfrac{U}{h}$ 成正比，即

$$\frac{F}{A} \propto \frac{U}{h} \qquad (2-10)$$

由于上平板做匀速直线运动，因此在 x 方向上除了受到力 F 以外，必然还受到另外一个与之大小相等、方向相反的力（设为 T）的作用，该力只可能由与上平板接触的流体给予，该力就是流体由于流层之间的相互运动导致的黏性力。因此单位面积上黏性力 $\dfrac{T}{A}$ 的大小也与 $\dfrac{U}{h}$ 成正比。设比例系数为 μ，则：

$$\tau = \frac{T}{A} = \mu \frac{U}{h} \qquad (2-11)$$

式中 τ——单位面积的剪切力，即切应力，Pa；

   μ——动力黏度系数，简称黏度，Pa·s。

当速度分布非线性时，可采用微分形式表示切应力：

$$\tau = \mu \frac{\mathrm{d}u}{\mathrm{d}y} \qquad (2-12)$$

这就是著名的牛顿内摩擦定律。

式（2-12）可改写为

$$\mu = \frac{\tau}{\dfrac{\mathrm{d}u}{\mathrm{d}y}} \qquad\qquad (2-12\mathrm{a})$$

即为动力黏度的表达式。所以黏度的物理意义是促使流体流动产生单位速度梯度的剪应力。由上式可知，速度梯度最大之处剪应力亦最大，速度梯度为零之处剪应力亦为零。黏度总是与速度梯度相联系，只有在运动时才显现出来。分析静止流体的规律时就不用考虑黏度这个因素。

在法定单位制中，动力黏度的单位为：

$$[\mu] = \left| \frac{\tau}{\dfrac{\mathrm{d}u}{\mathrm{d}y}} \right| = \frac{[\mathrm{Pa}]}{\dfrac{[\mathrm{m}]/[\mathrm{s}]}{[\mathrm{m}]}} = [\mathrm{Pa} \cdot \mathrm{s}]$$

某些常用流体的动力黏度，可以从相关手册中查到，但查到的数据常用其他单位制表示，例如在手册中动力黏度单位常用 cP（厘泊）表示。1cP = 0.01P（泊），P 是动力黏度在物理单位制中的导出单位，即

$$[\mu] = \left| \frac{\tau}{\dfrac{\mathrm{d}u}{\mathrm{d}y}} \right| = \frac{[\mathrm{dyn/cm^2}]}{\dfrac{[\mathrm{cm/s}]}{[\mathrm{cm}]}} = \frac{[\mathrm{dyn} \cdot \mathrm{s}]}{[\mathrm{cm^2}]} = \frac{\mathrm{g}}{[\mathrm{cm} \cdot \mathrm{s}]} = \mathrm{P}(\text{泊})$$

此外，流体的黏度还可用动力黏度 μ 与密度 ρ 的比值来表示。这个比值称为运动黏度，以 ν 表示，即

$$\nu = \frac{\mu}{\rho} \qquad\qquad (2-13)$$

运动黏度在法定单位制中的单位为 $\mathrm{m^2/s}$；在物理制中的单位为 $\mathrm{cm^2/s}$，称为斯托克斯，简称为斯，以 St 表示，$1\mathrm{St} = 100\mathrm{cSt}$（厘斯）= $10^{-4}\mathrm{m^2/s}$。

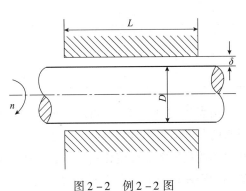

例 2-2：如图 2-2 所示，有一轴承长 $L = 0.5\mathrm{m}$，轴的直径 $D = 150\mathrm{mm}$，轴承与轴之间的间隙 $\delta = 0.25\mathrm{mm}$，间隙内充满润滑油，当轴以 $n = 400\mathrm{r/min}$ 的转速转动时，测得转动所需的功率为 $N = 456\mathrm{W}$。求润滑油的黏度。

图 2-2　例 2-2 图

解：

$$N = Tu = Tr\omega = T\frac{\pi Dn}{60}$$

$$T = \frac{60N}{\pi Dn}$$

由于轴和轴承之间的间隙与轴直径相比很小，间隙内润滑油的速度分布可以看作线性分布，根据牛顿内摩擦定律：

$$T = \tau A = \mu \frac{\mathrm{d}u}{\mathrm{d}y} A = \mu \frac{\pi Dn}{60\delta} \pi DL$$

因此：

$$\frac{60N}{\pi Dn} = \mu \frac{\pi Dn}{60\delta} \pi DL$$

$$\mu = \frac{3600N\delta}{\pi^3 D^3 n^2 L} = \frac{3600 \times 456 \times 0.00025}{3.14^3 \times 0.15^3 \times 400^2 \times 0.5} = 0.049\text{Pa} \cdot \text{s}$$

实验测量结果表明，流体的动力黏度 μ 主要与温度有关，而与压力关系不大。而运动黏度则随着温度和压力的变化而变化。表 2-3 和表 2-4 分别列出了不同温度下水及空气的运动黏度及动力黏度。

表 2-3 不同温度下水的黏度

温度/℃	动力黏度 $\mu \times 10^3/(\text{Pa} \cdot \text{s})$	运动黏度 $\nu \times 10^6/(\text{m}^2/\text{s})$	温度/℃	动力黏度 $\mu \times 10^3/(\text{Pa} \cdot \text{s})$	运动黏度 $\nu \times 10^6/(\text{m}^2/\text{s})$
0	1.792	1.792	50	0.549	0.556
5	1.519	1.519	60	0.469	0.477
10	1.308	1.308	70	0.406	0.415
20	1.005	1.007	80	0.357	0.367
30	0.801	0.804	90	0.317	0.328
40	0.656	0.661	100	0.284	0.296

表 2-4 不同温度下空气的黏度

温度/℃	动力黏度 $\mu \times 10^5/(\text{Pa} \cdot \text{s})$	运动黏度 $\nu \times 10^5/(\text{m}^2/\text{s})$	温度/℃	动力黏度 $\mu \times 10^5/(\text{Pa} \cdot \text{s})$	运动黏度 $\nu \times 10^5/(\text{m}^2/\text{s})$
-20	1.61	1.15	40	1.90	1.68
0	1.71	1.32	60	2.00	1.87
10	1.76	1.41	80	2.09	2.09
20	1.81	1.50	100	2.18	2.31
30	1.86	1.60	200	2.58	3.45

由表 2-3 和表 2-4 可以发现，空气的动力黏度比水的动力黏度要小两个数量级，同时水的黏度随着温度的升高而减小，而空气的黏度则随着温度的升高而增大。其余的液体和气体的黏度随温度变化的规律也有所不同。液体的黏度随着温度的升高而减小；而气体的黏度则随着温度的升高而增大。液体的黏度主要是由分子间吸引力引起的，因此随着温度的升高，分子间距离增大，分子间作用力减小，导致液体的黏度随着温度的升高而减小。气体的黏度则主要由分子热运动导致的分子间的相互碰撞引起，因此随着温度的升高，气体分子热运动显著加剧，分子间碰撞概率增加，导致气体黏度增大。

需要指出的是，气体和绝大多数的纯净液体，如水、乙醇和汽油等都遵循牛顿内摩擦定律，因此把这类流体称之为牛顿流体。但是，也有诸如泥浆、有机胶体和油漆等液体是不遵循牛顿内摩擦定律的，通常把这类流体称为非牛顿流体。

5. 压缩性和膨胀性

在温度保持恒定的情况下，流体的体积随着压强的增加而减小的特性称为流体的压缩性，通常用压缩性系数 β 表示流体压缩性的大小。

$$\beta = -\frac{\left(\dfrac{\mathrm{d}V}{V}\right)}{\mathrm{d}p} = -\frac{1}{V} \times \frac{\mathrm{d}V}{\mathrm{d}p} = \frac{1}{\rho} \times \frac{\mathrm{d}\rho}{\mathrm{d}p} \tag{2-14}$$

由上述定义式可以看出，流体的压缩性系数是指增加单位压强引起的流体体积减小比率或者密度增加的比率。式中负号表示压强的变化趋势与流体体积变化的趋势相反（压强增大时流体体积减小，反之亦然）。

压缩性系数 β 的倒数称为流体的弹性模量，用符号 E 表示。

$$E = \frac{1}{\beta} = \rho \frac{\mathrm{d}p}{\mathrm{d}\rho} \tag{2-15}$$

压缩性系数和弹性模量的单位分别为 $\mathrm{m^2/N}$ 和 $\mathrm{N/m^2}$。

表 2-5　不同温度和压强下水的压缩性系数　　　　　　　　　　　　　　$\mathrm{m^2/N}$

温度/℃	压强/MPa				
	0.5	1.0	2.0	4.0	8.0
0	5.40×10^{-10}	5.37×10^{-10}	5.31×10^{-10}	5.23×10^{-10}	5.15×10^{-10}
5	5.29×10^{-10}	5.23×10^{-10}	5.18×10^{-10}	5.08×10^{-10}	4.93×10^{-10}
10	5.23×10^{-10}	5.18×10^{-10}	5.08×10^{-10}	4.98×10^{-10}	4.81×10^{-10}
15	5.18×10^{-10}	5.10×10^{-10}	5.04×10^{-10}	4.88×10^{-10}	4.70×10^{-10}
20	5.15×10^{-10}	5.05×10^{-10}	4.95×10^{-10}	4.81×10^{-10}	4.60×10^{-10}

表 2-5 为水在不同温度和压强下的压缩性系数。表中数据说明，水的压缩性系数很小，说明压强对水的体积改变很小。这也是通常将水等液体看作不可压缩流体的主要依据。如果流体是气体，则在压强不是过高（20MPa）时，其压缩性系数可由气体状态方程推导得到。在温度保持恒定时，由理想气体状态方程可得：

$$\frac{\mathrm{d}p}{\mathrm{d}\rho} = RT \tag{2-16}$$

则　　　　　　　　　　$$\beta = \frac{1}{\rho} \times \frac{\mathrm{d}\rho}{\mathrm{d}p} = \frac{1}{\rho} \times \frac{1}{RT} = \frac{1}{p} \tag{2-17}$$

如气体在一个大气压时，其压缩性系数为 $9.87 \times 10^{-6} \mathrm{m^2/N}$，其数值要比水的压缩性系数大 4 个数量级。

在压强保持恒定的情况下，流体的体积随温度升高而增加（体积膨胀）的特性称为流体的膨胀性。通常用流体的（热）膨胀系数 α 定量表征流体的膨胀性。

$$\alpha = \frac{\left(\dfrac{\mathrm{d}V}{V}\right)}{\mathrm{d}T} = \frac{1}{V} \times \frac{\mathrm{d}V}{\mathrm{d}T} = -\frac{1}{\rho} \times \frac{\mathrm{d}\rho}{\mathrm{d}T} \tag{2-18}$$

由此可以看出，流体的膨胀系数表示升高单位温度时流体的体积增加率或密度减小率。式中负号表示温度变化趋势与密度变化趋势相反（温度升高密度下降，反之亦然）。

膨胀系数的单位为 K^{-1}（或 $℃^{-1}$）。表 2-6 为水在不同温度和压强下的热膨胀系数。

在压强不是很大、温度不是很低的情况下，通常气体可看作理想气体，则气体的热膨胀系数可通过气体状态方程推导得到。在压强恒定的情况下，

由气体状态方程可得：

$$\alpha = -\frac{1}{\rho} \times \frac{d\rho}{dT} = \frac{1}{T} \qquad (2-19)$$

由此可知，压强不是很高、温度为 0℃ 时气体的热膨胀系数为 $3.66 \times 10^{-3} K^{-1}$。气体的热膨胀系数比液体大一个数量级。

表 2-6　不同温度和压强下水的热膨胀系数 K^{-1}

压强/MPa	温度/℃				
	1~10	10~20	40~50	60~70	90~100
0.1	0.14×10^{-4}	1.50×10^{-4}	4.22×10^{-4}	5.56×10^{-4}	7.19×10^{-4}
10	0.43×10^{-4}	1.65×10^{-4}	4.22×10^{-4}	5.48×10^{-4}	7.04×10^{-4}
20	0.72×10^{-4}	1.83×10^{-4}	4.26×10^{-4}	5.39×10^{-4}	—
50	1.49×10^{-4}	2.36×10^{-4}	4.29×10^{-4}	5.23×10^{-4}	6.61×10^{-4}
90	2.29×10^{-4}	2.89×10^{-4}	4.37×10^{-4}	5.14×10^{-4}	6.21×10^{-4}

6. 表面张力特性

当液体与其他流体或固体接触，在液体的自由表面的分子受到液体内部分子的吸引力而使得液体表层收缩产生的力称为表面张力。表面张力的大小用表面张力系数 σ 来表示，其意义是液体表面单位线段长度上受到的表面张力。常见液体的表面张力系数列于表 2-7。从表中数据可以看出，液体的表面张力系数很小，工程中通常情况下可以忽略不计。只有在特殊情况下必须考虑表面张力的影响。

气体由于气体分子的扩散作用导致没有自由表面，也就不存在表面张力。表面张力是液体的特有性质。

表 2-7　20℃时液体的表面张力系数

液体名称	表面张力系数/(N/m)	液体名称	表面张力系数/(N/m)
酒精	0.0223	原油	0.0233 ~ 0.0379
苯	0.0289	水	0.0731
四氯化碳	0.0267	水银（空气中）	0.5137
煤油	0.0233 ~ 0.0321	水银（水中）	0.926
润滑油	0.0350 ~ 0.0379	水银（真空中）	0.1857

当液体表面是平面时，液体的表面张力不产生附加的压力作用，但是只要液体表面呈曲面形状就会产生附加的表面压力。

液体与固体表面接触时，由于液体与固体表面的接触角通常不是直角，因此就会导致液体表面呈曲面状态而产生表面张力。不同的液体与固体接触，由于接触角的不同导致表面张力的不同。当把两端开口的细玻璃管插入水或水银时产生的液面上升和下降就是不同表面张力作用的结果，这种现象称为毛细管现象（图 2 - 3）。

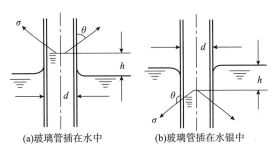

(a)玻璃管插在水中　　(b)玻璃管插在水银中

图 2 - 3　毛细管现象

由于液体的重力与其表面张力的垂直分力处于平衡状态，因此：

$$\frac{\pi}{4}d^2\gamma h = \pi d\sigma\cos\theta \qquad (2-20)$$

则玻璃管中液面上升或下降的高度为：

$$h = \frac{4\sigma}{d\gamma}\cos\theta \qquad (2-21)$$

由此可知，管子直径越细时，毛细管现象的影响越大，例如利用玻璃管作为测压管时必须考虑该影响产生的误差。

2.1.2　作用在流体上的力

力是使物体运动状态发生改变的原因，因此研究流体处于平衡及运动状态下的规律必须对流体所受的力进行分析。按照物理性质划分，作用在流体上的力包括惯性力、重力、压力、弹性力、黏性力及表面张力等。按照作用方式划分，流体上所受到的力可以分成质量力和表面力。

1. 质量力

质量力是作用于每个流体质点或者微团上，并且与质量成正比的力。由于流体的质量与其体积密切相关，因此也将质量力称作体积力。在均质流体中，流体的质量与体积成正比，因此流体所受到的质量力也与体积成正比。

常见流体所受的质量力有惯性力和重力。惯性力是流体处于加速运动状态下由于惯性导致流体质点所受到的力。重力是地球对流体质点的万有引力。

作用在流体上的质量力通常用单位质量所受到的质量力（称为单位质量力）来表示。若流体质点或微团的质量为 m，所受到相应的质量力为 F，则单位质量力为：

$$f = \frac{F}{m} \qquad (2-22)$$

式中　f——流体受到的单位质量力，m/s^2。

由于质量力是矢量，为运算方便，通常将流体受到的质量力 F 分解成空间坐标的分量。在直角坐标系中，质量力通常可以分解成 x、y 和 z 方向三个分量 F_x、F_y 和 F_z。单位质量力 f 也可分解 X、Y 和 Z 三个分量，则：

$$\begin{cases} X = \dfrac{F_x}{m} \\[2mm] Y = \dfrac{F_y}{m} \\[2mm] Z = \dfrac{F_z}{m} \end{cases} \qquad (2-23)$$

对于流体所受到的最常见的质量力重力而言，通常流体仅仅受到 z 方向的重力，并且方向与 z 方向相反。因此有：

$$\begin{cases} X = \dfrac{G_x}{m} = 0 \\[2mm] Y = \dfrac{G_y}{m} = 0 \\[2mm] Z = \dfrac{G_z}{m} = -g \end{cases} \qquad (2-24)$$

式中，负号表示重力的方向与通常设置的 z 轴方向相反。

2. 表面力

表面力是作用于流体表面上，并且与流体表面积成正比的力。此处所说的流体表面不仅包括流体的外表面，还包括流体内部的任意表面。由于表面力与面积密切相关（表面力均匀分布时与面积成正比），因此有时也将表面力称为面积力。

根据表面力与作用面的方向关系，又可将表面力分为法向力和切向力。法向力是指垂直作用于表面的表面力；而切向力是指平行作用于表面上的表面力。

与质量力的表示方法类似，通常用单位面积的表面力来表示表面力，通常称为应力。单位面积法向表面力和切向表面力分别称为法向应力和切向应力。对于流体而言，由于流体不能承受拉力，因此法向应力就是压强；而切向应力则主要是流体所受到的黏性力。

若流体某表面受到表面力的作用，则表面上各点的法向应力（压强）和切向应力可表示为：

$$p = \lim_{\Delta A \to 0} \frac{\Delta P}{\Delta A} = \frac{\mathrm{d}P}{\mathrm{d}A} \qquad (2-25)$$

$$\tau = \lim_{\Delta A \to 0} \frac{\Delta T}{\Delta A} = \frac{\mathrm{d}T}{\mathrm{d}A} \qquad (2-26)$$

式中　p——流体所受的压强，Pa；

　　　P——流体所受的压力，N；

　　　A——流体受力面面积，m^2；

　　　τ——流体所受的剪切应力，Pa；

T——流体所受剪切力，N。

正如其他力学研究一样，对流体进行正确的受力分析是研究流体力学的基础。

2.1.3　描述流体的力学模型

由于实际流体的结构及物理性质的复杂性，在对流体进行研究时，根据抓住主要矛盾的原则，忽略某些对研究影响不大的因素，简化流体的物质结构和物理性质，对流体进行科学的抽象，建立相应的物理模型和数学模型。

下面简要介绍流体力学中常用的力学模型。

1. 连续介质模型

实际流体是由大量的单个流体分子所组成的，分子与分子之间彼此必然存在一定的间隙，也就是说在分子尺度上对流体进行研究，流体实际上是不连续的。但是流体力学中对流体流动规律的研究并非是单个分子的微观运动，而是流体宏观的机械运动。所以在对流体进行力学研究时，采用宏观尺寸非常小而微观尺寸足够大的流体质点为微元作为基本研究对象。流体质点或微元虽然尺寸足够小，但依然包含足够的流体分子，流体的物理性质及物理参数均取包含在流体质点或微元内的所有流体分子的平均值加以描述。

基于上述流体质点或微元的概念，在研究流体的力学行为时，可以把流体看作由无数个质点组成的均匀无间隙的连续体，这就是连续介质模型。

连续介质模型可以使得在研究流体力学时不用考虑流体分子复杂的微观运动而仅仅考虑流体的宏观运动；同时，在描述流体的各种物理参数随空间变化时可以方便地利用数学中连续函数的概念，为建立流体力学相关数学模型创造了十分有利的条件。

2. 理想流体模型

如前所述，实际流体均具有黏性。流体的黏性产生的黏性力导致流体在运动时的受力分析和运动分析十分复杂。在某些情况下，流体的黏性不起作用或者不起主要作用，因此可以忽略流体的黏性，这种忽略流体黏性的流体就称作为无黏性流体，也称为理想流体。把流体作为理想流体进行流体力学相关研究的模型称为理想流体模型。在理想流体模型下对流体进行研究虽然多多少少与实际流体存在一定的差异，但是可以为实际的黏性流体的研究提供必要的理论基础。

3. 不可压缩流体模型

理论上讲，流体均具有压缩性和膨胀性。当流体在一定的条件下（如温度和压力变化不大的情况下），流体的压缩性和膨胀性导致的流体密度的变化对该种情况下流体的力学行为及运动状态影响很小时，流体的密度变化就可以忽略。基于上述假设所建立的模型称为不可压缩流体模型。简单地说，不可压缩流体模型就是假设流体密度可视为常数。在该模型前提下对流体进行研究可以大大简化数学模型，方便数学处理。

2.1.4 牛顿型流体与非牛顿型流体

凡剪切力与速度梯度的关系服从牛顿黏性定律的流体称为牛顿型流体，包括所有的气体和大部分低相对分子质量（非聚合的）液体或溶液；反之则属于非牛顿型流体，例如浓稠的悬浮液、淤浆、乳浊液、长链聚合物溶液、生物流体、液体食品、涂料、黏土悬浮液以及混凝土混合物等。非牛顿型流体的剪切力与速度梯度成曲线关系，或者成不过原点的直线关系，如图 2 - 4 所示。

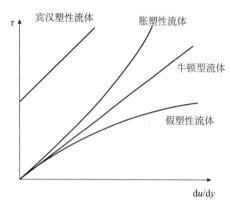

图 2 - 4 剪切力与速度梯度关系

非牛顿型流体可以分为三类：第一类是流体的剪切力与速度梯度间的关系不随时间而变，图 2 - 4 所示的流体均属于此类。第二类是流体的剪切力与速度梯度间的关系与时间有关，但为非弹性的，这类流体的现时性质与它最近受过的作用有关。例如番茄酱放着不动，会倒不出来，然而，一瓶刚刚摇过的番茄酱就容易倒出来。第三类是黏弹性非牛顿流体，这类流体兼有固体的弹性与流体的流动特性，应力除去后其变形能够部分恢复。例如，面团受挤压通过小孔而成条状后，每条的截面积略大于小孔的面积。

目前在工程应用上对非牛顿型流体的研究，主要是集中在第一类，本书仅简单介绍这类非牛顿型流体。

1. 宾汉塑性流体

宾汉塑性流体（Bingham plastic fluid）的剪切力与速度梯度呈线性关系，但直线不过原点，如图 2 - 4 所示，即：

$$\tau = \tau_0 + \mu \frac{\mathrm{d}u}{\mathrm{d}y} \qquad (2 - 27)$$

式（2 - 27）表示剪切力超过某临界值后流体才开始流动，属于此类的流体有油墨、纸浆、牙膏、泥浆等。

2. 假塑性流体和胀塑性流体

这两类流体的剪切力与速度梯度符合指数规律，即：

$$\tau = K \left(\frac{\mathrm{d}u}{\mathrm{d}y} \right)^n \qquad (2 - 28)$$

式中 n——流变指数（rheological index）；

K——稠度指数（consistency index），$N \cdot s^n / m^2$。

n、K 均需实验确定。假塑性流体 $n < 1$，胀塑性流体 $n > 1$，牛顿型流体 $n = 1$。与牛顿黏性定律相比，式（2 - 28）又可写成：

$$\tau = K \left(\frac{\mathrm{d}u}{\mathrm{d}y} \right)^{n-1} \frac{\mathrm{d}u}{\mathrm{d}y} = \mu_\mathrm{a} \frac{\mathrm{d}u}{\mathrm{d}y} \qquad (2-29)$$

式（2-29）中 μ_a 称为表观黏度。表观黏度随速度梯度 $\mathrm{d}u/\mathrm{d}y$ 而变。假塑性流体的表观黏度随速度梯度的增大而减少，胀塑性流体的表观黏度随速度梯度的增大而增加。因此对非牛顿型流体的表观黏度，必须指明是在某一速度梯度下的数值，否则是没有意义的。

假塑性流体是非牛顿型流体中最重要的一类，大多数非牛顿型流体都属于这一类，如聚合物溶液、熔融体、油脂、油漆等。属于胀塑性流体的有淀粉、硅酸钾、阿拉伯树胶等的水溶液。

2.2　流体静力学基本方程及应用

流体静力学主要研究流体在静止状态时的有关平衡规律，其实质是研究静止流体内部压力与位置高低的关系，它在流体压力测量、液位测量和设备液封等方面有广泛应用。

2.2.1　静止流体内静压力特性

静止流体单位面积所受到的压力习惯上称为静压力，通常用 p 表示。其特性有两点：一是流体压力与作用面垂直且指向该作用面；二是静压力的大小与其作用面在空间的方位无关，而仅与其所处的位置有关，即静止流体中任一点不同方向的静压力在数值上均相等。

1. 绝对压强与相对压强

绝对压强是指以绝对真空为零压强基准的压强，通常用符号 p' 表示；而相对压强则以当地同高程的大气压强为零压强基准的压强，通常用符号 p 表示。

根据上述定义，绝对压强与相对压强的关系可表示为：

$$p = p' - p_\mathrm{a} \qquad (2-30)$$

式中，p_a 为当地的大气压强。绝对压强只能是正值，不可能出现负值，而相对压强可正可负。

2. 表压与真空度

当相对压强为正，即流体的绝对压强大于当地大气压时，把这时的相对压强称为正压，由于通常正压采用压力表测定，故也称为表压；当相对压强为负，即流体的绝对压强小于当地大气压强时，这时的相对压强称为负压。同时，把负压的绝对值称为真空度（即真空表读数），用符号 p_v 表示。

因此表压和真空度可表示为：

表压　　　　　　　　$p = p' - p_\mathrm{a}$，其中 $p' > p_\mathrm{a}$　　　　　　　　$(2-31)$

真空度　　　　　$p_\mathrm{v} = |p' - p_\mathrm{a}| = p_\mathrm{a} - p'$，其中 $p' < p_\mathrm{a}$　　　$(2-32)$

正压和负压情况下，绝对压强、相对压强、表压和真空度的关系可以通过图2-5直观地反映。

3. 压强的单位及换算

表示压强的度量单位有三种。

（1）根据压强的定义，采用单位面积的力表示。国标单位 N/m^2 或 Pa，对于较大的压强可采用 kPa，MPa 或 bar （$1bar = 10^5 Pa$）表示；工程单位为 kgf/cm^2。

（2）采用大气压的倍数表示。标准大气压——温度为0℃时海平面上的压强 $1atm = 760mmHg = 1.013 \times 10^5 Pa$；工程大气压——海拔200m处的大气压强 $1at = 1kgf/cm^2$。

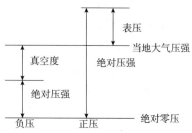

图2-5 绝对压强、相对压强、表压和真空

（3）采用液柱高度表示。水柱：mH_2O、mmH_2O；水银柱：mmHg。

2.2.2 流体静力学基本方程

对静止流体做力的平衡，可得到静力学方程式。为此，在单一连续的静止流体中任意选取一底面积为 A、高度为 dz 的垂直流体微元体，则作用于下底的压力为 p，作用于上底的压力为 $p + dp$，流体的密度为 ρ，如图2-6所示。

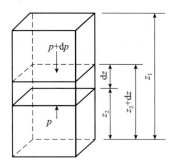

图2-6 静止流体中的平衡

作用于该流体微元体上的力在垂直方向上有质量力和静压力。流体处于静止状态，对微元体作力的平衡，有：

$$pA = (p + dp)A + \rho g A dz \tag{2-33}$$

整理得

$$\frac{dp}{\rho} + g dz = 0 \tag{2-34}$$

式（2-34）为流体静力学微分方程式。对于不可压缩流体，ρ 为常数，将式（2-34）进行变量分离并积分得到：

$$\frac{p}{\rho} + gz = 常数 \tag{2-35}$$

式（2-35）称为流体静力学基本方程。它适用于连续、均质且不可压缩的流体，但若气体的压力变化不大，密度近似地取其平均值而可视为常数时也可成立。

对于静止流体中任意两点 1 和 2，则有：

$$p_2 = p_1 + \rho g(z_1 - z_2) \tag{2-36}$$

将上式两边同除以 ρg，得：

$$\frac{p_2}{\rho g} = \frac{p_1}{\rho g} + (z_1 - z_2) \tag{2-37}$$

式（2-37）中，$\frac{p_2}{\rho g}$，$\frac{p_1}{\rho g}$ 具有高度单位，称为静压头，相应地，z_1、z_2 称为位压头。

由静力学基本方程可得出如下结论：

（1）当液面上方压力一定时，静止液体内部任一点的压力与其密度和该点的深度有关，即在静止的、连续的同一种流体内，位于同一水平面上各点的压力均相等或者说等高面就是等压面。

（2）若记 $\Gamma = p + \rho g z$，称为广义压力，代表单位体积静止流体的总势能（即静压能 p 与位能 $\rho g z$ 之和），则式（2-35）表明，静止流体中各处的总势能均相等。因此，位置越高的流体，其位能越大，而静压能则越小。这实质上反映了静止流体内部能量守恒与转换的关系。

（3）由式（2-35）可见，若某一平面上压力有任何变化，必将引起流体内部各点发生同样大小的变化，即压力可传递，这就是帕斯卡定理。

（4）式（2-37）可改写成：

$$\Delta z = z_1 - z_2 = \frac{p_2 - p_1}{\rho g} = \frac{\Delta p}{\rho g} \qquad (2-38)$$

即表明压力或压差可用液柱的高度来表示，但需要注明液体的种类，如 $760 \mathrm{mmHg}$、$10.33 \mathrm{mH_2O}$ 等。

例 2-3：如图 2-7 所示，开口容器内盛有油和水。油层高度 $h_1 = 0.7 \mathrm{m}$，密度 $\rho_1 = 800 \mathrm{kg/m^3}$，水层高度 $h_2 = 0.6 \mathrm{m}$，密度 $\rho_2 = 1000 \mathrm{kg/m^3}$。

（1）判断下列两关系是否成立：

$$p_A = p'_A \qquad p_B = p'_B$$

（2）计算水在玻璃管内的高度 h。

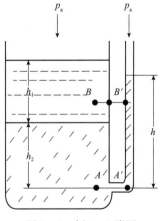

图 2-7　例 2-3 附图

解：（1）$p_A = p'_A$ 的关系成立。因 A 及 A' 两点在静止的连通着的同一种流体内，并在同一水平面上，所以截面 $A - A'$ 称为等压面。

$p_B = p'_B$ 的关系并不能成立。因 B 及 B' 虽在静止流体的同一平面，但并不连通同一流体，即截面 $B - B'$ 不是等压面。

（2）由上面讨论可知，p_A 和 p'_A 都可用流体静力学基本方程式计算，即

$$p_A = p_a + \rho_1 g h_1 + \rho_2 g h_2$$
$$p'_A = p_a + \rho_2 g h$$

可得

$$p_a + \rho_1 g h_1 + \rho_2 g h_2 = p_a + \rho_2 g h$$

将数据代入上式，得

$$h = 1.16 \mathrm{m}$$

2.2.3　流体静力学方程的应用

静力学原理在工程实际中应用相当广泛，例如可以测量流体的压力、容器中的液位及液封高度等。

2.2.3.1　液柱压力计

液柱压力/压差计就是利用流体静力学原理测静压力的仪器，主要有以下几种。

（1）单管压力计

如图2-8所示，将一单管与被测压力容器 A 相连通，单管另一端通大气，这就构成了单管压力计。设单管中液面高度为 R，则由静力学方程知测压口 1 处的绝压为：

$$p'_1 = p_a + \rho g R$$

或表压：
$$p_1 = p'_1 - p_a = \rho g R$$

式中，p_a 为当地大气压。

显然，单管压力计只能用来测量高于大气压的液体压力，不能测气体压力。

（2）U 形压力计

如图2-9所示，U 形管一端通大气，另一端与被测压力容器 A 相通。在 U 形管中注入某种指示液，指示液密度必须大于容器 A 中被测流体的密度，且与被测流体不互溶、不发生化学反应。

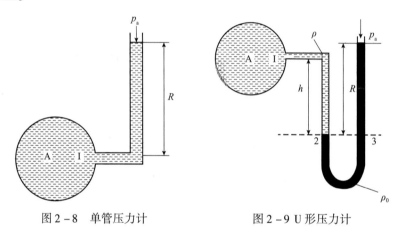

图2-8　单管压力计　　　　　　　图2-9 U形压力计

设 U 形管中指示液液面高度差为 R，指示液密度为 ρ_0，被测流体密度为 ρ，则由静力学方程可得：

$$p_1 = p_2 - \rho g h$$

由于液面2-3为等压面，即 $p_2 = p_3$。

而由静力学方程可知：
$$p_3 = p_a + \rho_0 g R$$

式中，p_a 为当地大气压。将以上三式合并得：
$$p_1 = p_a + \rho_0 g R - \rho g h$$

若容器 A 内为气体，则 $\rho g h$ 项很小可忽略，于是：
$$p_1 = p_a + \rho_0 g R$$

显然，U 形压力计既可用来测量气体压力，又可用来测量液体压力，且被测流体的压力比大气压大或小均可。

2.2.3.2 液柱压差计

1. U 形压差计

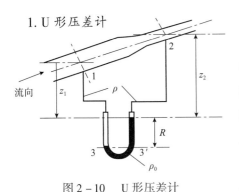

图 2-10 U 形压差计

U 形压差计的结构如图 2-10 所示,将 U 形管两端分别与两测压点相连,U 形管内装有指示液。指示液密度必须比被测流体大且与之不互溶。若两测压点处压力不等,则 U 形管两侧指示液就显出高度差。

设 U 形管中指示液液面高度差为 R,指示液密度为 ρ_0,被测流体密度为 ρ,则由静力学方程可得:

$$p_1 + \rho g(z_1 + R) = p_3$$

及

$$p_2 + \rho g z_2 + \rho_0 g R = p_3'$$

而面 3-3' 为等压面,即 $p_3 = p_3'$,故:

$$(p_1 + \rho g z_1) - (p_2 + \rho g z_2) = (\rho_0 - \rho)g R$$

根据广义压力定义,上式又可写成:

$$\Gamma_1 - \Gamma_2 = (\rho_0 - \rho)g R \tag{2-39}$$

两边同时除以 ρg 得:

$$\frac{\Gamma_1}{\rho g} - \frac{\Gamma_2}{\rho g} = \frac{(\rho_0 - \rho)R}{\rho} \tag{2-40}$$

式中 $\dfrac{\Gamma}{\rho g} = \dfrac{p}{\rho g} + z$——静压头与位头之和,又称为广义压力头。

式 (2-40) 表明,U 形压差计的读数 R 的大小反映了被测两点间广义压力头之差。如果图 2-10 中 $z_1 = z_2$,即测压点 1、2 在同一水平面上,则 U 形压差计的读数 R 的大小反映了被测两点间静压力之差即压差。若 U 形压差计的一端与被测点相连,而另一端与大气相通,此时的情况就是前面介绍的 U 形压力计。

2. 双液柱压差计

双液柱压差计又称微差压差计或双杯压差计,实质上是双液体 U 形压差计。由式 (2-40) 可知,若测压点 1、2 间广义压力头之差很小,则 U 形压差计的读数 R 可能很小,读数误差就会很大,这时若采用图 2-11 所示的双液柱压差计将会使读数放大几倍。该压差计的特点是在 U 形管两侧增设两个小室即扩大室,使扩大室的横截面积远大于 U 管横截面积 (一般扩大室内径与 U 管内径之比大于 10),且在扩大室和 U 形管中分别装入两种互不相溶且密度相差不大的指示液,设其密度分别为 ρ_1、ρ_2,且 ρ_1 略小于 ρ_2。

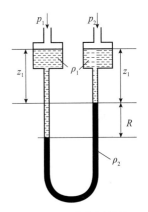

图 2-11 双液柱压差计

将双液柱压差计的两端口与两测压点相连，在被测压差 p_1、p_2 的作用下，两侧指示液可以显示出高度差。由于扩大室的截面积足够大，因而扩大室内液面高度变化可忽略不计。由静力学原理可推知：

$$p_1 - p_2 = (\rho_2 - \rho_1)gR$$

显然，只要选择两种合适的指示液，使 $(\rho_2 - \rho_1)$ 较小，这样，即使 $(p_1 - p_2)$ 很小，也可以保证读数 R 的值足够大。

3. 斜管压差计

当被测压差较小时，为使压差计读数较大，以减小测量中的误差，常常采用斜管压差计即倾斜式压差计，其结构如图 2-12 所示。在一个扩大室底部连接一支装有指示液的玻璃管，当两测压点分别与扩大室和玻璃管相通时，由于两测压点压力不等且 p_1 大于 p_2，则玻璃管的液面与扩大室的液面出现高度差 R。为了减少读数误差，玻璃管一般倾斜放置，与水平面成 α 角，即 $R = R'\sin\alpha$，故一般只需要读取 R' 值。

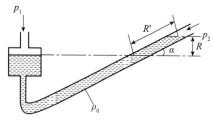

图 2-12 斜管压差计

由静力学原理可知：

$$p_1 - p_2 = \rho_0 gR = \rho_0 gR'\sin\alpha \qquad (2-41)$$

2.2.3.3 液位测量

化工厂经常利用流体静力学基本方程实现对流体液位的测量，从而得知设备中的液体的储存量或用以控制设备中物料的液位。

如图 2-13 所示，在容器底部器壁处和液面上方器壁处各开有一个小孔，上孔与一个平衡器的小室相连，小室内装的液体（密度为 ρ）与容器中的液体相同，其液面高度维持在容器中液面允许达到的最高处。该小室用装有指示液（密度为 ρ_A）的 U 形管压差计与小孔相连。这样利用流体静力学基本方程可得：

$$h = \frac{(\rho_A - \rho)R}{\rho} \qquad (2-42)$$

显然，h 越小，容器内的液位越高，而当 $R = 0$ 时，$h = 0$，此时容器内的液面高度就是允许的最大高度。如果图 2-13 容器中的上孔与下孔各接出一支管，支管间直接用一玻璃管相连，就组成了最简单也是最原始的液位计，因为容器与液位计实际上构成了一个连通器，玻璃管内的液柱高度直接表征了容器内的液位高度。

若容器的位置离操作室较远，可采用远程液位测量装置，如图 2-14 所示。压缩氮气自管口经调节阀通入，调节气体的流量使气流速度极小，只在鼓泡观察室内有气泡缓慢逸出，因而气体通过吹气管的流动阻力可以忽略。贮槽内吹气管出口压力近似等于 U 形管压差计 B 处的压力，这样就可以利用压差计的读数 R 计算出贮槽内液面的高度 h。

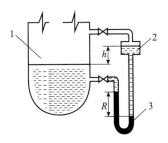

图 2 - 13　液位测量示意图
1—容器；2—平衡器的小室；
3—U 形管压差计

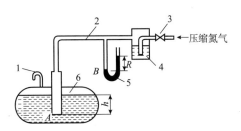

图 2 - 14　远程液位测量装置
1—呼吸管；2—吹气管；3—调节阀；
4—鼓泡观察室；5—U 形管压差计；6—贮槽

例 2 - 4： 如图 2 - 14 所示，缓慢通入压缩氮气，已知贮槽内汽油的密度 ρ_{oil} 为 720 kg/m^3，贮槽上部设置一呼吸管，U 形管压差计 R 的指示值为 70mm，指示液为水银，其密度 ρ_{Hg} 为 13600kg/m^3，试计算贮槽内汽油的高度。

解： 管内气体流速甚小，可认为处于静止状态，同时管内氮气密度较小，故贮槽内吹气管出口压力 p_A 近似等于 U 形管压差计 B 处的压力 p_B，即有：

$$p_A \approx p_B$$

而由静力学原理知：

$$p_A = p_a + \rho_{\text{oil}} g h$$
$$p_B = p_a + \rho_{\text{Hg}} g R$$

故：
$$h = \frac{\rho_{\text{Hg}}}{\rho_{\text{oil}}} R = 1322.22 \text{ mm}$$

这一例子常常用于地下油罐的液位测量。

2.2.3.4　液封高度的计算

化工生产中液封的应用较广泛，为了控制设备内气体的压力不超过规定值而采取安全性液封装置（或称水封）。其目的是确保设备运行安全，并防止气体泄漏。液封装置如图 2 - 15 所示。当设备内的压力超过规定值时，气体会破水而出。此时的液封高度可由静力学基本方程计算，若要求设备内的表压不超过 p，则水封管的插入深度 h 应为：

$$h = \frac{p}{\rho g} \qquad (2 - 43)$$

式中　h——水封管插入深度，m；
ρ——水的密度，kg/m^3；
p——设备内表压，Pa。

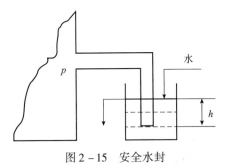

图 2 - 15　安全水封

2.3 流体动力学基本方程及应用

静止是相对的，运动是绝对的，静止是运动的一种特殊形式。流体在流动过程中其运动参数诸如流速、压力等会表现出什么样的变化规律？这些规律在流体流动中的具体表达式就构成了流体动力学的基本方程，本书主要讨论流体在管内流动时所涉及的有关问题。

2.3.1 基本问题

2.3.1.1 稳态流动与非稳态流动

在流体流动体系中，根据流体在任一位置的流动参数如流速、压力、密度等是否具有时变性可将流体分为稳态流动（或稳定流动、定常流动）和非稳态流动（或非稳定流动、非定常流动）。将任一点处的流动参数均不随时间变化的流动称为稳态流动。反之，只要有一个流动参数随时间而变化，就属于非稳态流动。

图 2-16 (a) 的流动体系中，进水管不断向贮槽注水，排水管则不断排出水。若进水量大于排水量，多余的水就会由贮槽上方的溢流口流出，这样在整个过程中，贮槽的液面就会一直维持不变，此时对于排水管的不同截面，流速、压力并不相同，但每个截面上的流速、压力却不会随时间而变化，这种情况就属于稳态流动。若关闭了进水阀，如图 2-16 (b) 所示，贮槽内的液面随着水不断流出而持续下降，此时对于排水管的不同截面上的流速、压力不仅随截面位置而改变，同时还随时间的变化而变化，这种情况则属于非稳态流动。

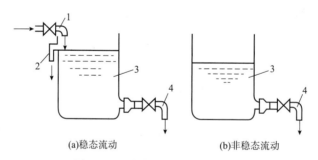

(a)稳态流动   (b)非稳态流动

图 2-16 稳态流动与非稳态流动
1—进水管；2—溢流口；3—贮槽；4—排水管

化工厂连续生产的开、停车阶段属于非稳态流动过程，正常生产时属于稳态流动。本书主要讨论稳态流动。

2.3.1.2 流量和流速

（1）流量

单位时间内流经流通截面的流体量称为流量，通常根据流体量以体积计或质量计而分为体积流量和质量流量。体积流量用 V_s 表示，单位为 m³/s；质量流量用 m 表示，单位为 kg/s。体积流量与质量流量的关系为：

$$m = \rho V_s \tag{2-44}$$

式中　ρ——流体密度，kg/m³。

（2）流速

流体沿流动方向在单位时间内通过的距离称为流速，常用 u 表示，单位为 m/s。

流体在流通截面上各点的速度并不相等，而会形成一定的分布，因此，工程上为简便起见，常采用平均流速的概念来表征流体在某截面的速度。

（3）平均流速和质量流速

由牛顿黏性定律可知，在任一截面上各点的流速不相同，存在某种分布，管壁处流速为零，管中心流速最大。根据同一截面流量相等原则，可以找到该截面平均流速 u 与管中半径为 r 处某点流速 u_r 的关系为：

$$u = \frac{1}{A}\iint\limits_{A} u_r \mathrm{d}A = \frac{V_s}{A} \tag{2-45}$$

①平均流速

流体的体积流量 V_s 与流通截面积 A 的比值称为平均流速，用 u 表示，单位为 m/s，在不引起混淆的情况下，习惯上简称为流速。可表示如下：

$$u = \frac{V_s}{A} \tag{2-46}$$

式中　u——平均流速，m/s；

　　A——流通截面积，m²；

　　V_s——体积流量，m³/s。

②质量流速

质量流量 m 与流通截面积 A 的比值称为平均质量流速，用 G 表示，单位为 kg/(m²·s)可表示如下：

$$G = \frac{m}{A} \tag{2-47}$$

式中　G——质量流速，kg/(m²·s)；

　　A——流通截面积，m²；

　　m——质量流量，kg/s。

显而易见，质量流速与体积流速的关系为：

$$G = \rho u \tag{2-48}$$

化工生产中一般采用圆形管路，其内径的大小可根据流量和流速进行计算。流量通常由生产任务决定，而流速则需要综合各种因素进行经济核算而进行合理选择。根据经验总结，常见流体经济流速的大致范围如表 2-8 所示。

表 2 - 8　某些流体的常用流速范围

流体种类及状况	常用流速范围/(m/s)	流体种类及状况		常用流速范围/(m/s)
水及一般液体	1.0 ~ 3.0	饱和水蒸气	>800kPa	20 ~ 40
黏度较大的液体	0.5 ~ 1.0		<800kPa	40 ~ 60
低压气体	8 ~ 15	过热水蒸气		30 ~ 50
易燃、易爆的低压气体	<8	真空操作下气体		<10
压力较高的气体	15 ~ 25	—		—

2.3.2　连续性方程

流体流动的连续性方程实质上就是流动体系的物料平衡关系式。化工生产中经常遇到的是流体在管内的流动，本书以管流为主进行讨论。

对于一个稳态流动系统，在体系内是没有物料的积累，对选定的衡算区域而言，质量守恒定律可以表述成以下形式：

$$\begin{pmatrix} 输出衡算区域 \\ 的质量流量 \end{pmatrix} - \begin{pmatrix} 输入衡算区域 \\ 的质量流量 \end{pmatrix} = 0 \qquad (2-49)$$

如图 2 - 17 所示为管道内流体流动示意图。式（2 - 49）可表示为：

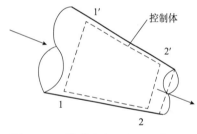

$$\iint_{A_2} \rho u_r dA - \iint_{A_1} \rho u_r dA = 0 \qquad (2-50)$$

即为管内流动的连续性方程。

考虑到同一截面上的流体密度基本上是均匀的，故上式又可进一步简化为：

$$\rho_1 \iint_{A_1} u_r dA = \rho_2 \iint_{A_2} u_r dA$$

即：

$$\rho_1 V_{s1} = \rho_2 V_{s2}$$

图 2 - 17　管道或容器内的流体流动

根据平均流速的定义，有：

$$\rho_1 u_1 A_1 = \rho_2 u_2 A_2 \qquad (2-51)$$

$$m_1 = m_2 \qquad (2-52)$$

式（2 - 51）、式（2 - 52）为管内流体稳定流动时的连续性方程积分形式，表示在稳态流动系统中流体流经各截面时质量流量恒定，管速 u 随管截面积 A 和密度 ρ 的变化而变化，反映了管路截面上流速的变化规律。

对均质不可压缩流体，$\rho_1 = \rho_2 =$ 常数，于是式（2 - 51）变为：

$$u_1 A_1 = u_2 A_2 \qquad (2-53)$$

可见，对均质不可压缩流体，平均流速与流通截面积成反比，即面积越大，流速越小；反之，面积越小，流速越大。

对圆管，$A = \pi d^2/4, d$ 为直径，于是：

$$u_1 d_1^2 = u_2 d_2^2 \qquad\qquad (2-54)$$

即在体积流量一定时，均质不可压缩流体在圆形管路中的任意截面的流速与管内径的平方成反比。

如果管道有分支，如图 2 – 18 所示，则稳定流动时总管中的质量流量应为各支管质量流量之和，故管内连续性方程为：

$$m = m_1 + m_2$$

例 2 – 5：如图 2 – 19 所示，管路由一段内径 60mm 的管 1、一段内径 100mm 的管 2 及两段内径 50mm 的分支管 3a 和 3b 连接而成。水以 $2.55 \times 10^{-3} \mathrm{m^3/s}$ 的体积流量自左侧入口送入，若在两段分支管内的体积流量相等，试求各段管内的流速。

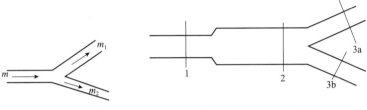

图 2 – 18　分支管路　　　　　图 2 – 19　例 2 – 5 附图

解：通过内径 60mm 管的流速为：

$$u_1 = \frac{V_s}{A_1} = 0.902 \mathrm{m/s}$$

利用不可压缩流体的连续性方程，可得：$u_2 = \dfrac{A_1 u_1}{A_2} = \dfrac{u_1 d_1^2}{d_2^2} = 0.325 \mathrm{m/s}$

水离开管 2 后分成体积流量相等的两段，故：

$$u_1 A_1 = 2 u_3 A_3$$

$$u_3 = \frac{u_1}{2}\left(\frac{A_1}{A_3}\right) = \frac{u_1}{2}\left(\frac{d_1}{d_3}\right)^2 = 0.649 \mathrm{m/s}$$

2.3.3　总能量衡算

运动的流体除了遵循质量守恒定律以外，也遵循能量守恒定律。由此可以得到总能量衡算方程。

2.3.3.1　内能、动能、位能和静压能

图 2 – 20 所示为一流动系统或流动系统的一部分。现选取其所占据的空间作为控制体，控制面由壁面和两个与流体流动方向相垂直的流通截面 1 – 1′、截面 2 – 2′所组成。对于稳态流动系统，对该控制体中的流体进行总能量衡算，得：

（输入控制体的能量）–（输出控制体的能量）=0

$$(2-55)$$

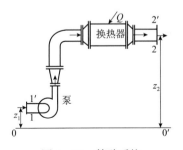

图 2 – 20　管路系统

运动着的流体涉及多种能量形式，有内能、动能、位能和静压能。

1. 内能

内能是物质内部能量的总和，是原子与分子运动及相互运动的结果。它取决于流体的温度，压力的影响一般可忽略。单位质量流体的内能通常用 U 表示，单位为 J/kg，即：

$$质量为\ m\ 的流体的内能 = mU$$

2. 动能

动能是指流体因宏观运动而具有的能量。流体以一定速度流动时，就会具有一定的动能，其大小等于流体从静止加速到流速为 u 时所需要的功，单位质量流体的动能的单位为 J/kg：

$$质量为\ m\ 的流体的动能 = \frac{1}{2}mu^2$$

3. 位能

位能是指流体处在重力场中而具有的能量。位能是一个相对值，随着所取的基准水平面的位置而定，在基准水平面之上，则位能为正；在基准水平面之下，则为负。单位质量液体位能的单位为 J/kg。

设基准水平面如图 2 – 20 中的 0 – 0′面，若流体与基准水平面的距离为 z，则位能的大小等于将流体升举到距离 z 处所需要的功：

$$质量为\ m\ 的流体的位能 = mgz$$

4. 静压能

与静止流体相同，流动着的流体内部任意位置上都存在一定的静压力。将流体压入划定体积需对抗压力做功，所做的功便成为流体的静压能输入划定体积。将质量为 m、体积为 V 的流体压入静压力为 p、截面积 A 的划定体积所需的功为：

$$(pA)\frac{V}{A} = pV$$

这种功是在流体流动的时候才出现的，也可称为流动功。流体压入划定体积后，流动功便作为流体的静压能输入划定体积。同样，流体流出划定体积时，流体的静压能从划定体积输出，故：

$$单位质量流体的静压能 = p/\rho$$

内能、动能、位能和静压能都是流体本身所具有的能量。单位质量流体的内能、动能、位能及静压能分别用 U、$u^2/2$、gz、p/ρ 表示，四者之和记为 E，称为单位质量流体的总能量，单位为 J/kg，即：

$$E = U + gz + u^2/2 + \frac{p}{\rho} \qquad (2-56)$$

另外，能量可以通过外界环境与划定体积进行交换。泵与换热器对划定体积输入和输出能量，通常有功和热两种形式。

2.3.3.2　热和功

1. 热

当控制体内有加热装置、冷却装置或内热源（由电或化学反应等原因引起）时，流体通过时便会吸热或放热。单位质量流体吸收或放出的热量（称为传热速率）用 Q_e 表示，单位为 J/kg。本书规定，吸热时 Q_e 为正，放热时 Q_e 为负。故：

$$质量为 m 的流体交换能量 = mQ_e$$

2. 功

外界对控制体内流体所做的功，包括有效轴功和表面力所做的功，本书主要介绍有效轴功。

有效轴功是指流体通过输送机械而交换的功，例如泵、风机在输送流体时对流体所做的功，流体对水轮机、汽轮机所做的功等。单位质量流体的有效功用 w_e 表示，单位 J/kg。本书规定，外界提供给流体有效功时，w_e 为正，流体传递给外界有效功时，w_e 为负。故：

$$质量为 m 的流体所接受的有效功 = mw_e$$

2.3.3.3　总能量衡算方程

对于划定体积，根据能量守恒定律，连续稳态流动系统的能量衡算实际上是指输入划定体积的总能量等于输出划定体积的总能量。以图 2 – 20 为例，以 1 – 1′截面与 2 – 2′截面之间作为划定体积，可以列出总能量衡算式：

$$mU_1 + mgz_1 + \frac{1}{2}mu_1^2 + p_1V_1 + mQ_e + mw_e = mU_2 + mgz_2 + \frac{1}{2}mu_2^2 + p_2V_2 \quad (2-57)$$

将式（2 – 57）中的每一项除以 m，则得到以单位质量流体为基准的稳态流动的总能量衡算式：

$$U_1 + gz_1 + \frac{1}{2}u_1^2 + \frac{p_1}{\rho} + Q_e + w_e = U_2 + gz_2 + \frac{1}{2}u_2^2 + \frac{p_2}{\rho}$$

即：

$$\Delta U + g\Delta z + \frac{1}{2}\Delta u^2 + \Delta\left(\frac{p}{\rho}\right) = Q_e + w_e \quad (2-58)$$

式（2 – 58）中所包括的能量可分为两类，一类是机械能，包括位能 gz、动能 $u^2/2$、压力能 p/ρ，有效功也可以归入在内。此类能量可直接用于输送流体，且在流体流动过程中既可以相互转变，亦可以转变为热或流体的内能。另一类包括内能、热和黏性耗散，此类能量在流体流动过程中不能直接转变为用于输送流体的机械能。

2.3.4　伯努利方程

2.3.4.1　伯努利方程的导出

设流动系统中无热交换器，则 $Q_e = 0$；流体温度不变，则 $U_1 = U_2$。由于流体在管内流动时需做功以克服流动的阻力，所以将消耗其机械能。而消耗的机械能会转化成热，但该热并不能自动转换回机械能，只会使流体温度略微升高，即流体内能略微增加。若看作等温流动，则可将这较少的能量视为已散失到流动系统以外。既然机械能衡算并不考虑内能与热，则因克服流动阻力而消耗的机械能便应作为散失到划定体积以外的能量而列入输出项中，也就是在衡算式的输出项中增加 w_f——单位质量流体通过划定体积时损失的能量，单位为 J/kg。则由式（2-58）可以得：

$$gz_1 + \frac{1}{2}u_1^2 + \frac{p_1}{\rho} + w_e = gz_2 + \frac{1}{2}u_2^2 + \frac{p_2}{\rho} + w_f \qquad (2-59)$$

即：

$$g\Delta z + \frac{1}{2}\Delta u^2 + \frac{\Delta p}{\rho} = w_e - w_f \qquad (2-60)$$

令：

$$h_e = \frac{w_e}{g}$$

$$h_f = \frac{w_f}{g}$$

则式（2-59）可写为：

$$z_1 + \frac{1}{2g}u_1^2 + \frac{p_1}{\rho g} + h_e = z_2 + \frac{1}{2g}u_2^2 + \frac{p_2}{\rho g} + h_f \qquad (2-61)$$

即：

$$\Delta z + \frac{1}{2g}\Delta u^2 + \frac{\Delta p}{\rho g} = h_e - h_f \qquad (2-62)$$

式（2-61）与式（2-62）中各项的单位均为 m。

由于 m 是高度的单位，故 z、$u^2/2g$ 与 $p/\rho g$ 分别称为位压头、动压头与静压头，三项之和为总压头。h_e 是流体接受外功所增加的压头，h_f 是流体流经划定体积的压头损失。

若流体为理想流体（即流动中没有阻力的流体），流动时不产生流动阻力，流体流动的能量损失 $h_f = 0$，则在没有外功加入的情况，则式（2-61）可化简为：

$$z_1 + \frac{1}{2g}u_1^2 + \frac{p_1}{\rho g} = z_2 + \frac{1}{2g}u_2^2 + \frac{p_2}{\rho g} \qquad (2-62a)$$

式（2-62a）称为伯努利（Bernoulli）方程。由于理想流体并不存在，在某些情况下可以将实际流体看作理想流体以使问题简化。

2.3.4.2 伯努利方程的讨论

（1）如果系统中的流体处于静止状态，则 $u=0$，没有流动，所以没有能量损失，$w_f = 0$，当然也不需要外加功，$w_e = 0$，则伯努利方程可以简化为：

$$z_1 + \frac{p_1}{\rho g} = z_2 + \frac{p_2}{\rho g}$$

上式即为流体静力学基本方程式。故伯努利方程不仅表示流体的运动规律，还表示流体静止状态的规律。事实上，流体的静止状态只是流体运动状态的一种特殊形式，因此流体静力学方程是伯努利方程的特例。

（2）式（2-62a）表明理想流体在流动过程中任意截面上总机械能、总压头为常数，即：

$$zg + \frac{u^2}{2} + \frac{p}{\rho} = 常数$$

$$z + \frac{u^2}{2g} + \frac{p}{\rho g} = 常数$$

但各截面上的每种形式的能量并不一定相等，它们之间可以相互转换。

（3）对于非理想流体，由于在流动过程中存在能量损失，如果无外功加入，则下游截面与上游截面的总压头之差 Δh、总机械能之差 ΔE 为：

$$\Delta h = h_e - h_f \tag{2-63}$$

$$\Delta E = w_e - w_f \tag{2-64}$$

也就是说，对于非理想流体，在管路流动时，应该满足上游截面处的总压头、总机械能大于下游截面处的总压头、总机械能。

（4）在式（2-59）中，gz、$u^2/2$ 与 p/ρ 分别表示单位质量流体在某截面上所具有的位能、动能和静压能，它们均是状态参数；而 w_e、w_f 是指单位质量流体在两截面间获得或消耗的功，可以理解为过程函数。

单位时间输送机械对流体所做的功称为有效功率，用 N_e 表示，单位为 W，即：

$$N_e = m w_e \tag{2-65}$$

式中　N_e——有效功率，W；

　　　m——流体的质量流量，kg/s。

在实际问题中，输送机械本身存在能量转换效率，则流体输送机械实际消耗的功率应为：

$$N = \frac{N_e}{\eta} \tag{2-66}$$

式中　N——流体输送机械的轴功率，W；

　　　η——流体输送机械的效率。

（5）对于可压缩流体的流动，当所取系统两截面之间的绝对压力变化小于原来压力的 20%（即 $\frac{p_1 - p_2}{p_1} < 20\%$）时，可使用伯努利方程计算，流体密度应以两截面之间流体的平均密度代替。此处理方法在工程计算中是允许的。

2.3.4.3　伯努利方程的应用

在使用伯努利方程解题时，一般应画出流动系统的示意图，并在上面标明流体的流动方向，确定上、下游截面，明确流动系统的衡算范围。解题时应该注意以下几点：

（1）注意截面的选取。所取的截面应该与流体的流动方向垂直，并且两截面间流体应是稳态连续流动。截面上的物理量均取截面上的平均值。

（2）注重基准水平面的选取。为了确定流体位能的大小，必须选取基准水平面，并与地面平行。为了解题方便，宜选取两截面中位置较低的截面作为基准水平面。

（3）计算时需注意各物理量的单位应一致。

（4）衡算范围内所含的外部功及阻力损失应考虑完全，不要遗漏。

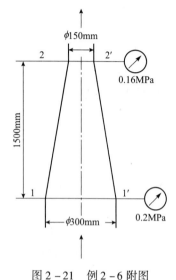

图 2 - 21　例 2 - 6 附图

1. 确定管道中流体流量

例 2 - 6： 某垂直管道，内径由 $d_1 = 300mm$ 缩小到 $d_2 = 150mm$。水从下至上由粗管流入细管。测得水在粗管和细管内的静压力分别为 0.2MPa 和 0.16MPa（表压）。测压点的垂直距离为 1.5m。如两测压点之间的摩擦阻力不计，试求水的流量为多少？

解 沿水的流动方向在其上、下游两侧点分别取截面 1 - 1′ 和 2 - 2′。在这两个截面之间建立伯努利方程：

$$z_1 + \frac{u_2^2}{2g} + \frac{p_1}{\rho g} = z_2 + \frac{u_2^2}{2g} + \frac{p_2}{\rho g}$$

取 1 - 1′ 为基准水平面，则 $z_1 = 0$，$z_2 = 1.5m$。根据连续性方程，有：

$$\frac{\pi}{4}d_1^2 u_1 = \frac{\pi}{4}d_2^2 u_2$$

p_1、p_2 均取表压的值，取水的密度为 $1000kg/m^3$，将上述数值代入伯努利方程，解得：

$$u_2 = 7.3m/s$$

则：

$$V_s = \frac{\pi}{4}d_2^2 u_2 \times 3600 = 464m^3/h$$

2. 确定流体输送机械的功率

例 2 - 7： 如图 2 - 22 所示，用离心泵将水以 $30m^3/h$ 的流量从水池送到敞口高位槽中，水池与高位槽中的液面保持不变，两液面相距 18m，采用 $\phi76mm \times 3.5mm$ 的管子，设管路的总压头损失为 $w_f = 7.9u^2$，已知泵的效率为 0.6，试求泵的功率。

解： 取水池液面 1 - 1′ 截面作为基准水平面，高位槽液面为 2 - 2′ 截面，在此两截面间列机械能衡算式：

$$gz_1 + \frac{1}{2}u_1^2 + \frac{p_1}{\rho} + w_e = gz_2 + \frac{1}{2}u_2^2 + \frac{p_2}{\rho} + w_{f,1-2}$$

$z_1 = 0$，$z_2 = 18m$，$u_1 = u_2 \approx 0$，$p_1 = p_2 = 0$（表压）

$$u = \frac{V_s}{\frac{\pi}{4}d^2} = 2.23m/s$$

把这些数据代入机械能衡算式，得：

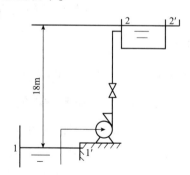

图 2 - 22　例 2 - 7 附图

$$w_e = gz_2 + w_{f,1-2} = gz_2 + 7.9u^2 = 215.8 \text{J/kg}$$

$$N = \frac{mw_e}{\eta} = \frac{V_s\rho w_e}{\eta} = 3\text{kW}$$

3. 计算管路中流体的压力

例 2 - 8： 如图 2 - 23 所示，水在虹吸管内做稳态运动，管直径 $\phi 27\text{mm} \times 3\text{mm}$，水流经各管路的压力降分别为 $h_{f,2-3} = 0.145\text{m}$，$h_{f,3-4} = 0.202\text{m}$，$h_{f,4-5} = 0.248\text{m}$，$h_{f,5-6} = 0.300\text{m}$；大气压为 $1.013 \times 10^5 \text{Pa}$，试计算：

①水的体积流量，以 m^3/h 计；

②管内截面 $2 - 2'$、$3 - 3'$、$4 - 4'$ 及 $5 - 5'$ 的压力。

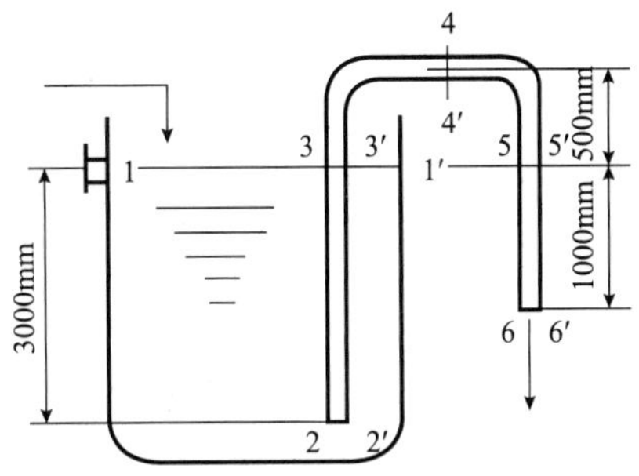

解： ①以截面 $6 - 6'$ 间列出流体流动的机械能衡算式：

图 2 - 23　例 2 - 8 附图

$$z_1 + \frac{u_1^2}{2g} + \frac{p_1}{\rho g} = z_6 + \frac{u_6^2}{2g} + \frac{p_6}{\rho g} + h_{f,1-6}$$

式中

$$z_1 = 1\text{m}, \ z_6 = 0, \ p_1 = p_6 = 0 \ （表压）$$

$$u_1 = 0, h_{f,1-6} = h_{f,2-6} = h_{f,3-4} + h_{f,4-5} + h_{f,5-6} = 0.895\text{m}$$

将上面的数值代入恒算式，可得

$$u_6 = \left[2g(z_1 - h_{f,2-6}) \right]^{\frac{1}{2}} = 1.435\text{m/s}$$

水的体积流量 $V_s = \frac{\pi}{4}d^2 u_6 \times 3600 = 1.788\text{m}^3/\text{h}$

②由于虹吸管直径相等，故管内各截面上的速度相同，则：

$$\frac{u_2^2}{2g} = \frac{u_3^2}{2g} = \frac{u_4^2}{2g} = \frac{u_5^2}{2g} = \frac{u_6^2}{2g} = 0.105\text{m}$$

计算各截面上的压力时，若均以 $2 - 2'$ 截面为基准面，在 $1 - 1'$ 截面与所求压力的各截面间列流体流动的机械能衡算式：

截面 $2 - 2'$ 上的表压为：

$$p_2 = \left(z_1 - z_2 - \frac{u_2^2}{2g} - h_{f,1-2}\right)\rho g = 2.837 \times 10^4 \text{Pa}$$

截面 $3 - 3'$ 上的表压为：

$$p_3 = \left(z_1 - z_3 - \frac{u_3^2}{2g} - h_{f,2-3}\right)\rho g = -2.450 \times 10^3 \text{Pa}$$

截面 $4 - 4'$ 上的表压为：

$$p_4 = \left(z_1 - z_4 - \frac{u_4^2}{2g} - h_{f,2-4}\right)\rho g = -9.340 \times 10^3 \text{Pa}$$

截面 $5 - 5'$ 上的表压为：

$$p_5 = (z_1 - z_5 - \frac{u_5^2}{2g} - h_{f,2-5})\rho g = -6.870 \times 10^3 \, \text{Pa}$$

4. 确定能头的转化

例 2 - 9：如图 2 - 24 所示，某高位槽中液面高度为 H，高位槽下接一管路。在管路上 2、3、4 处各接两个垂直细管，一个是直的，用来测静压；一个有弯头，用来测动压头与静压头增大为 $(p/\rho g + u^2/2g)$。假设流体是理想的，高位槽液面高度一直保持不变，2 点处直的细管内液柱高度如图所示；2、3 处为等径管。试定性画出其余各细管内的液柱高度。

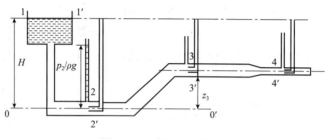

图 2 - 24 例 2 - 9 附图 1

解：如图 2 - 24 所示，选取控制面 1 - 1′、2 - 2′、3 - 3′、4 - 4′。对 1 - 1′和 2 - 2′间的控制体而言，根据理想流体的伯努利方程得：

$$H + \frac{u_1^2}{2g} + \frac{p_1}{\rho g} = z_2 + \frac{u_2^2}{2g} + \frac{p_2}{\rho g}$$

式中 $u_1 = 0$，$p_1 = 0$（表压），z_2（取 0 - 0′为基准面），于是，上式变为：

$$H = \frac{u_2^2}{2g} + \frac{p_2}{\rho g}$$

这就是 2 点处有弯头的细管中的液柱高度，如图 2 - 25 所示，其中比左边垂直管高出的部分代表动压头大小。

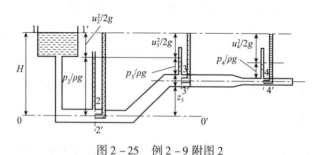

图 2 - 25 例 2 - 9 附图 2

同理，对 1 - 1′面和 3 - 3′面间的控制体有：

$$H = z_3 + \frac{u_3^2}{2g} + \frac{p_3}{\rho g}$$

可见，3 点处有弯头的细管中的液柱高度也与槽中液面等高，又因为 2、3 处等径，故 $u_2 = u_3$，而 $z_3 > z_2 = 0$，故 $p_3/\rho g < p_2/\rho g$，静压头高度如图 2 - 25 所示。

在 1 – 1′面和 4 – 4′面间列伯努利方程有：

$$H = z_4 + \frac{u_4^2}{2g} + \frac{p_4}{\rho g}$$

可见，4 点处有弯头的细管中的液柱高度也与槽中液面等高。又 $z_3 = z_4$，$u_4 > u_3$，故 $\frac{p_4}{\rho g} < \frac{p_3}{\rho g}$，静压头高度如图 2 – 25 所示。

2.4　流体流动现象

前一节中依据稳态流动系统的物料衡算和能量衡算关系得到了连续性方程和伯努利方程式，从而可以预测和计算流动过程中的有关参数。但前面的讨论并没有涉及流体流动中内部质点的运动规律。流体质点的运动方式，影响着流体的速度分布、流动阻力的计算以及流体中的热量传递和质量传递过程。流动现象是非常复杂的，涉及面很广，本节仅作简要介绍。

2.4.1　流动类型与雷诺数

1. 雷诺实验与雷诺数

为了直接观察流体流动时内部质点的运动情况及各种因素对流动状况的影响，可安排如图 2 – 26 所示的实验。这个实验称为雷诺实验。在水箱 3 内装有溢流装置 6，以维持水位恒定。箱的底部接一段直径相同的水平玻璃管 4，管出口处有阀门 5 以调节流量。水箱上方装有带颜色液体的小瓶 1，有色液体可经过细管 2 注入玻璃管内。在水流经玻璃管过程中，同时把有色液体送到玻璃管入口以后的管中心位置上。

实验时可以观察到，当玻璃管里水流速度不大时，从细管引到水流中心的有色液体成一直线平稳地流过整根玻璃管，与玻璃管里的水并不相混杂，如图 2 – 27（a）所示。这种现象表明玻璃管里水的质点是沿着与管轴平行的方向做直线运动。若把水流速度逐渐提高到一定数值，有色液体的细线开始出现波浪形，速度再增，细线便完全消失，有色液体流出细管后随即散开，与水完全混合在一起，使整根玻璃管中的水呈现均匀的颜色，如图 2 – 27（b）所示。这种现象表明，水的质点除了沿管道向前运动外，各质点还做不规则的杂乱运动，且彼此相互碰撞并相互混合。质点速度的大小和方向随时发生变化。

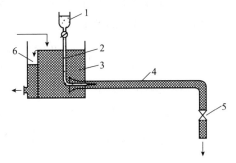

图 2 – 26　雷诺实验装置
1—小瓶；2—细管；3—水箱；
4—水平玻璃管；5—阀门；
6—溢流装置

这个实验显示出流体流动的两种截然不同的类型。一种如图 2 – 27（a）的流动，称

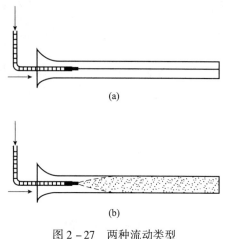

图 2 – 27 两种流动类型

为层流或滞流；另一种如图 2 – 27（b）的流动，称为湍流或紊流。

若用不同的管径和不同的流体分别进行实验，从实验中发现，不仅流速 u 能引起流动状况改变，而且管径 d、流体的黏度 μ 和密度 ρ 也都能引起流动状况的改变。可见，流体的流动状况是由多方面因素决定的。通过进一步分析研究，可以把这些影响因素组合成为 $\frac{du\rho}{\mu}$ 的形式。$\frac{du\rho}{\mu}$ 称为雷诺（Reynolds）数，以 Re 表示。这样就可以根据 Re 的数值来分析流动状态。

雷诺数的量纲为

$$[Re] = \left[\frac{du\rho}{\mu}\right] = \frac{L\dfrac{L}{T}\dfrac{M}{L^3}}{\dfrac{M}{LT}} = L^0 M^0 T^0$$

可见，Re 是一个量纲为 1 的数群。无论采用何种单位制，只要数群中各物理量采用相同单位制中的单位，计算出的 Re 都是无量纲的，并且数值相等。

例 2 – 10：20℃的水在内径为 50mm 的管内流动，流速为 2m/s。试分别用法定单位制和物理单位制计算 Re 的数值。

解：①用法定单位制计算

从本教材附录中查得水在 20℃ 时 $\rho = 998.2\text{kg/m}^3$，$\mu = 1.005\text{mPa} \cdot \text{s}$。

已知：管径 $d = 0.05\text{m}$，流速 $u = 2\text{m/s}$，则

$$Re = \frac{du\rho}{\mu} = \frac{0.05 \times 2 \times 998.2}{1.005 \times 10^{-3}} = 99323$$

②用物理单位制计算

已查得 $\rho = 998.2\text{kg/m}^3 = 0.9982\text{g/cm}^3$

$$\mu = 1.005 \times 10^{-3}\text{Pa} \cdot \text{s} = \frac{1.005 \times 10^{-3} \times 1000}{100} = 1.005 \times 10^{-2}\text{g/(cm} \cdot \text{s)}$$

$$u = 2\text{m/s} = 200\text{cm/s}，d = 5\text{cm}$$

所以
$$Re = \frac{5 \times 200 \times 0.9982}{1.005 \times 10^{-2}} = 99323$$

由该例可见，无论采用何种单位制来计算，Re 值都相等。

凡是几个有内在联系的物理量按无量纲条件组合起来的数群，称为准数或无量纲数群。这种组合并非是任意拼凑的，一般都是在大量实践的基础上，对影响某一现象或过程的各种因素有一定认识之后，再用物理分析或数学推演或二者相结合的方法定出来。它既反映所包含的各物理量的内在关系，又能说明某一现象或过程的一些本质。

Re 实际上反映了流体流动中惯性力与黏滞力的比。ρu 代表单位时间通过单位截面积

流体的质量，则 ρu^2 表示单位时间通过单位截面积流体的动量，它与单位截面积上的惯性力成正比；而 u/d 反映了流体内部的速度梯度，$\mu u/d$ 与流体内的黏滞力成正比。所以 $\rho u^2/(\mu u/d) = \dfrac{du\rho}{\mu} = Re$，即 Re 为惯性力与黏滞力之比。当惯性力较大时，Re 较大；当黏滞力较大时，Re 较小。

2. 层流与湍流

流体的流动类型，可用雷诺数来判断。实验证明，流体在直管内流动时，当 $Re \leqslant 2000$ 时，流体的流动类型属于层流；当 $Re \geqslant 4000$ 时，流动类型属于湍流；而 Re 值在 2000 ~ 4000 的范围内，可能是层流，也可能是湍流，若受外界条件的影响，如管道直径或方向的改变，外来的轻微震动，都易促成湍流的发生，所以将这一范围称之为不稳定的过渡区。在生产操作条件下，常将 $Re > 3000$ 的情况按湍流考虑。

例 2 – 11： 在 $\phi 168\text{mm} \times 5\text{mm}$ 的无缝钢管中输送燃料油，油的运动黏度为 90cSt，试求燃料油作层流流动时的临界速度。

解： 由于运动黏度 $\nu = \dfrac{\mu}{\rho}$，则 $Re = \dfrac{du\rho}{\mu} = \dfrac{du}{\nu}$。层流时，$Re$ 的临界值为 2000，即

$$Re = \frac{du}{\nu} = 2000$$

式中，$d = 168 - 5 \times 2 = 158\text{mm} = 0.158\text{m}$，$\nu = 90\text{cSt} = \dfrac{90}{100} \times 10^{-4}\text{m}^2/\text{s} = 9 \times 10^{-5}\text{m}^2/\text{s}$，于是临界流速

$$u = \frac{2000 \times 9 \times 10^{-5}}{0.158} = 1.14\text{m/s}$$

层流与湍流的区分不仅在于各有不同的 Re 值，更重要的是它们有本质区别。

流体在管内作层流流动时，其质点沿管轴做有规则的平行运动，各质点互不碰撞，互不混合。

流体在管内作湍流流动时，其质点做不规则的杂乱运动并相互碰撞，产生大大小小的旋涡。由于质点碰撞而产生的附加阻力较由黏性所产生的阻力大得多，所以碰撞将使流体前进阻力急剧加大。

管道截面上某一固定的流体质点在沿管轴向前运动的同时，还有径向运动，而径向速度的大小和方向是不断变化的，从而引起轴向速度的大小和方向也随时而变。即在湍流中，流体质点的不规则运动，构成质点在主运动之外还有附加的脉动。质点的脉动是湍流运动的最基本特点。图 2 – 28 所示为截面上某一点 i 的流体质点的速度脉动曲线。同样，点 i 的流体质点的压强也是脉动的，可见湍流实际上是一种非稳态的流动。

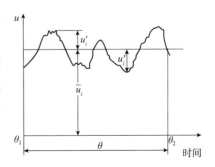

图 2 – 28   点 i 的流体质点的速度脉动曲线示意图

尽管在湍流中，流体质点的速度和压强是脉动的，但由实验发现，管截面上任一点的速度和压强始终是围绕着某一个"平均值"上下变动。如图 2-28 所示，在时间间隔 θ 内，点 i 的瞬时速度 u_i 的值总是在平均值上下变动。平均值 $\overline{u_i}$ 为在某一段时间 θ 内，流体质点经过点 i 的瞬时速度的平均值，称为时均速度，即

$$\overline{u_i} \approx \frac{1}{\theta} \int_{\theta_1}^{\theta_2} u_i \mathrm{d}\theta \qquad (2-67)$$

由图 2-28 可知

$$u_i = \overline{u_i} + u_i' \qquad (2-68)$$

式中 u_i——瞬时速度，表示在某时刻，管道截面上任一点 i 的真实速度，m/s；

u_i'——脉动速度，表示在同一时刻，管道截面上任一点 i 的瞬时速度与时均速度的差值，m/s。

在稳态系统中，流体做湍流流动时，管道截面上任一点的时均速度不随时间而改变。

在湍流运动中，因质点碰撞而产生的附加阻力的计算是很复杂的，但引入脉动与时均值的概念，可以简化复杂的湍流运动，为研究带来一定的方便，有关这一内容已超越本教材的范围。

2.4.2   流体在圆管内流动时的速度分布

无论是层流或湍流，在管道任意截面上，流体质点的速度均沿管径而变化，管壁处速度为零，离开管壁以后速度渐增，到管中心处速度最大。速度在管道截面上的分布规律因流型而异。

1. 流体在圆管内层流流动时的速度分布

层流流动时，流体层之间的剪应力可用牛顿黏性定律描述，据此管内的速度分布可由理论分析推导得到。

设流体在半径为 R 的水平直管段内作层流流动，于管轴心处取一半径为 r、长度为 l 的流体柱作为分析对象，如图 2-29 所示，作用于流体柱两端面的压强分别为 p_1 和 p_2，则作用在流体柱上的推动力为

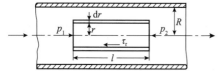

图 2-29   作用于圆管中流体上的力

$$(p_1 - p_2)\pi r^2 = \Delta p_\mathrm{f} \pi r^2$$

设距管中心 r 处的流体速度为 u_r，$(r + \mathrm{d}r)$ 处的相邻流体层的速度为 $(u_r + \mathrm{d}u_r)$，则流体速度沿半径方向的变化率（即速度梯度）为 $\dfrac{\mathrm{d}u_r}{\mathrm{d}r}$，两相邻流体层所产生的剪应力为 τ_r。层流时剪应力服从牛顿黏性定律，即

$$\tau_r = -\mu \frac{\mathrm{d}u_r}{\mathrm{d}r}$$

式中，负号表示流速 u_r 沿半径 r 增加的方向而减小。

作用在流体柱上的阻力为

$$\tau_r S = -\mu \frac{\mathrm{d}u_r}{\mathrm{d}r}(2\pi rl) = -2\pi rl\mu \frac{\mathrm{d}u_r}{\mathrm{d}r}$$

流体做等速运动时，推动力与阻力大小必相等，方向必相反，故

$$\Delta p_f \pi r^2 = -2\pi rl\mu \frac{\mathrm{d}u_r}{\mathrm{d}r}$$

或

$$\mathrm{d}u_r = -\frac{\Delta p_f}{2\mu l}r\mathrm{d}r$$

积分上式的边界条件：当 $r = r$ 时，$u_r = u_r$；当 $r = R$（在管壁处）时，$u_r = 0$。故上式的积分形式为

$$\int_0^{u_r} \mathrm{d}u_r = -\frac{\Delta p_f}{2\mu l}\int_R^r r\mathrm{d}r$$

积分并整理得

$$u_r = \frac{\Delta p_f}{4\mu l}(R^2 - r^2) \tag{2-69}$$

式（2-69）是流体在圆管内做层流流动时的速度分布表达式。它表示在某一压强降 Δp_f 之下，u_r 与 r 的关系为抛物线方程。

工程中常以管截面的平均流速来计算流动阻力所引起的压强降，故须把式（2-69）变换成 Δp_f 与平均速度 u 的关系才便于应用。

由图 2-29 可知，厚度为 $\mathrm{d}r$ 的环形截面积 $\mathrm{d}A = 2\pi r\mathrm{d}r$，由于 $\mathrm{d}r$ 很小，可近似地取流体在 $\mathrm{d}r$ 层内的流速为 u_r，则通过此截面的体积流量为 $\mathrm{d}V_s = u_r\mathrm{d}A = u_r(2\pi r\mathrm{d}r)$。当 $r = 0$ 时，$V_s = 0$；$r = R$ 时，$V_s = V_s$。所以整个管截面的体积流量为

$$V_s = \int_0^R 2\pi u_r r\mathrm{d}r$$

由于管截面的平均流速可写成 $u = V_s/A$，于是

$$u = \frac{1}{\pi R^2}\int_0^R 2\pi u_r r\mathrm{d}r = \frac{2}{R^2}\int_0^R u_r r\mathrm{d}r$$

将式（2-69）代入上式，进行积分并整理，得管截面平均流速为

$$u = \frac{\Delta p_f}{2\mu lR^2}\int_0^R (R^2 - r^2)r\mathrm{d}r = \frac{\Delta p_f}{8\mu l}R^2 \tag{2-70}$$

另外，根据流体在圆管内层流流动的速度分布式（2-69）知，当 $r = 0$ 时，管中心处的速度为最大流速，即

$$u_{max} = \frac{\Delta p_f}{4\mu l}R^2 \tag{2-71}$$

将这个结果与式（2-70）比较，层流时圆管截面平均速度与最大速度的关系为

$$u_{max} = 2u$$

层流时速度沿管径的分布为一抛物线，如图 2-30（a）所示。

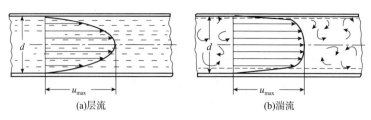

(a)层流　　　　　　　　　　　　　(b)湍流

图 2 - 30　圆管内速度分布

2. 流体在圆管内湍流流动时的速度分布

湍流时，流体质点的运动情况比较复杂，目前还不能完全采用理论方法得出湍流时的速度分布规律。经实验测定，湍流时圆管内的速度分布曲线如图 2 - 30（b）所示。由于流体质点强烈分离与混合，使截面上靠管中心部分各点速度彼此扯平，速度分布比较均匀，所以速度分布曲线不再是严格的抛物线。实验证明，当 Re 值愈大时，曲线顶部的区域就愈广阔平坦，但靠管壁处质点的速度骤然下降，曲线较陡。u 与 u_{max} 的比值随 Re 而变化，如图 2 - 31 所示。图中 Re 与 Re_{max} 是分别以平均速度 u 及管中心处最大速度 u_{max} 计算的雷诺数。

既然湍流时管壁处的速度也等于零，则靠近管壁的流体仍做层流流动，这一做层流流动的流体薄层，称为层流内层或层流底层。自层流内层往管中心推移，速度逐渐增大，出现了既非层流流动亦非完全湍流流动的区域，这区域称为缓冲层或过渡层，再往中心才是湍流主体。层流内层的厚度随 Re 值的增加而减小。层流内层的存在，对传热与传质过程都有重大影响，这方面的问题，将在后面有关章节中讨论。

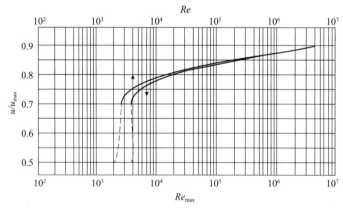

图 2 - 31　u/u_{max} 与 Re、Re_{max} 的关系

上述的速度分布曲线，仅在管内流动达到平稳时才成立。在管入口附近处，外来的影响还未消失，同时管路拐弯、分支处和阀门附近的流动也受到干扰，这些区域的速度分布就不符合上述的规律。此外，流体做湍流流动时，质点发生脉动现象，所以湍流的速度分布曲线应根据截面上各点的时均速度来标识。

2.4.3　边界层的概念

1. 边界层的形成

为便于说明问题，以流体沿固定平板的流动为例，如图 2 – 32 所示。在平板前缘处流体以均匀一致的流速 u_s 流动，当流到平板壁面时，由于流体具有黏性又能完全润湿壁面，则黏附在壁面上静止的流体层与其相邻的流体层间产生内摩擦，使相邻流体层的速度减慢。这种减速作用，由附着于壁面的流体层开始依次向流体内部传递，离壁面愈远，减速作用愈小。实验证明，减速作用并不遍及整个流动区域，而是离壁面一定距离（$y = \delta$）后，流体的速度渐渐接近于未受壁面影响时的流速 u_s。靠近壁面流体的速度分布情况如图 2 – 32 所示。图中各速度分布曲线应与 x 相对应。x 为自平板前缘的距离。

从上述情况可知，当流体流经固体壁面时，由于流体具有黏性，在垂直于流体流动方向上便产生了速度梯度。在壁面附近存在着较大速度梯度的流体层，称为流动边界层，简称边界层，如图 2 – 32 中虚线所示。边界层以外，黏性不起作用，即速度梯度可视为零的区域，称为流体的外流区或主流区。对于流体在平板上

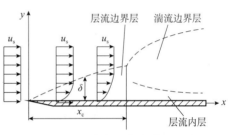

图 2 – 32　平板上的流动边界层

的流动，主流区的流速应与未受壁面影响的流速相等，所以主流区的流速仍用 u_s 表示。δ 为边界层的厚度，等于由壁面至速度达到主流速度的点之间的距离，但由于边界层内的减速作用是逐渐消失的，所以边界层的界限应延伸至距壁面无穷远处。工程上一般规定边界层外缘的流速 $u = 0.99u_s$，而将该条件下边界层外缘与壁面间的垂直距离定为边界层厚度，这种人为的规定，对解决实际问题所引起的误差可以忽略不计。应指出，边界层的厚度 δ 与从平板前缘算起的距离 x 相比是很小的。

由于边界层的形成，把沿壁面的流动简化成两个区域，即边界层区与主流区。在边界层区内，垂直于流动方向上存在着显著的速度梯度 du/dy，即使黏度 μ 很小，摩擦应力 $\tau = \mu \dfrac{du}{dy}$ 仍然相当大，不可忽视。在主流区内，$du/dy \approx 0$，摩擦应力可忽略不计，此区流体可视为理想流体。

应用边界层的概念研究实际流体的流动，将使问题得到简化，从而可以用理论的方法来解决比较复杂的流动问题。边界层概念的提出对传热与传质过程的研究亦具有重要意义。

2. 边界层的发展

（1）流体在平板上的流动

如图 2 – 32 所示，随着流体向前运动，摩擦力对外流区流体持续作用，促使更多的流体层速度减慢，从而使边界层的厚度 δ 随自平板前缘的距离 x 的增长而逐渐变厚，这种现象说明边界层在平板前缘后的一定距离内是发展的。在边界层的发展过程中，边界层内流

体的流型可能是层流，也可能是由层流转变为湍流。如图 2 - 32 所示，在平板的前缘处，边界层较薄，流体的流动总是层流，这种边界层称为层流边界层。在距平板前缘某临界距离 x_c 处，边界层内的流动由层流转变为湍流，此后的边界层称为湍流边界层。但在湍流边界层内靠近平板的极薄一层流体，仍维持层流，即前述的层流内层或层流底层。层流内层与湍流层之间还存在过渡层或缓冲层，其流动类型不稳定，可能是层流，也可能是湍流。

平板上边界层的厚度可用下式进行估算：

对于层流边界层

$$\frac{\delta}{x} = \frac{4.64}{Re_x^{0.5}} \tag{2-72}$$

对于湍流边界层

$$\frac{\delta}{x} = \frac{0.376}{Re_x^{0.2}} \tag{2-73}$$

式中，Re_x 为以距平板前缘距离 x 作为几何尺寸的雷诺准数，即 $Re_x = \dfrac{u_s x \rho}{\mu}$，$u_s$ 为主流区的流速。

边界层内流体的流型可由 Re_x 值来决定，对于光滑的平板壁面，当 $Re_x \leq 2 \times 10^5$ 时，边界层内的流动为层流；当 $Re_x \geq 2 \times 10^6$ 时，为湍流；Re_x 值在 $2 \times 10^5 \sim 2 \times 10^6$ 的范围内，可能是层流，也可能是湍流。

（2）流体在圆形直管的进口段内的流动

在化工生产中，常遇到流体在管内流动情况。上面讨论了沿平板流动时的边界层，有助于对管内流动边界层的理解，因为它们都有相类似的地方。

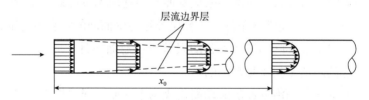

图 2 - 33 　圆管进口段层流边界层内速度分布侧形的发展

图 2 - 33 表示流体在圆形直管进口段内流动时，层流边界层内速度分布侧形的发展情况。流体在进入圆管前，以均匀流速流动。进管之初速度分布比较均匀，仅在靠管壁处形成很薄的边界层。在黏性的影响下，随着流体向前流动，边界层逐渐增厚，而边界层内流速逐渐减小。由于管内流体的总流量维持不变，所以使管中心部分的流速增加，速度分布侧形随之而变。在距管入口处 x_0 的地方，管壁上已经形成的边界层在管的中心线上汇合，此后边界层占据整个圆管的截面，其厚度维持不变，等于管子半径。距管进口的距离 x_0 称为稳定段长度或进口段长度。在稳定段以后，各截面速度分布曲线形状不随 x 而变，称为完全发展了的流动。

图 2 - 34（a）表示了层流时流动边界层厚度的变化情况。当 $x = 0$ 时，$\delta = 0$；随着 x 的增加，δ 增加；当 $x = x_0$ 时，$\delta = R$。对于层流流动，稳定段长度 x_0 与圆管直径 d 及雷诺

数 Re 的关系如下：

$$\frac{x_0}{d} = 0.0575Re \qquad (2-74)$$

式中　$Re = \dfrac{du\rho}{\mu}$，u 为管截面的平均流速。

与平板一样，流体在管内流动的边界层可以从层流转变为湍流。如图 2-34（b）所示，流体经过一定长度后，边界层由层流发展为湍流，并在 x_0 处于管中心线上相汇合。

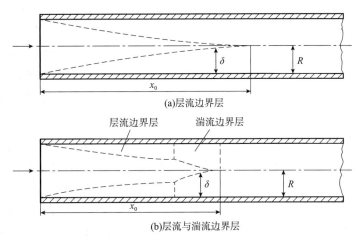

(a)层流边界层

(b)层流与湍流边界层

图 2-34　圆管进口段流动边界层厚度的变化

在完全发展了的流动开始之时，若边界层内为层流，则管内流动仍保持层流；若边界层内为湍流，则管内的流动仍保持为湍流。圆管内边界层外缘的流速即为管中心的流速，无论是层流或湍流都是最大流速 $u_{\max}$。

在圆管内，即使是湍流边界层，在靠近管壁处仍存在一极薄的层流内层。湍流时圆管中的层流内层厚度 δ_b 可采用半理论半经验公式计算。例如，流体在光滑管内做湍流流动，层流内层厚度可用式（2-75）估算，即

$$\frac{\delta_b}{d} = \frac{61.5}{Re^{7/8}} \qquad (2-75)$$

式中系数在不同文献中会有所不同，主要是因公式推导过程中，假设管截面平均流速 u 与管中心最大流速 $u_{\max}$ 的比值不同而引起的。当 $u/u_{\max} = 0.81$ 时，系数为 61.5。

由式（2-75）可知，Re 值愈大，层流内层厚度 δ_b 愈薄。如在内径 d 为 100mm 的导管中，$Re = 1 \times 10^4$ 时，$\delta_b = 1.95$mm；当 $Re = 1 \times 10^5$ 时，$\delta_b = 0.26$mm。说明 Re 值增大时，层流内层厚度 δ_b 显著下降。层流内层的厚度显然极薄，但由于该层内的流动是层流，它对于传热及传质过程都有一定的影响，不应忽视。

最后应该指出，流体在圆形直管内稳态流动时，在稳定段以后，管内各截面上的流速分布和流型保持不变，因此在测定圆管内截面上流体的速度分布曲线时，测定地点必须选在圆管中流体速度分布保持不变的平直部分，即此处到入口或转弯等处的距离应大于 x_0。其他测量仪表在管道上的安装位置也应如此。层流时，通常取稳定段长度 $x_0 = (50 \sim 100)d$。

湍流的稳定段长度，一般比层流的要短些。

3. 边界层的分离

流体流过平板或在直径相同的管道中流动时，流动边界层是紧贴在壁面上。如果流体流过曲面，如球体、圆柱体或其他几何形状物体的表面时，所形成的边界层还有一个极其重要的特点，即无论是层流还是湍流，在一定条件下都将会产生边界层与固体表面脱离的现象，并在脱离处产生旋涡，加剧流体质点间的相互碰撞，造成流体的能量损失。

下面对流体流过曲面时产生的边界层分离现象进行分析。如图 2-35 所示，液体以均匀的流速垂直流过一无限长的圆柱体表面（以圆柱体上半部为例）。由于流体具有黏性，在壁面上形成边界层，其厚度随流过的距离而增加。液体的流速与压强沿圆柱周边而变化，当液体到达点 A 时，受到壁面的阻滞，流速为零。点 A 称为停滞点或驻点。在点 A 处，液体的压强最大，后继而来的液体在高压作用下被迫改变原来的运动方向，由点 A 绕圆柱表面而流动。在点 A 至点 B 间，因流通截面逐渐减小，边界层内流动处于加速减压的情况之下，所减小的压强能，一部分转变为动能，另一部分消耗于克服流体内摩擦引起的流动阻力（摩擦阻力）。在点 B 处流速最大而压强最低。过点 B 以后，随流通截面的逐渐增加，液体又处于减速加压的情况，所减小的动能，一部分转变为压强能，另一部分消耗于克服摩擦阻力。此后，动能随流动过程继续减小，譬如说，达到点 C 时，其动能消耗殆尽，则点 C 的流速为零，压强为最大，形成了新的停滞点，后继而来的液体在高压作用下被迫离开壁面，沿新的流动方向前进，故点 C 称为分离点。这种边界层脱离壁面的现象，称为边界层分离。

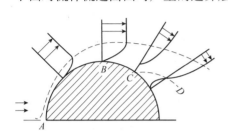

图 2-35　流体流过圆柱体表面
的边界层分离

由于边界层自点 C 开始脱离壁面，所以在点 C 的下游形成了液体的空白区，后面的液体必然倒流回来以填充空白区，此时点 C 下游的壁面附近产生了流向相反的两股液体。两股液体的交界面称为分离面，如图 2-35 中曲面 CD 所示。分离面与壁面之间有流体回流而产生旋涡，成为涡流区。其中流体质点进行着强烈的碰撞与混合而消耗能量。这部分能量损耗是由于固体表面形状而造成边界层分离所引起的，称为形体阻力。

所以，黏性流体绕过固体表面的阻力为摩擦阻力与形体阻力之和。两者之和又称为局部阻力。流体流经管件、阀门、管子进出口等局部地方，由于流动方向和流道截面的突然改变，都会发生上述情况。

2.5　流体流动相似原理及量纲分析

相似原理与量纲分析的理论形成于 19 世纪末到 20 世纪初。由于许多物理现象的影响因素众多，要得到一个物理现象各个影响因素的影响规律，如果按照全因素实验，需要成千上万乃至上百万次实验。如何减少实验次数又能获得具有通用性的规律就成为急需解决的问题。相似原理及量纲分析就是在这样的工业发展背景下产生的。在流体力学、传热学等诸多领域，相似原理和量纲分析首先得到了发展。随后的研究发现，几乎所有的物理过程均可以利用相似原理和量纲分析的理论。

2.5.1 力学相似性理论

所谓力学相似，是指两个流动现象中相应点处的各物理量彼此之间互相平行（指矢量物理量，如速度、力等）并且互相成一定的比例（指向量或标量物理量的数值，标量如长度、时间等）。要保证两个流动问题的力学相似，必须是两个流动几何相似、运动相似、动力相似以及两个流动的边界条件和初始条件相似。

1. 几何相似

几何相似是指流动空间几何相似。即形成此空间任意相应两线段夹角相等，任意相应线段长度保持一定的比例。以 L_n 表示原型的特征长度，以 L_m 表示模型的特征长度，以 λ_L 表示原型长度与模型长度的比值，称为长度比，即

$$\frac{L_n}{L_m} = \lambda_L \tag{2-76}$$

原型与模型相应线段夹角必须相等，即

$$\theta_n = \theta_m \tag{2-77}$$

显然，两相应面积之比为长度比的平方，即

$$\frac{A_n}{A_m} = \lambda_A = \lambda_L^2 \tag{2-78}$$

而相应体积之比，则为长度比的立方，即

$$\frac{V_n}{V_m} = \lambda_V = \lambda_L^3 \tag{2-79}$$

几何相似是力学相似的前提。有了几何相似，才有可能在模型流动和原型流动之间存在着对应点、对应线段、对应断面和对应体积这一系列互相对应的几何要素。进而才有可能在两个流动之间存在着对应流速、对应加速度、对应作用力等一系列互相对应的运动学和动力学参数。最终才有可能通过模型流动的对应点、对应断面的力学量测定，预测原型流动的流体力学特性。

2. 运动相似

两流动现象运动相似是指两流动的对应流线几何相似，或者说，对应点的流速大小成同一比例，方向相同。速度比 λ_u 为：

$$\frac{u_n}{u_m} = \lambda_u \tag{2-80}$$

有了速度比和长度比，可以根据简单的 $t = L/u$ 的关系，得出时间比 λ_t

$$\lambda_t = \frac{\lambda_L}{\lambda_u} \qquad\qquad (2-81)$$

即时间比是长度比和速度比之比，表明原型流动和模型流动实现一个特定流动过程所需时间之比。

不难证明，加速度比是速度比除以时间比，即

$$\lambda_a = \frac{\lambda_u}{\lambda_t} = \frac{\lambda_L}{\lambda_t^2} = \frac{\lambda_u^2}{\lambda_L} \qquad\qquad (2-82)$$

或

$$\lambda_u = \sqrt{\lambda_a \lambda_L} \qquad\qquad (2-83)$$

由此可见，只要速度相似，加速度也必然相似，反之亦然。

由于流速场的研究是流体力学的首要任务，所以运动相似通常是流体流动的目的。

3. 动力相似

流动的动力相似是指流动和模型流动中，要求具有同名力作用，且对应的同名力互成同一比例，即

$$\lambda_F = \frac{F_n}{F_m} \qquad\qquad (2-84)$$

这里所提的同名力，指的是同一物理性质的力，例如重力、黏性力、惯性力。所谓同名力作用，是指原型流动中，如果作用着黏性力、压力、重力、惯性力、弹性力，则模型流动中同样地作用着黏性力、压力、重力、惯性力、弹性力。相应的同名力成比例，是指原型流动和模型流动成比例。即

$$\frac{F_{\nu n}}{F_{\nu m}} = \frac{F_{Pn}}{F_{Pm}} = \frac{F_{Gn}}{F_{Gm}} = \frac{F_{In}}{F_{Im}} = \frac{F_{En}}{F_{Em}} \qquad\qquad (2-85)$$

式中，参数的右下标 ν、P、G、I、E 分别表示黏性力、压力、重力、惯性力和弹性力。

由牛顿第二定律可知惯性力是合力作用的结果，因此两流体的惯性力相似是合力作用相似的结果，所以动力相似是运动相似的保证。

显然，要使模型中的流动和原型相似，除了上述的几何相似、运动相似和动力相似之外，还必须使两个流动的边界条件和初始条件相似。上述这种物理相似称为流动的力学相似。

流体的运动微分方程式，实际上就是惯性力、压力、黏性力以及其他外力的平衡关系式。在两个力学相似的流动中，对应点上这些力应当方向一致，大小互成比例。因此，力学相似的两个流动应具有相同的运动微分方程式。反之，如果两个流动具有相同的运动微分方程式，则它们将具有运动相似和动力相似的性质，而几何相似实际上是包含在动力相似和运动相似之中的。因而，如果两个流动满足同一运动微分方程式，并且具有相似的边界条件和初始条件，那么，这两个流动就是力学相似的。

2.5.2 相似特征数

动力相似应包括所有外力动力相似，而实际上要做到这一点是不可能的。对于某个实

际流动来说，虽然同时作用着各种不同性质的外力，但是它们对流体运动状态的影响程度并不是一样的。总有一种或两种居于支配地位的外力决定着流体运动状态。因此，在模型实验中，只要使其中起主导作用的外力满足相似条件，就能够保证两流动现象有基本的运动状态。这种只考虑某一种外力的动力相似条件称为相似准则或特种模型定律。

设在两相似流动中，取两个对应质点 n 和 m，研究两质点所受黏性力、压力、重力及惯性力。假设流体不可压缩，不存在弹性力相似的问题。根据动力相似条件，有：

$$\frac{F_{\nu n}}{F_{\nu m}} = \frac{F_{Pn}}{F_{Pm}} = \frac{F_{Gn}}{F_{Gm}} = \frac{F_{In}}{F_{Im}} \tag{2-86}$$

由于惯性力相似与运动相似直接相关，把以上的关系式分别写为和惯性力相联系的下列等式：

$$\frac{F_{Pn}}{F_{Pm}} = \frac{F_{In}}{F_{Im}} \tag{2-87}$$

$$\frac{F_{Gn}}{F_{Gm}} = \frac{F_{In}}{F_{Im}} \tag{2-88}$$

$$\frac{F_{\nu n}}{F_{\nu m}} = \frac{F_{In}}{F_{Im}} \tag{2-89}$$

下面将根据上述动力相似原则推导得到各个相似特征数。

1. 压力相似准则（欧拉相似准则）

如果两个相似流动中起主导作用的力是压力，那么要在压力作用下使原型与模型流动动力相似，必须满足式（2-87）。将式（2-87）改写成：

$$\frac{F_{Pn}}{F_{In}} = \frac{F_{Pm}}{F_{Im}} \tag{2-90}$$

假定在原型流动中所取的质点是边长为 L_n 的立方体，模型水流中所取的对应质点是边长 L_m 的立方体，则两水流质点所受压差作用分别为 $\Delta p_n L_n^2$ 和 $\Delta p_m L_m^2$。这里采用压差 Δp 而不用压强，是因为压力是表面力。作用于质点的有效压力是质点两表面的压差而不是压力。

作用在两立方体上的惯性力分别为 $F_{In} = \rho u_n^2 L_n^2$ 和 $F_{Im} = \rho u_m^2 L_m^2$，将其代入式（2-90）得：

$$\frac{\Delta p_n L_n^2}{\rho u_n^2 L_n^2} = \frac{\Delta p_m L_m^2}{\rho u_m^2 L_m^2}$$

即

$$\frac{\Delta p_n}{\rho u_n^2} = \frac{\Delta p_m}{\rho u_m^2}$$

令

$$Eu = \frac{\Delta p}{\rho u^2}$$

Eu 称为流动的欧拉数，其物理意义是压差和惯性力的相对比值。

原型流动和模型流动压力和惯性力的相似关系可以写为：

$$Eu_n = Eu_m \qquad (2-91)$$

式（2-91）表明，如果两个几何相似的流动在压差作用下达成动力相似，则它们的欧拉数必相等；反之，如果两个流动的欧拉数相等，则这两个流动一定是在压差作用下满足动力相似。这就是压力相似准则，或称为欧拉相似准则。

2. 重力相似准则［弗劳德（Froude）相似准则］

要在重力作用下使原型和模型流动相似，同样必须满足动力相似的一般规律。同样的方法。将式（2-88）改写成：

$$\frac{F_{In}}{F_{Gn}} = \frac{F_{Im}}{F_{Gm}} \qquad (2-92)$$

作用在原型和模型立方体质点的重力分别为：

$$F_{Gn} = \rho g L_n^3 \qquad F_{Gm} = \rho g L_m^3$$

则

$$\frac{\rho u_n^2 L_n^2}{\rho g L_n^3} = \frac{\rho u_m^2 L_m^2}{\rho g L_m^3}$$

因此

$$\frac{u_n^2}{g L_n} = \frac{u_m^2}{g L_m}$$

令

$$Fr = \frac{u^2}{gL}$$

Fr 称为流动的弗劳德数，其物理意义是惯性力和重力的相对比值。由此可得，若在重力作用下原型流动和模型流动相似，则：

$$Fr_n = Fr_m \qquad (2-93)$$

即原型流动和模型流动的弗劳德数相等。由此表明，如果两个几何相似的流动在重力作用下达成动力相似，则它们的弗劳德数必相等；反之，如果两个流动的弗劳德数相等，则这两个流动一定是在重力作用下动力相似的。这就是弗劳德相似准则。

3. 黏性力相似准则（雷诺相似准则）

类似地，如果两个相似流动中起主导作用的是黏性力，则有：

$$\frac{F_{In}}{F_{\nu n}} = \frac{F_{Im}}{F_{\nu m}} \qquad (2-94)$$

进而可得

$$\left(\frac{ud}{\nu}\right)_n = \left(\frac{ud}{\nu}\right)_m$$

令

$$Re = \frac{uL}{\nu}$$

Re 就是阻力理论中已经介绍的重要无量纲特征数——雷诺数。

同样，原型流动和模型流动黏性力和惯性力的相似关系可以写为

$$Re_n = Re_m$$

即原型流动和模型流动的雷诺数相等。这就是黏性力相似准则，也称为雷诺相似准则。

4. 弹性力相似准则（马赫相似准则）

在高速气流中，弹性力起主导作用。惯性力和弹性力的比值，以 $\rho u^2 L^2 / E L^2$ 来表征。其中 E 为气体的体积弹性模量。则由原型和模型的弹性力相似，再消去 L^2 得出

$$\frac{\rho_n u_n^2}{E_n} = \frac{\rho_m u_m^2}{E_m} \tag{2-95}$$

但根据气体动力学可知

$$\sqrt{E/\rho} = a$$

则

$$E/\rho = a^2$$

式中，a 为当地声速，于是可将式（2 - 95）简化为

$$\left(\frac{u_n}{a_n}\right)^2 = \left(\frac{u_m}{a_m}\right)^2$$

或

$$\frac{u_n}{a_n} = \frac{u_m}{a_m} \tag{2-96}$$

这个速度的比值就是马赫数 Ma。

由此可见，弹性力相似，就是原型流动和模型流动的马赫数相等。

$$Ma_n = Ma_m \tag{2-97}$$

以上所提出的一系列无量纲特征数：欧拉数、弗劳德数、雷诺数、马赫数都是反映动力相似的相似特征数。欧拉数是压力的相似特征数，弗劳德数是重力的相似特征数，雷诺数是黏性力的相似特征数，马赫数是弹性力的相似特征数。

怎么来计算相似特征数的具体数值？

这些相似特征数包含物性参数 ρ、ν、g，流速 u 和长度 L 等。除了物性参数外，在实际计算时，选取对整个流动有代表性的物理量。例如，在管流中，断面平均流速是有代表性的流速，而管径则是长度的代表性的量。一般地，对某一流动，具有代表性的物理量称为定性量，或称为特征物理量。平均流速就是速度的定性量，称为定性流速。管径称为定性长度。定性量可以有不同的选择。例如，定性长度可取管的直径、半径或水力半径。所得到的相似特征数值也因此而不同。所以，定性量一经选定（通常按惯例选择）之后，在研究同一问题时，不能中途变更。在管流计算雷诺数时，习惯上分别选平均流速 u 和管径 d 作为定性流速和定性长度。

这样根据动力相似的定义可导出相似特征数。两个流动现象如果是动力相似的，那么，它们的同名特征数相等。

2.5.3 模型律

一般情况下,模型越大越能反映原型的流动情况,但是,由于实验条件的限制,模型往往不能做得太大。从理论上讲,最好能做到所有模型尺寸全按一个比例缩小或放大,这种长、宽、高比例尺均一致的模型称为正态模型。在流体力学模型实验中,通常遇到的是正态模型。但在有的情况下不能做到这一点,例如进行天然河道流动的模型实验,由于天然河道的长度比宽度和水深要大得多,如果按同一比例缩制模型,势必造成水深度太浅甚至改变了模型中水流的性质。对于这种情况,就要分别采用不同的长度比例、宽度比例和高度比例,因而这种模型改变了原型的形状。这种各个方向比例不相等的模型称为变态模型。

模型与原型表面粗糙度的相似,也属于几何相似的范畴。严格来说,要实现这种相似非常困难。因此,一般情况下不考虑粗糙度相似。只有在研究流体阻力和边界层等问题时才考虑表面粗糙度的相似。

在模型实验前设计模型时,需要根据原型的物理量确定模型的物理量的值,比如确定模型管流中的平均流速,以便决定实验所需的流量。这主要是根据特征数相等来确定的。但问题是当模型几何尺寸或流动介质等因素发生变化时,很难保证所有的特征数都对应相等。如前所述,不可压缩流体稳态时,只有当弗鲁德数和雷诺数都相等时,才能达到动力相似。但是,雷诺数和弗鲁德数中都包含定性长度和定性速度。因此,雷诺数和弗鲁德数都相等,就要求原型和模型在长度和速度比之间要保持一定关系。

例如,由雷诺数模型律可得:

$$Re_n = Re_m$$

则

$$\frac{L_n u_n}{\nu_n} = \frac{L_m u_m}{\nu_m}$$

或写成比例关系的形式,即

$$\lambda_u = \frac{\lambda_\nu}{\lambda_L} \qquad (2-98)$$

在多数情况下,模型和原型采用同种类且温度相同的流体,此时 $\lambda_\nu = 1$,故有

$$\lambda_u = \frac{1}{\lambda_L} \qquad (2-99)$$

雷诺数相等,表征黏性力相似。原型和模型流动雷诺数相等的这个相似条件,称为雷诺模型律。按照上述比例关系,调整原型流动和模型流动的流速比例和长度比例,就是根据雷诺模型律进行设计的。

另一方面,根据弗劳德数相等可知:

$$Fr_n = Fr_m$$

即

$$\frac{u_n^2}{g_n L_n} = \frac{u_m^2}{g_m L_m}$$

一般有
$$g_{\mathrm{n}} = g_{\mathrm{m}}$$
因此

$$\frac{L_{\mathrm{n}}}{L_{\mathrm{m}}} = \left(\frac{u_{\mathrm{n}}}{u_{\mathrm{m}}} \right)^2$$

因而长度和速度的比例关系可表示为

$$\lambda_{\mathrm{u}}^2 = \lambda_{\mathrm{L}} \tag{2-100}$$

或

$$\lambda_{\mathrm{u}} = \sqrt{\lambda_{\mathrm{L}}} \tag{2-101}$$

弗劳德数表征重力相似。原型和模型流动弗劳德数相等的这个相似条件，称为弗劳德模型律。按照上述比例关系调整原型流动和模型流动的长度比例和速度比例，就是根据弗劳德模型律进行设计的。

显然对于同种、同温的流体，若要同时满足雷诺模型律和弗劳德模型律，式（2-99）和式（2-101）必须同时满足，则容易导出

$$\lambda_{\mathrm{L}} = 1 \tag{2-102}$$

这意味着模型尺寸与原型相同，因此模型实验就失去意义了。

即使是对于不同种的流体，若通过调整运动黏度比例 λ_{ν}，使式（2-99）和式（2-101）同时满足，则

$$\lambda_{\nu} = \lambda_{\mathrm{L}}^{3/2} \tag{2-103}$$

这要求在模型流动中，采用具有特点黏度的流体，实际上这是几乎不可能实现的。

因此，在模型设计时，应该抓住对流动起决定作用的力，并在模型和原型流动中保持与该力相应的特征数相等。这种只满足主要相似特征数相等的相似称为局部（或部分）相似。而在几何相似的前提下，所有的相似特征数都相同的相似称为完全相似。

除了在研究新的流动问题时，必须探求其模型律外，在学习相似理论时，也应掌握常见流动的模型律。当管流雷诺数相当大时，断面流速接近均匀分布，紊流达到成熟阶段，进入阻力平方区，说明阻力与惯性力均与流速平方成正比。这样，模型设计不受模型律的制约，只是要求尽可能提高模型流动的雷诺数，使它也进入阻力平方区。由于这个缘故，阻力平方区也称为自模化区。一般而言，当某一相似特征数在一定的数值范围内，流动的相似性和该特征数无关，即使原型和模型的该特征数数值不相等，流动仍保持相似，特征数的这一范围就称为自模化区，并说流动进入了该特征数的自模化区。

管中流动，由于管壁摩擦力作用成为重要因素，在几何相似的设计中，还要注意管壁粗糙度的相似。即管壁绝对粗糙度 ε 也应保持同样的长度比例，即

$$\frac{\varepsilon_{\mathrm{n}}}{\varepsilon_{\mathrm{m}}} = \frac{d_{\mathrm{n}}}{d_{\mathrm{m}}} = \lambda_{\mathrm{L}}$$

写成相似准则的形式

$$\frac{\varepsilon_{\mathrm{n}}}{d_{\mathrm{n}}} = \frac{\varepsilon_{\mathrm{m}}}{d_{\mathrm{m}}}$$

即原型相对粗糙度与模型相对粗糙度相等。

在研究管流体流动时，起主导作用的是黏性力。因此，空气在通风管中的流动与水在模型管中的流动要实现动力相似，只要满足雷诺相似准则即可。

在一般情况下，欧拉数不是决定性准则，因为压力差的出现是由于流体运动的结果，并不决定流动相似。但是，对于某些问题，如管中的水击现象、空泡现象与空泡阻力等问题，则要满足欧拉准则的条件。

具有自由面的液体急变流动，无论是流速的变化或水面的波动，都强烈地受重力的作用，一般采用弗鲁德模型律。

例 2－12：煤油管路上的文丘里流量计，入口直径为 300mm，喉部直径为 150mm，在 1:3 的模型（$\lambda_L = L_n/L_m = 3$）中用水来进行实验。已知煤油的相对密度为 0.82，水和煤油的运动黏性系数分别为 $0.010\text{cm}^2/\text{s}$ 和 $0.045\text{cm}^2/\text{s}$，求：（1）已知原型煤油流量 $Q_n = 100\text{L/s}$，为达到动力相似，模型中水的流量 Q_m 应为多少？（2）若在模型中测得入口和喉部断面的测管阻力损失为 $\Delta h_m = 1.05\text{m}$，原型中的测管阻力损失 Δh_n 应为多少？

解：此流动的主要作用力为压力和阻力，决定性相似特征数为 Re 数，非决定性相似特征数为 Eu 数。

（1）由动力相似可知模型与原型的雷诺数相等，由此可得：

$$\lambda_\nu = \lambda_u \lambda_L$$

$$\lambda_Q = \lambda_u \lambda_L^2 = \lambda_\nu \lambda_L = \frac{0.045}{0.010} \times 3 = 13.5$$

$$Q_m = \frac{Q_n}{\lambda_Q} = \frac{100}{13.5} = 7.40\text{L/s}$$

（2）由压力相似的比例关系可得：

$$\lambda_{\Delta p} = \lambda_\rho \lambda_u^2 = \lambda_\gamma \lambda_{\Delta h}$$

由于 $\lambda_\rho = \lambda_\gamma$

故

$$\lambda_{\Delta h} = \lambda_u^2 = \left(\frac{\lambda_\nu}{\lambda_L}\right)^2 = \left(\frac{4.5}{3}\right)^2 = 2.25$$

$$\Delta h = \lambda_{\Delta h} \Delta h_m = 2.25 \times 1.05 = 2.36\text{m}$$

例 2－13：某一桥墩长 24m，墩宽为 4.3m，两桥台的距离为 90m，水深为 8.2m，平均流速为 2.3m/s，如实验室供水流量仅有 $0.1\text{m}^3/\text{s}$，该模型可选取多大的几何比例？并计算该模型的尺寸、平均流速和流量。

解：桥下过流主要是重力作用的结果，应按弗鲁德准则设计模型，由 $Fr_n = Fr_m$，即

$$\left(\frac{u^2}{gL}\right)_n = \left(\frac{u^2}{gL}\right)_m$$

可导出上式的比例表达形式，注意到 $g_n = g_m$ 即重力加速度比例 $\lambda_g = 1$，故

$$\lambda_u^2 = \lambda_L$$

而 $\lambda_Q = \lambda_u \lambda_L^2$，因此：

$$\lambda_Q = \lambda_u \lambda_L^2 = \lambda_L^{1/2} \lambda_L^2 = \lambda_L^{5/2}$$

而原型流量为

$$Q_n = u_n (B_n - b_n) h_n = 2.3 \times (90 - 4.3) \times 8.2 = 1616 \text{ m}^3/\text{s}$$

模型流量为

$$Q_m = 0.1 \text{ m}^3/\text{s}$$

于是，便得

$$\lambda_L = \frac{L_n}{L_m} = \left(\frac{Q_n}{Q_m}\right)^{2/5} = \left(\frac{1616}{0.1}\right)^{2/5} = 48.24$$

一般模型几何比例 λ_L 多选用整数值，为使实验室供给模型的流量不大于 $0.1\text{m}^3/\text{s}$，应选比 48.24 稍大些的整数作为几何比例 λ_L 数，现选 $\lambda_L = 50$，则

$$\lambda_Q = \lambda_L^{5/2} = 50^{5/2} = 17677.7$$

$$Q_m = \frac{Q_n}{\lambda_Q} = 0.0914 \text{ m}^3/\text{s} < 0.1 \text{ m}^3/\text{s}$$

满足模型实验要求。

计算模型比例

桥墩长　　　　　　　　　$L_m = L_n/\lambda_L = 24/50 = 0.48\text{m}$

桥墩宽　　　　　　　　　$b_m = b_n/\lambda_L = 4.3/50 = 0.086\text{m}$

桥台距　　　　　　　　　$B_m = B_n/\lambda_L = 90/50 = 1.8\text{m}$

水深　　　　　　　　　　$h_m = h_n/\lambda_L = 8.2/50 = 0.164\text{m}$

模型平均速度　　　　　　$u_m = u_n/\lambda_u = u_n/\lambda_L^{1/2} = 2.3/50^{1/2} = 0.325\text{m}/\text{s}$

2.5.4　量纲分析

1. 量纲分析的概念

量纲分析又称因次分析，是以一切物理方程式本身所具有的量纲和谐性为基础，通过对现象中物理量的量纲以及量纲之间相互联系的分析来研究现象相似性的方法。

量纲（又称因次）是物理量（测量）单位的类别。例如，长度可以用米、厘米、毫米等不同的单位量度，但是，这些单位均属同一类，即长度类。因此，量度长度单位都具有同一量纲，以 L 表示。同理，如时间可以用时、分、秒等不同单位来测量，但这些单位均属于同一类，即时间类，有同一量纲，以 T 表示。其他物理量，如速度、密度、压强、力、温度等都各有同一类的量纲。量纲和单位的概念是不同的。单位是量度各物理量数值大小所采用的标量。例如，同是 1m 长的管道，可用 100cm 等不同的单位来表示。所选用的单位不同，同一物理量的数值就不同。无论数值怎么变，它的量纲都不变，仍为 L，不涉及"量"的方面，它仅表示量的性质。

量纲分析中需要确定一些基本量纲。基本量纲必须具有独立性，即一个基本量纲不能从其他量纲推导出来。而其他物理量的量纲可由基本量纲导出，称为导出量纲。在力学范围内，常取长度 L、时间 T 及质量 M（工程单位制用力 F）作为基本量纲。这三个量纲是互相独立的。例如，不能从 M、T 中得出 L，也不能从 L、T 中导出 M。但是，L、T 和速

度量纲 V 就不是互相独立的，因为速度 V 的量纲可由 L 和 T 组合导出，即 V = L/T。

在各种力学问题中，任何一个力学量的量纲都可以由基本量纲 L、T 及 M 导出，即都可以用这三个基本量纲指数乘积表示出来。

$$A = L^x T^y M^z \qquad (2-104)$$

式中，A 为某一力学量的量纲；x、y 及 z 为基本量纲的指数。显然，该力学量的量纲可由指数 x、y、z 的数值来确定，例如：

速度的量纲 $V = LT^{-1}$，知 $x = 1$，$y = -1$，$z = 0$；

加速度的量纲 $A = LT^{-2}$，知，$x = 1$，$y = -2$，$z = 0$；

力的量纲 $F = MLT^{-2}$，知 $x = 1$，$y = -2$，$z = 1$ 等。

表 2-9 列出了流体力学中常见的物理量的量纲和单位。

表 2-9　常见物理量的量纲和单位

物理量		量纲 L - T - M	单位（SI 制）
几何学的量	长度 l	L	m
	面积 A	L^2	m^2
	体积 V	L^3	m^3
	坡度 i	—	—
	面积矩 I	L^4	m^4
运动学的量	时间 τ	T	s
	流速 u	LT^{-1}	m/s
	重力加速度 g	LT^{-2}	m/s^2
	流量 Q	$L^3 T^{-1}$	m^3/s
动力学的量	质量 m	M	kg
	力 F	MLT^{-2}	N
	密度 ρ	ML^{-3}	kg/m^3
	重度 γ	$ML^{-2}T^{-2}$	N/m^3
	动力黏度 μ	$ML^{-1}T^{-1}$	$N \cdot s/m^2$
	运动黏度 ν	$L^2 T^{-1}$	m^2/s
	压强 p	$ML^{-1}T^{-2}$	N/m^2
	剪切应力 τ	$ML^{-1}T^{-2}$	N/m^2
	弹性模量 E	$ML^{-1}T^{-2}$	N/m^2
	表面张力系数动量 σ	MT^{-2}	N/m
	动量 M	MLT^{-1}	$N \cdot s$
	功、能 W	$ML^2 T^{-2}$	$J = N \cdot m$（焦耳）
	单位重量的能量	L	m
	功率 P	$ML^2 T^{-3}$	$N \cdot m/s$（瓦特）

2. 量纲和谐性原理

量纲和谐性原理是指一个完整、正确的物理方程式中的每一项应具有相同的量纲。或者说，只有相同量纲的物理量才能够相加减。

由量纲和谐性原理可以得出两点推论：

（1）凡正确的物理方程均可以表示为由无量纲项组成的无量纲方程。

（2）某一物理过程（或现象）中所涉及的各物理量之间必然具有某种确定的联系，遵循物理量之间的这种规律性，就可以建立起表征物理过程（或现象）的数学方程。

一个物理方程，只要它是根据基本原理（如牛顿运动定律）进行数学推演而得到的，它的各项的量纲必然是一致的。量纲不同的物理量尽管不能相加，但是可以相乘得到新的物理量。

3. π 定理

任何一个物理过程，如果包含有 n 个物理量，涉及 m 个基本量纲，则这个物理过程可由 n 个物理量组成的 $(n-m)$ 个无量纲量来描述。

例如，影响某一物理过程的 n 个物理量为 x_1，x_2，x_3，$\cdots$，x_n，则这个物理过程可用一个函数表示，即

$$f(x_1,\ x_2,\ x_3,\ \cdots,\ x_n)=0 \qquad (2-105)$$

如果这些物理量含有 m 个基本物理量，根据 π 定理，这个物理过程也可用 $(n-m)$ 个无量纲量来描述，即

$$F(\pi_1,\ \pi_2,\ \pi_3\cdots\pi_{n-m})=0 \qquad (2-106)$$

与式（2-105）比较，式（2-106）所包含的变量减少了 m 个，而且是无量纲量。这就使得公式描述一个物理过程得到大大简化。

π 定理应用步骤如下：

（1）确定对所研究的物理过程有影响的物理量，设共有 n 个：x_1，x_2，x_3，$\cdots$，x_n，并写出一般函数表达式，即 $f(x_1,\ x_2,\ x_3,\ \cdots,\ x_n)=0$。

（2）写出各个物理量的量纲。

（3）选取量纲独立的物理量。量纲独立的物理量的个数与所有物理量中涉及的基本物理量个数相同。

（4）列出无量纲量。根据 π 定理，构成 $(n-m)$ 个无量纲量，π 的一般表达式为（若 $m=3$）：

$$\pi_i = x_k x_1^{\alpha_i} x_2^{\beta_i} x_3^{\gamma_i}(i=1,2,3,\cdots\cdots,n-3)$$

式中，x_1，x_2 及 x_3 为所选的三个基本物理量；x_k 为除去已选择的 x_1，x_2 及 x_3 三个基本物理量以后所余下的 $(n-3)$ 个变量中的任何一个物理量；α_i、β_i 及 γ_i 为对应于 π_i 的特定指数。

（5）求得对应各个无量纲量 π_i 的特定指数。

（6）写出描述物理过程的无量纲关系式 $F(\pi_1,\ \pi_2,\ \cdots\pi_{n-3})=0$

需要指出：无量纲量 π 可以取倒数或任意次方，结果仍然为无量纲量。因此，必要时可将所得到的各 π 参数进行乘除运算或幂运算，以尽可能使各 π 项成为一般熟悉的无量纲量，如雷诺数 Re、弗劳德数 Fr 等形式。

例 2 - 14： 求节流式流量计（如孔板、喷嘴、文丘里管）的流量关系式。影响喉道（缩小断面处）处流速 u_2 的因素有：进口断面直径 d_1、喉道直径 d_2、液体的密度 ρ、动力黏度 μ 及两个断面的压强差 Δp（假定流量计水平安装）。

解： 根据题意可知 $n = 6$，因此可写为一般的函数关系式为：

$$f\left(u_2, d_1, d_2, \rho, \mu, \Delta p\right) = 0$$

根据表 2 - 9 可知，各个物理量的量纲分别为：

$$[u] = LT^{-1}、[d_1] = L、[d_2] = L、[\rho] = ML^{-3}、[\mu] = ML^{-1}T^{-1}、[\Delta p] = ML^{-1}T^{-2}$$

由于所有的 6 个物理量涉及 3 个基本量纲，因此可以从上列 6 个物理量中选取 3 个独立的基本物理量为：d_2、u_2、ρ。

根据 π 定理，上述 6 个物理量可组成共 $n - 3 = (6 - 3) = 3$ 个无量纲量，即

$$\pi_1 = d_1 d_2^{\alpha_1} u_2^{\beta_1} \rho^{\gamma_1} \tag{a}$$

$$\pi_2 = \mu d_2^{\alpha_2} u_2^{\beta_2} \rho^{\gamma_2} \tag{b}$$

$$\pi_3 = \Delta p d_2^{\alpha_3} u_2^{\beta_3} \rho^{\gamma_3} \tag{c}$$

将上述各个物理量的量纲代入式（a）可得到：

$$L^0 T^0 M^0 = LL^{\alpha_1}\left(LT^{-1}\right)^{\beta_1}\left(ML^{-3}\right)^{\gamma_1}$$

根据量纲和谐性原理可得：

$$\begin{cases} \alpha_1 + \beta_1 - 3\gamma_1 + 1 = 0 \\ \gamma_1 = 0 \\ -\beta_1 = 0 \end{cases}$$

解上述线性方程组可得：

$$\begin{cases} \alpha_1 = -1 \\ \gamma_1 = 0 \\ \beta_1 = 0 \end{cases}$$

因此：

$$\pi_1 = \frac{d_1}{d_2}$$

同理可得：

$$\pi_2 = \frac{\mu}{d_2 u_2 \rho}$$

$$\pi_3 = \frac{\Delta p}{u_2^2 \rho}$$

因此，可得节流式流量计的流量无量纲关系为：

$$F\left(\frac{d_1}{d_2}, \frac{\mu}{d_2 u_2 \rho}, \frac{\Delta p}{u_2^2 \rho}\right) = 0$$

或写成

$$\frac{u_2^2 \rho}{\Delta p} = f_1 \left(\frac{d_2}{d_1}, \frac{d_2 u_2 \rho}{\mu} \right)$$

因此可得:

$$u_2 = \sqrt{\frac{\Delta p}{\rho} f_2 \left(\frac{d_2}{d_1}, \frac{d_2 u_2 \rho}{\mu} \right)}$$

$$= \sqrt{2g \frac{\Delta p}{\gamma}} \times \frac{1}{\sqrt{2}} f_2 \left(\frac{d_2}{d_1}, Re \right)$$

由此得节流式流量计流量一般计算公式, 即

$$Q = u_2 A_2 = \frac{1}{4} \pi d_2^2 \sqrt{2g \frac{\Delta p}{\gamma}} \times \frac{1}{\sqrt{2}} f_2 \left(\frac{d_2}{d_1}, Re \right)$$

式中, 量纲为 1 的函数 $f_2 \left(\dfrac{d_2}{d_1}, Re \right)$ 实际是一个系数, 可由试验或分析进一步确定。

例 2 - 15: 利用量纲分析法求流体在管内流动时的沿程阻力损失公式。

解: 根据实验可知, 影响压强损失的因素有: 管长 l, 管径 d, 管壁粗糙度 ε, 流体运动黏度 ν, 密度 ρ 和平均流速 u, 即

$$\Delta p = f(l, d, \varepsilon, \nu, \rho, u)$$

在这 7 个量中, 基本量纲数为 3, 因而可选择三个独立变量, 不妨取:

管径 d　　　　　　　　　　$[d] = \mathrm{L}$

平均流速 u　　　　　　　　$[u] = \mathrm{LT^{-1}}$

密度 ρ　　　　　　　　　　$[\rho] = \mathrm{ML^{-3}}$

用未知数写出无量纲参数 π_i $[i = 1 \sim (n - m)]$, 由于 $n - m = 7 - 3 = 4$, 所以 $i = (1 \sim 4)$:

$$\begin{cases} \pi_1 = u^{\alpha_1} d^{\beta_1} \rho^{\gamma_1} \nu \\ \pi_2 = u^{\alpha_2} d^{\beta_2} \rho^{\gamma_2} \Delta p \\ \pi_3 = u^{\alpha_3} d^{\beta_3} \rho^{\gamma_3} l \\ \pi_4 = u^{\alpha_4} d^{\beta_4} \rho^{\gamma_4} \varepsilon \end{cases}$$

将各量的量纲代入, 可得:

$$\begin{cases} [\pi_1] = (LT^{-1})^{\alpha_1} (L)^{\beta_1} (ML^{-3})^{\gamma_1} (L^2 T^{-1}) = 1 \\ [\pi_2] = (LT^{-1})^{\alpha_2} (L)^{\beta_2} (ML^{-3})^{\gamma_2} (ML^{-1}T^{-2}) = 1 \\ [\pi_3] = (LT^{-1})^{\alpha_3} (L)^{\beta_3} (ML^{-3})^{\gamma_3} (L) = 1 \\ [\pi_4] = (LT^{-1})^{\alpha_4} (L)^{\beta_4} (ML^{-3})^{\gamma_4} (L) = 1 \end{cases}$$

对每一个 π_i 写出量纲和谐性方程组:

$$\pi_1 \begin{cases} \mathrm{L}: \alpha_1 + \beta_1 - 3\gamma_1 + 2 = 0 \\ \mathrm{T}: -\alpha_1 - 1 = 0 \\ \mathrm{M}: \gamma_1 = 0 \end{cases} \qquad \pi_2 \begin{cases} \mathrm{L}: \alpha_2 + \beta_2 - 3\gamma_2 - 1 = 0 \\ \mathrm{T}: -\alpha_2 - 2 = 0 \\ \mathrm{M}: \gamma_2 + 1 = 0 \end{cases}$$

$$\pi_3 \begin{cases} \text{L}: \alpha_3 + \beta_3 - 3\gamma_3 + 1 = 0 \\ \text{T}: -\alpha_3 = 0 \\ \text{M}: \gamma_3 = 0 \end{cases} \qquad \pi_4 \begin{cases} \text{L}: \alpha_4 + \beta_4 - 3\gamma_4 + 1 = 0 \\ \text{T}: -\alpha_4 = 0 \\ \text{M}: \gamma_4 = 0 \end{cases}$$

分别解得

$$\alpha_1 = -1, \beta_1 = -1, \gamma_1 = 0; \alpha_2 = -2, \beta_2 = 0, \gamma_2 = -1$$
$$\alpha_3 = 0, \beta_3 = -1, \gamma_3 = 0; \alpha_4 = 0, \beta_4 = -1, \gamma_4 = 0$$

代入用未知数表示的无量纲参数表达式，得

$$\begin{cases} \pi_1 = u^{-1} d^{-1} \rho^0 \nu = \dfrac{\nu}{ud} = \dfrac{1}{Re} \\ \pi_2 = u^{-2} d^0 \rho^{-1} \Delta p = \Delta p / (\rho u^2) = Eu \\ \pi_3 = l/d \\ \pi_4 = \varepsilon/d \end{cases}$$

因此

$$Eu = \frac{\Delta p}{\rho u^2} = F\left(\frac{l}{d}, \frac{\varepsilon}{d}, Re\right)$$

式中函数的具体形式由实验确定。实验得知，压强 Δp 和管长 l 成正比，因此

$$\Delta p = \lambda\left(\frac{\varepsilon}{d}, Re\right) \times \frac{l}{d} \times \frac{\rho u^2}{2}$$

这就是大家熟知的管流沿程阻力损失公式。

2.6 流动参量的测量

流体的流量是化工生产过程中的重要参数之一，为了控制生产过程能稳态进行，就必须经常了解操作条件，如压强、流量等，并加以调节和控制。进行科学实验时，也往往需要准确测定流体的流量。测量流量的仪表是多种多样的，下面仅介绍几种根据流体流动时各机械能相互转换关系而设计的流速计与流量计。

2.6.1 孔板流量计

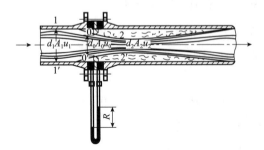

图 2 - 36 孔板流量计

在管道里插入一片与管轴垂直并带有通常为圆孔的金属板，孔的中心位于管道的中心线上，如图 2 - 36 所示。这样构成的装置，称为孔板流量计。孔板称为节流元件。

当流体流过小孔以后，由于惯性作用，流动截面并不立即扩大到与管截面相等，而是继续收缩一定距离后才逐渐扩大到整个管

截面。流动截面最小处（如图中截面 2 - 2′）称为缩脉。流体在缩脉处的流速最高，即动能最大，而相应的静压强就最低。因此，当流体以一定的流量流经小孔时，就产生一定的压强差，流量愈大，所产生的压强差也就愈大。所以利用测量压强差的方法来度量流体流量。

设不可压缩流体在水平管内流动，取孔板上游流体流动截面尚未收缩处为截面 1 - 1′，下游截面应取在缩脉处，以便测得最大的压强差读数，但由于缩脉的位置及其截面积难以确定，故以孔板孔口处为下游截面 0 - 0′。在截面 1 - 1′ 与 0 - 0′ 间列伯努利方程式，并暂时略去两截面间的能量损失，得

$$gz_1 + \frac{u_1^2}{2} + \frac{p_1}{\rho} = gz_0 + \frac{u_0^2}{2} + \frac{p_0}{\rho}$$

对于水平管，$z_1 = z_0$，简化上式并整理后得

$$\sqrt{u_0^2 - u_1^2} = \sqrt{\frac{2(p_1 - p_0)}{\rho}} \qquad (2-107)$$

推导上式时，暂时略去两截面间的能量损失。实际上，流体流经孔板的能量损失不能忽略，故式（2 - 107）应引进一校正系数 C_1，用来校正因忽略能量损失所引起的误差，即

$$\sqrt{u_0^2 - u_1^2} = C_1 \sqrt{\frac{2(p_1 - p_0)}{\rho}} \qquad (2-107a)$$

此外，由于孔板的厚度很小，如标准孔板的厚度 $\leq 0.05d_1$，而测压孔的直径 $\leq 0.08d_1$，一般为 6 ~ 12mm，所以不能把下游测压口正好装在孔板上。比较常用的一种方法是把上、下游两个测压口装在紧靠着孔板前后的位置上，如图 2 - 36 所示。这种测压方法称为角接取压法，所测出的压强差便与式（2 - 107a）中的 $p_1 - p_0$ 有区别。若以 $p_a - p_b$ 表示角接取压法所测得的孔板前后的压强差，并以其代替式中的 $p_1 - p_0$，则应引进一校正系数 C_2，用来校正上、下游测压口的位置，于是式（2 - 107a）可写成

$$\sqrt{u_0^2 - u_1^2} = C_1 C_2 \sqrt{\frac{2(p_a - p_b)}{\rho}} \qquad (2-107b)$$

以 A_1、A_0 分别代表管道与孔板小孔的截面积，根据连续性方程式，对不可压缩流体则有 $u_1 A_1 = u_0 A_0$，则

$$u_1^2 = u_0^2 \left(\frac{A_0}{A_1}\right)^2$$

把上式代入（2 - 107b），并整理得

$$u_0 = \frac{C_1 C_2}{\sqrt{1 - \left(\frac{A_0}{A_1}\right)^2}} \sqrt{\frac{2(p_a - p_b)}{\rho}}$$

令

$$C_0 = \frac{C_1 C_2}{\sqrt{1 - \left(\frac{A_0}{A_1}\right)^2}}$$

则

$$u_0 = C_0 \sqrt{\frac{2(p_a - p_b)}{\rho}} \qquad (2-108)$$

式（2-108）就是用孔板前后压强的变化来计算孔板小孔流速 u_0 的公式。若以体积或质量流量表达，则为

$$V_s = A_0 u_0 = C_0 A_0 \sqrt{\frac{2(p_a - p_b)}{\rho}} \qquad (2-109)$$

$$w_s = A_0 u_0 \rho = C_0 A_0 \sqrt{2\rho(p_a - p_b)} \qquad (2-110)$$

上列各式中 $p_a - p_b$ 可由孔板前、后测压口所连接的压差计测得。若采用的是 U 管压差计，其上读数为 R，指示液的密度为 ρ_A，则

$$p_a - p_b = gR(\rho_A - \rho)$$

所以式（2-109）及式（2-110）又可写成

$$V_s = C_0 A_0 \sqrt{\frac{2gR(\rho_A - \rho)}{\rho}} \qquad (2-109a)$$

$$w_s = C_0 A_0 \sqrt{2gR\rho(\rho_A - \rho)} \qquad (2-110a)$$

各式中的 C_0 为流量系数或孔流系数，量纲为 1。从以上各式的推导过程中可以看出：

（1）C_0 与 C_1 有关，故 C_0 与流体流经孔板的能量损失有关，即与雷诺数 Re 有关。

（2）不同的取压法得出不同的 C_2，所以 C_0 与取压法有关。

（3）C_0 与面积比 $\dfrac{A_0}{A_1}$ 有关。

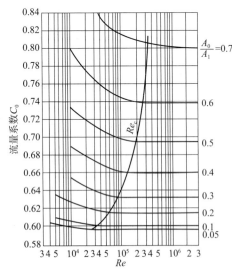

图 2-37　孔板流量计的 C_0 与 Re、$\dfrac{A_0}{A_1}$ 的关系曲线

C_0 与这些变量间的关系由实验测定。用角接取压法安装的孔板流量计，其 C_0 与 Re、$\dfrac{A_0}{A_1}$ 的关系如图 2-37 所示。图中的雷诺数 Re 为 $\dfrac{d_1 u_1 \rho}{\mu}$，其中的 d_1 与 u_1 是管道内径和流体在管道内的平均流速。由图可见，对于某一 A_0/A_1 值，当 Re 超过某一限度值 Re_c 时，C_0 就不再改变而为定值。流量计所测的流量范围，最好是落在 C_0 为定值的区域里，这时流量 V_s（或 w_s）便与压强差 $p_a - p_b$（或压差计读数 R）的平方根成正比。设计合适的孔板流量计，其 C_0 值为 $0.6 \sim 0.7$。

用式（2-109）与式（2-110）计算流体的流量时，必须先确定流量系数 C_0 的数值，但

是 C_0 与 Re 有关，而管道中的流体流速 u_1 又未知，故无法计算 Re 值。在这种情况，可采用试差法，即先假设 Re 值大于限度值 Re_c，由已知的 A_0/A_1 值从图 2-37 中查得 C_0，然后根据式（2-109）与式（2-110）计算出流体的流量 V_s 或 w_s，再通过流量方程式算出流体在管道内的流速 u_1，并以 u_1 值计算 Re 值。若所计算的 Re 值大于限度值 Re_c。则表示原来的假定是正确的，否则须重新假设 Re 值，重复上述计算，直到所设 Re 值与计算的 Re 值相符为止。

孔板流量计已在某些仪表厂成批生产，其系列规格可查阅有关手册。当管径较小或有其他特殊要求时，孔板流量计也可自行设计加工。按照标准图纸加工出来的孔板流量计，在保持清洁并不受腐蚀的情况下，直接用式（2-109）或式（2-110）算出的流量，误差仅为 1%～2%。

否则要用称量法或用标准流量计加以校核，做出这个流量计专用的流量与压差计读数的关系曲线，这曲线称为校正曲线，供实验或生产操作时使用。

在测量气体或蒸气的流量时，若孔板前、后的压强差较大，当 $\dfrac{p_a - p_b}{p_a} \geq 20\%$（$p$ 是指绝对压强）时，需考虑气体密度的变化，在式（2-110）中应加入一校正系数 ε_κ 并应以流体的平均密度 ρ_m，代替式中的 ρ，则式（2-109）可改写成

$$V_s = C_0 A_0 \varepsilon_\kappa \sqrt{\frac{2(p_a - p_b)}{\rho_m}} \qquad (2-109\text{b})$$

式中，ε_κ 为体积膨胀系数，量纲为 1。它是绝热指数 κ、压差比值 $\dfrac{p_a - p_b}{p_a}$ 和面积比 A_0/A_1 的函数。ε_κ 值可从手册中查到。

孔板流量计安装位置的上、下游都要有一段内径不变的直管，以保证流体通过孔板之前的速度分布稳定。若孔板上游不远处装有弯头、阀门等，流量计读数的精确性和重现性都会受到影响。通常要求上游直管长度为 $50d_1$，下游直管长度为 $10d_1$。若 A_0/A_1 较小，则这段长度可缩短一些。

孔板流量计是一种容易制造的简单装置。当流量有较大变化时，为了调整测量条件，调换孔板亦很方便。它的主要缺点是流体经过孔板后能量损失较大，并随 A_0/A_1 的减小而加大。而且孔口边缘容易腐蚀和磨损，所以流量计应定期进行校正。

孔板流量计的能量损失（或称永久损失）可按下式估算：

$$h_f' = \frac{\Delta p_f'}{\rho} = \frac{p_a - p_b}{\rho}\left(1 - 1.1\frac{A_0}{A_1}\right) \qquad (2-111)$$

例 2-16：密度为 1600kg/m^3，黏度为 $1.5 \times 10^{-3}\text{Pa} \cdot \text{s}$ 的溶液流经 $\phi80\text{mm} \times 2.5\text{mm}$ 的钢管。为了测定流量，于管路中装有标准孔板流量计，以 U 管水银压差计测量孔板前、后的压强差。溶液的最大流量为 600L/min，并希望在最大流量下压差计的读数不超过 600mm，采用角接取压法，试求孔板的孔径。

解：此题可用式（2-109a）计算，但式中有两个未知数 C_0 及 A_0，而 C_0 与 Re 及 $\dfrac{A_0}{A_1}$ 的

关系只能用曲线来描述，所以采用试差法求解。

设 $Re > Re_c$，并设 $C_0 = 0.65$。根据式（2-109a），即

$$V_s = C_0 A_0 \sqrt{\frac{2gR(\rho_A - \rho)}{\rho}}$$

则

$$A_0 = \frac{V_s}{C_0} \sqrt{\frac{\rho}{2gR(\rho_A - \rho)}} = \frac{600 \times 10^{-3}}{60 \times 0.65} \sqrt{\frac{1600}{2 \times 9.81 \times 0.6(13600 - 1600)}} = 0.00164 \text{m}^2$$

所以，相应的孔板孔径 d_0 为

$$d_0 = \sqrt{\frac{4A_0}{\pi}} = \sqrt{\frac{4 \times 0.00164}{\pi}} = 0.0457 \text{m} = 45.7 \text{mm}$$

于是

$$\frac{A_0}{A_1} = \left(\frac{d_0}{d_1}\right)^2 = \left(\frac{45.7}{75}\right)^2 = 0.37$$

校核 Re 值是否大于 Re_c。

$$u_1 = \frac{V_s}{A_1} = \frac{600 \times 10^{-3}}{60 \times \frac{\pi}{4} \times 0.075^2} = 2.26 \text{ m/s}$$

则

$$Re = \frac{d_1 u_1 \rho}{\mu} = \frac{0.075 \times 2.26 \times 1600}{1.5 \times 10^{-3}} = 1.81 \times 10^5$$

由图 2-37 可知，当 $A_0/A_1 = 0.37$ 时，上述的 $Re > Re_c$，即 C_0 确为常数，其值仅由 $\frac{A_0}{A_1}$ 决定，从图上亦可查得 $C_0 = 0.65$，与假设相符。因此，孔板的孔径应为 45.7mm。

此题亦可根据所设 $Re > Re_c$ 及 C_0，直接由图 2-37 查出 $\frac{A_0}{A_1}$ 值，从而算出 A_0，不必用式（2-109a）计算 A_0，校核步骤与上面相同。

2.6.2　文丘里（Venturi）流量计

为了减少流体流经节流元件时的能量损失，可以用一段渐缩、渐扩管代替孔板，这样构成的流量计称为文丘里流量计或文氏流量计，如图 2-38 所示。

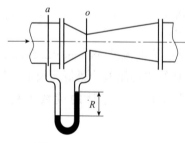

图 2-38　文丘里流量计

文丘里流量计上游的测压口（截面 a 处）距管径开始收缩处的距离至少应为二分之一管径，下游测压口设在最小流通截面 o 处（称为文氏喉）。由于有渐缩段和渐扩段，流体在其内的流速改变平缓，涡流较少，喉管处增加的动能可在其后渐扩的过程中大部分转回成静压能，所以能量损失就比孔板大大减少。

文丘里流量计的流量计算式与孔板流量计相类似，即

$$V_s = C_v A_o \sqrt{\frac{2(p_a - p_o)}{\rho}} \qquad (2-112)$$

式中　C_v——流量系数，量纲为 1，其值可由实验测定或从仪表手册中查得；

$p_a - p_o$——截面 a 与截面 o 间的压强差，单位为 Pa，其值大小由压差计读数 R 来确定；

A_o——喉管的截面积，m^2；

ρ——被测流体的密度，kg/m^3。

文丘里流量计能量损失小，为其优点，但各部分尺寸要求严格，需要精细加工，所以造价也就比较高。

例 2-17：20℃ 的空气在直径为 80mm 的水平管流过。现于管路中接一文丘里管，如本题附图所示。文丘里管的上游接一水银 U 管压差计，在直径为 20mm 的喉颈处接一细管，其下部插入水槽中。空气流过文丘里管的能量损失可忽略不计。当 U 管压差计读数 $R = 25$mm、$h = 0.5$m 时，试求此时空气的流量为若干 m^3/h。当地大气压强为 101.33×10^3Pa。

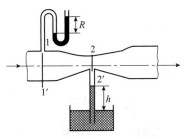

图 2-39　例 2-17 附图

解：文丘里管上游测压口处的压强为

$$p_1 = \rho_{Hg} g R = 13600 \times 9.81 \times 0.025 = 3335.4\text{Pa}（表压）$$

喉颈处的压强为

$$p_2 = -\rho g h = -1000 \times 9.81 \times 0.5 = -4905\text{Pa}（表压）$$

空气流经截面 1-1′ 与 2-2′ 的压强变化为

$$\frac{p_1 - p_2}{p_1} = \frac{(101330 + 3335) - (101330 - 4905)}{101330 + 3335} = 0.079 = 7.9\% < 20\%$$

故可按不可压缩流体来处理。

在截面 1-1′ 与 2-2′ 之间列伯努利方程式，以管道中心线作基准水平面间无外功加入，即 $W_e = 0$；能量损失可忽略，即 $\sum h_f = 0$。据此，伯努利方程式可写为

$$gz_1 + \frac{u_1^2}{2} + \frac{p_1}{\rho} = gz_2 + \frac{u_2^2}{2} + \frac{p_2}{\rho}$$

式中 $z_1 = z_2 = 0$。

取空气的平均摩尔质量为 29kg/kmol，两截面间的空气平均密度为

$$\rho = \rho_m = \frac{M}{22.4} \frac{T_0 p_m}{T p_0} = \frac{29}{22.4} \times \frac{273\left[101330 + \frac{1}{2}(3335 - 4905)\right]}{293 \times 101330} = 1.20\text{kg/m}^3$$

所以

$$\frac{u_1^2}{2} + \frac{3335}{1.2} = \frac{u_2^2}{2} - \frac{4905}{1.2}$$

简化得

$$u_2^2 - u_1^2 = 13733 \qquad (a)$$

式 (a) 中有两个未知数，须利用连续性方程式定出 u_1 与 u_2 的另一关系，即

$$u_1 A_1 = u_2 A_2$$

$$u_2 = u_1 \frac{A_1}{A_2} = u_1 \left(\frac{d_1}{d_2}\right)^2 = u_1 \left(\frac{0.08}{0.02}\right)^2 = 16 u_1 \qquad (b)$$

以式（b）代入式（a），即 $(16 u_1)^2 - u_1^2 = 13733$

解得

$$u_1 = 7.34 \text{m/s}$$

空气的流量为

$$V_h = 3600 \times \frac{\pi}{4} d_1^2 u_1 = 3600 \times \frac{\pi}{4} \times 0.08^2 \times 7.34 = 132.8 \text{m}^3/\text{h}$$

2.6.3　转子流量计

转子流量计的构造如图2－40所示，在一根截面积自下而上逐渐扩大的垂直锥形玻璃管1内，装有一个能够旋转自如的由金属或其他材质制成的转子2（或称浮子）。被测流体从玻璃管底部进入，从顶部流出。

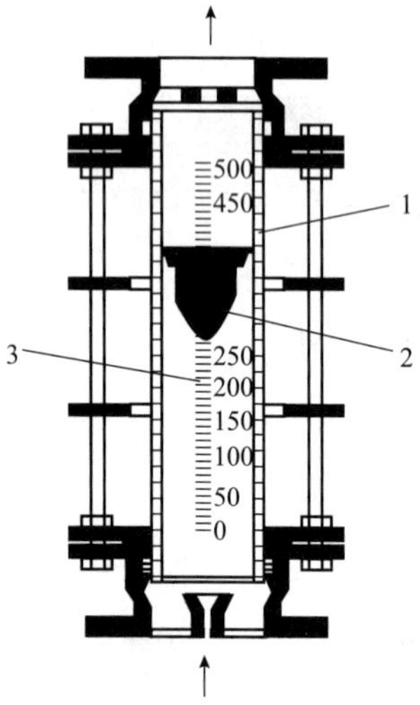

图2－40　转子流量计
1—锥形玻璃管；2—转子；
3—刻度

当流体自下而上流过垂直的锥形管时，转子受到两个力的作用：一是垂直向上的推动力，它等于流体流经转子与锥管间的环形截面所产生的压力差；另一是垂直向下的净重力，它等于转子所受的重力减去流体对转子的浮力。当流量加大，使压力差大于转子的净重力时，转子就上升；当流量减小，使压力差小于转子的净重力时，转子就下沉；当压力差与转子的净重力相等时，转子处于平衡状态，即停留在一定位置上。在玻璃管外表面上刻有读数，根据转子的停留位置，即可读出被测流体的流量。

设 V_f 为转子的体积，A_f 为转子最大部分的截面积，ρ_f 为转子材质的密度，ρ 为被测流体的密度。若上游环形截面为1－1′，下游环形截面为2－2′，则流体流经环形截面所产生的压强差为 $p_1 - p_2$。当转子在流体中处于平衡状态时，即

转子承受的压力差＝转子所受的重力－流体对转子的浮力

于是

$$(p_1 - p_2) A_f = V_f \rho_f g - V_f \rho g$$

所以

$$p_1 - p_2 = \frac{V_f g (\rho_f - \rho)}{A_f} \qquad (2-113)$$

从上式可以看出，当用固定的转子流量计测量某流体的流量时，式中的 V_f、A_f、ρ_f、ρ 均为定值，所以 $p_1 - p_2$ 亦为恒定，与流量无关。

当转子停留在某固定位置时，转子与玻璃管之间的环形面积就是某固定值。此时流体流经该环形截面的流量和压强差的关系与流体通过孔板流量计小孔的情况类似，因此可仿照孔板流量计的流量公式写出转子流量计的流量公式，即

$$V_s = C_R A_R \sqrt{\frac{2(p_1 - p_2)}{\rho}}$$

将式（2-113）代入上式，可得

$$V_s = C_R A_R \sqrt{\frac{2gV_f(\rho_f - \rho)}{A_f \rho}} \qquad (2-114)$$

式中　A_R——转子与玻璃管的环形截面积，m^2；

C_R——转子流量计的流量系数，量纲为1，与 Re 值及转子形状有关，由实验测定或从有关仪表手册中查得。

由上式可知，对于某一转子流量计，如果在所测量的流量范围内，流量系数 C_R 为常数时，则流量只随环形截面积 A_R 而变。由于玻璃管是上大下小的锥体，所以环形截面积的大小随转子所处的位置而变，因而可用转子所处位置的高低来反映流量的大小。

转子流量计的刻度与被测流体的密度有关。通常流量计在出厂之前，选用水和空气分别作为标定流量计刻度的介质。当应用于测量其他流体时，需要对原有的刻度加以校正。

假定出厂标定时所用液体与实际工作时的液体的流量系数相等，并忽略黏度变化的影响，根据式（2-114），在同一刻度下，两种液体的流量关系为

$$\frac{V_{s,2}}{V_{s,1}} = \sqrt{\frac{\rho_1(\rho_f - \rho_2)}{\rho_2(\rho_f - \rho_1)}} \qquad (2-115)$$

式中，下标1表示出厂标定时所用的液体；下标2表示实际工作时的液体。

同理，对用于气体的流量计，在同一刻度下，两种气体的流量关系为

$$\frac{V_{s,g2}}{V_{s,g1}} = \sqrt{\frac{\rho_{g1}(\rho_f - \rho_{g2})}{\rho_{g2}(\rho_f - \rho_{g1})}}$$

因转子材质的密度 ρ_f，比任何气体的密度 ρ_g 要大得多，故上式可简化为

$$\frac{V_{s,g2}}{V_{s,g1}} = \sqrt{\frac{\rho_{g1}}{\rho_{g2}}} \qquad (2-116)$$

式中，下标 g1 表示出厂标定时所用的气体；下标 g2 表示实际工作时的气体。

转子流量计读取流量方便，能量损失很小，测量范围也宽，能用于腐蚀性流体的测量。但因流量计管壁大多为玻璃制品，故不能经受高温和高压，在安装使用过程中也容易破碎，且要求安装时必须保持垂直。

孔板、文氏流量计与转子流量计的主要区别在于：前面两种的节流口面积不变，流体流经节流口所产生的压强差随流量不同而变化，因此可通过流量计的压差计读数来反映流量的大小，这类流量计统称为差压流量计；后者是使流体流经节流口所产生的压强差保持恒定，而节流口的面积随流量而变化，由此变动的截面积来反映流量的大小，即根据转子所处位置的高低来读取流量，故此类流量计又称为截面流量计。

2.6.4 测速管

测速管又称皮托（Pitot）管，如图 2 - 41 所示。它是由两根弯成直角的同心套管所组成，外管的管口是封闭的，在外管前端壁面四周开有若干测压小孔，为了减小误差，测速管的前端经常做成半球形以减少涡流。测量时，测速管可以放在管截面的任一位置上，并使管口正对着管道中流体的流动方向，外管与内管的末端分别与液柱压差计的两臂相连接。

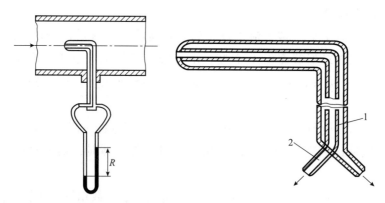

图 2 - 41　测速管
1—静压管；2—冲压管

根据上述情况，测速管的内管测得的为管口所在位置的局部流体动能 $u_r^2/2$ 与静压能 p/ρ 之和，合称为冲压能，即

$$h_A = \frac{u_r^2}{2} + \frac{p}{\rho}$$

式中　u_r——流体在测量点处的局部流速。

测速管的外管前端壁面四周的测压孔口与管道中流体的流动方向平行，故测得的是流体的静压能 p/ρ，即

$$h_B = \frac{p}{\rho}$$

测量点处的冲压能与静压能之差 Δh 为

$$\Delta h = h_A - h_B = \frac{u_r^2}{2}$$

于是测量点处局部流速为

$$u_r = \sqrt{2\Delta h} \qquad\qquad (2 - 117)$$

式中，Δh 值由液柱压差计的读数 R 来确定。Δh 与 R 的关系式随所用的液柱压差计的形式而异，可根据流体静力学基本方程式进行推导。

测速管只能测出流体在管道截面上某一点处的局部流速。欲得到管截面上的平均流速，可将测速管口置于管道的中心线上，以测量流体的最大流速 $u_{\max}$，然后利用图 2 - 31

的 u/u_{max} 与按最大流速计算的雷诺准数 Re_{max} 的关系曲线，计算管截面的平均流速 u。图中的 $Re_{max} = du_{max}\rho/\mu$，$d$ 为管道内径。

这里应注意，图 2-31 所表示的 u/u_{max} 与 Re_{max} 的关系，是在经过稳定段之后才出现的。因此用测速管测量流速时，测量点应在稳定段以后。一般要求测速管的外管直径不大于管道内径的 1/50。

测速管的制造精度影响测量的准确度，故严格说来，式（2-117）的等号右边应乘以一校正系数 C，即

$$u_r = C\sqrt{2\Delta h} \tag{2-117a}$$

对于标准的测速管，$C=1$；通常取 $C=0.98\sim1.00$。可见 C 值很接近于 1，故实际使用时常常可不进行校正。

测速管的优点是对流体的阻力较小，适用于测量大直径管路中的气体流速。测速管不能直接测出平均流速，且读数较小，常需配用微差压差计。当流体中含有固体杂质时，会将测压孔堵塞，故不宜采用测速管。

例 2-18： 在内径为 300mm 的管道中，以测速管测量管内空气的流量。测量点处的温度为 20℃，真空度为 490Pa，大气压强为 98.66×10^3Pa。测速管插至管道的中心线处。测压装置为微差压差计，指示液是油和水，其密度分别为 835kg/m³ 和 998kg/m³，测得的读数为 80mm。试求空气的质量流量（以每小时计）。

解：（1）管中心处空气的最大流速

根据式（2-117）知，管中心处的流速为

$$u_r = u_{max} = \sqrt{2\Delta h}$$

用 ρ_A 和 ρ_C 分别表示水和油的密度，对于微差压差计，上式中 Δh 为

$$\Delta h = \frac{gR(\rho_A - \rho_C)}{\rho}$$

所以

$$u_{max} = \sqrt{\frac{2gR(\rho_A - \rho_C)}{\rho}} \tag{a}$$

式中，ρ 为空气的密度，可根据测量点处温度和压强进行计算。

空气在测量点处的压强 $=98660-490=98170$Pa，则

$$\rho = \frac{29}{22.4}\times\frac{273}{273+20}\times\frac{98170}{101330} = 1.17\text{kg/m}^3$$

将已知值代入式（a），得

$$u_{max} = \sqrt{\frac{2\times9.81\times0.08(998-835)}{1.17}} = 14.8\text{m/s}$$

（2）测量点处管截面的空气平均速度

由表 2-4 查得 20℃ 时空气的黏度为 1.81×10^{-5}Pa·s，则按最大速度计的雷诺数 Re_{max} 为

$$Re_{max} = \frac{du_{max}\rho}{\mu} = \frac{0.3\times14.8\times1.17}{1.81\times10^{-5}} = 2.87\times10^5$$

由图 2-31 查得，当 $Re_{max} = 2.87 \times 10^5$ 时，$u/u_{max} = 0.84$，故空气的平均流速为

$$u = 0.84 u_{max} = 0.84 \times 14.8 = 12.4 \text{m/s}$$

（3）空气的质量流量

$$m_h = 3600 \times \frac{\pi}{4} d^2 u \rho = 3600 \times \frac{\pi}{4} \times 0.3^2 \times 12.4 \times 1.17 = 3692 \text{kg/h}$$

2.6.5 流体速度场的测量装备

1. 干扰式测速

在一维流场中，用皮托管测量速度，在二维平面流场中用三孔圆柱探针测量速度和方向，在空间三维流场中用五孔探针测量速度和方向，测定脉动速度的干扰仪器有热线风速仪。其原理分别为：

（1）皮托管的结构如图 2-42 所示，将皮托管对准密度为 ρ 的来流方向，孔 1 测得总压，孔 2 测得静压，通过接头 3、4 引到差压计，就可以得到总压与静压之差 Δp 从而可以算出该点处流场的流速 u：

$$u = K_v \sqrt{\frac{2}{c\rho} \Delta p}$$

式中 c 为可压缩流体密度的修正系数，对不可压缩流体为 1；K_v 为探针修正系数，一般情况下也约为 1。使用皮托管时一定要对准来流方向。

（2）三孔圆柱探针的结构如图 2-43 所示，其头部为直径 3~6mm 的半球，在离头部 3~4 倍管径处开 1、2、3 三个测压孔并分别引入不同的微压计，1、3 测孔与中心测孔 2 对称，并相隔一定角度如 45°。测量时旋转探针直到测孔 1、3 所感应的压力相等时，中心孔 2 就是前驻点，孔 2 的轴心线就是流体的方向，1、2 点的差压就是该点的动压 Δp。此时，可以分别得到流场中的静压、总压和速度，其速度：

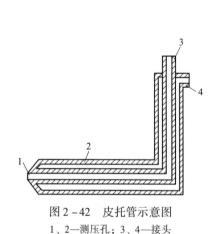

图 2-42 皮托管示意图
1、2—测压孔；3、4—接头

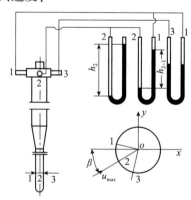

图 2-43 三孔圆柱探针
1、2、3—测压孔

$$u = 1.14 \sqrt{\frac{\Delta p}{p}} \tag{2-118}$$

若制造精度足够，可以不进行校正。三孔圆柱探针只适用于平面流动的测量，即要求在探针轴线方向上没有速度分量。

（3）五孔球探针是在 5mm 直径的球面上开 5 个 0.5mm 直径的测压小孔，如图 2 - 44 所示；其中 1、2、3 三个小孔在探针的纵剖面上，4、5 两孔在与探针轴心线垂直的平面内，2 孔在球头的端部，其他 4 个孔分别与中心孔 2 互成 45°。使用时将探针的球头插入流场某点，绕支柄轴心线转动探针，使 4、5 孔感受的压力相等，表明来流方向处于 1、2、3 孔所在的平面内，即探针的纵剖面内；在确定来流方向与 2 孔中心线的夹角，可确定场内有关的参数。

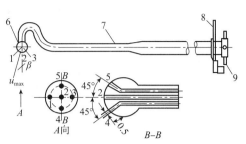

图 2 - 44　五孔探针
1、2、3、4、5—测压孔；6—球头；7—支柄；
8—方向刻度；9—压力接头

（4）热线（膜）风速仪：是利用被加热的电阻传感器的热损失进行测量的。由于流体的流动使电阻丝被冷却，电阻将改变，从而引起仪器电路中电压发生变化而输出信号；按照热线热平衡原理可以将热线分为恒电流风速计和恒温风速计；由于恒温风速计热滞后效应很小，频率响应很宽，反应快速，而恒流风速计则不具备上述特点，因此，恒温风速计的出现成为热线技术进一步发展的重要标志。

热线风速仪器测量速度的基本原理是热平衡原理，利用放在流场中的具有加热电流的细金属丝来测量流场中的流速，风速的变化会使金属丝的温度产生变化，从而产生电信号而获得风速。根据热平衡原理，当热线于介质（流场）中并通以电流时，热线中产生的热量应与之耗散的热量相等。因而只要知道换热系数，就可以得到通过热线处流速的大小和方向。由于热线探针主要对热线垂直方向的速度敏感，现开发有单丝、双丝、三丝探针以测量一维、二维和三维流场中的时均速度、脉动速度和湍动速度。

2. 激光多普勒测速装置（LDV）

激光多普勒测速系统的基本原理是利用光学多普勒效应，采用光外差技术，测出随流体一起运动的微粒散射光的多普勒频移，再换算成流体的速度。这是一种无干扰式测速技术，且分辨率高，非常适用于边界层、窄通道流动等场合。图 2 - 45 表示了激光多普勒测速的过程：由激光器发射出的单色平行光，经透镜聚集到被测流体内。由于流体中存在着运动粒子，一些光被散射，散射光与未散射光之间产生频

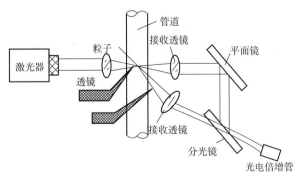

图 2 - 45　LDV 测速原理

移，它与流体速度成正比。图中散射光和未散射光分别由透镜收集，最后在光电倍增管中进行混频后输出交流信号。该信号输入到频率跟踪器内进行处理，获得与多普勒频移 f_d 相

应的模拟信号，从测得的 f_d 值可得到粒子运动速度，从而获得流体流速。

2.6.6 流体速度场的显示装备

流动显示技术可分为三类：一类是将某种微粒引入被研究的流场中，然后借助光的反射或散射来观察流体质点的流动图案，称为粒子示踪法；第二类是借助观察流场的光束在流体中折射率的变化，推断流场物理量的变化；第三类是激光全息显示技术。常用的有以下几种：

（1）氢泡示踪法：在水流中通电，在阴极会产生氢气。若将细导线作为阴极放在需要观察水流的地方，就可利用氢气泡运动来了解水流情况。一般阴极丝的直径为 0.01 ~ 0.02mm，工作电压为 10 ~ 100V，氢气泡直径约为导线直径的一半。若施加周期性的脉冲电压，导线周围便周期性产生氢泡，这不仅可以作流态观察，还可做定量分析。

（2）丝线法及烟流法：在一般速度的气体流场内在需要观察的某一截面上游挂一个金属丝网格，并在其网格接点上贴上丝线，根据丝线的摆动就可以观察到气流方向及流线的大致形状。当在气流中引入煤烟或有色气体时，也可观察到气流流动图案，但引入烟流的速度在大小与方向上应与该处气流一致。

（3）粒子图像速度场仪（PIV）：基本原理是在流场中布撒示踪粒子，用脉冲激光片光源入射到所测流场区域中，通过连续两次或多次曝光，粒子的图像被记录在底片上或 CCD 相机上。采用光学杨氏条纹法、自相关法或互相关法，逐点处理 PIV 底片或 CCD 记录的图像，获得流场速度分布。因采用的记录设备不同，又分别称 FPV（用胶片做记录）和数字式图像测速 DPIV（用 CCD 相机做记录）。PIV 从本质上看是一种图像分析技术。在粒子浓度很低时，称此 PIV 模式为 PTV（Particle Tracking Velocimeter），即粒子跟踪测速技术。当粒子浓度高到使粒子图像在被测区重叠时，称此 PIV 模式为 LSV（Laser Speckle Velocimeter），即激光散斑测速技术。通常所讲的 PIV 是指粒子浓度很高但粒子图像在被测区不重叠的情况。

PIV 系统通常由三部分组成：一是直接反映流场流动的示踪粒子：除要满足一般要求（无毒、无腐蚀、无磨蚀、化学性质稳定、清洁等）外，还要满足流动跟随性和散光性等要求。常用的示踪粒子有聚苯乙烯、铝、镁、二氧化钛，玻璃球等。

二是成像系统：双脉冲激光片光源、透镜和照相机构成 PIV 的成像系统。用于照射动态微粒场的片光源由脉冲激光通过透镜形成，拍摄粒子场照片的相机垂直于片光。曝光脉冲要尽可能的短，曝光间隔即能够随流场速度及其分辨率的不同而进行调节。片光要尽可能得薄（1mm 以下），太厚就不能如实反映流场的二维分布。曝光时间和曝光能量是一对矛盾。为了把有限的光能量都用于曝光，PIV 系统一般采用双脉冲激光器作为光源。一般水中曝光脉冲能量在几十毫焦耳就可以得到理想的曝光图像，在空气中则要求更高。

三是图像处理系统：图像处理系统用于完成从两次曝光的粒子图像中提取速度场。将粒子图像分成若干查询区，在查询光束的作用下，利用杨氏条纹法或自相关法逐个处理查询区，得到粒子的移动速度，进而得到速度场分布。早期的 PIV 技术需要一套复杂的系统来确定运动方向而发展为数字成像及数字图像处理技术的新形式。

2.6.7　流体流量的测量装备

1. 差压式流量计

所有差压式流量计依据的基本原理都是流动的能量守衡方程，基本流量方程可以写为：

$$Q = K_{m}\sqrt{\Delta h / \rho_{f}} \qquad\qquad (2-119)$$

式中，Δh 为流量计测出的差压；ρ_{f} 为被测流体的密度；K_{m} 为流量计的常数。其代表形式有孔板流量计、文丘里流量计；刻度方式为方根刻度。如图 2-46 所示的孔板流量计。

2. 线性流量计

线性流量计主要有涡轮、涡街、容积式流量计脉冲频率型和电磁、超声线性输出型流量计两大类。

涡轮流量计有直板形、螺旋形和 T 形几种，叶轮的转速随流速而线性变化。检测机构则有电磁式和载波调制式两种，测量气体时涡轮结构有所变化。基本原理是在流体流动路径上放一个障碍物以引起涡流，而使下游的压力发生脉动变化，在一定速度范围内此压力脉动频率与流速成线性正比，而与流体密度无关，因而是一种理想的通用流量计。

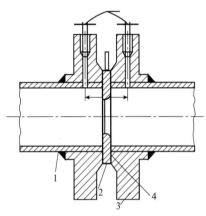

图 2-46　差压计的工作原理
1—短管；2—节流件（标准孔板或喷嘴）；
3—取压法兰；4—密封垫片

容积式流量计的基本原理是使流体先充满有固定容积的计量室、然后在将流体排出，不断重复上述动作从而计算出流过的总量。液体用容积式流量计就是常见的水表和油表。气体用容积式流量计有旋转式和膜片式两种。

电磁流量计的测量原理是法拉第电磁感应原理。如图 2-47 所示，导电液体在磁场中作切割磁力线运动时，导体中产生感应电势，其感应电势 $E = KB\bar{V}D$，其中：K 为仪表常数；B 为磁感应强度；$\bar{V}$ 为测量管道截面内的平均流速；D 为测量管道截面的内径。测量流量时，导电性的液体以速度 V 流过垂直于流动方向的磁场，导电性液体的流动产生一个与平均流速成正比的电压，其感应电压信号通过二个或两个以上与液体直接接触的电极检出，通过智能转换器，转换成标准信号 4～20mA 和 0～1kHz 输出。电磁流量计因其测量通道是一

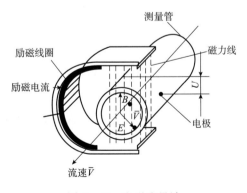

图 2-47　电磁流量计

段无阻流检测件的光滑直管，适用于测量含有固体颗粒或纤维的液固二相流体，同时它不产生因检测流量所形成的压力损失，仪表的阻力仅是同一长度管道的沿程阻力，节能

效果显著，对于要求低阻力损失的大管径供水管道最为适合；电磁流量计所测得的体积流量，不受流体密度、黏度、温度、压力和电导率的变化影响；可测量正反双向流量，也可测脉动流量，只要脉动频率低于电磁频率很多；仪表输出基本是线性的；易于选择与流体接触件的材料品种，可用于腐蚀性流体。

超声流量计：用于液体的超声流量计有传输时间式超声流量计和多普勒超声流量计两种。前者用超声探头发射一高频压力波沿锐角方向穿过管道利用波达到对面的时间差与流速的关系进行测量。后者利用超声波与流体中颗粒的反射信息进行测量，适应于较脏的流体。

转子流量计：流量计的主要测量元件为一根垂直安装的下小上大锥形玻璃管和在内可上下移动的浮子。当流体自下而上流经锥形玻璃管时，在浮子上下之间产生压差，浮子在此差压作用下上升。上升的力、浮子所受的浮力与浮子的重力相等时，浮子处于平衡位置。因此流经流量计的流体流量与浮子上升高度，即与流量计的流通面积之间存在着一定的比例关系，浮子的位置高度可作为流量量度。玻璃转子流量计液体流量通常以20℃清水或以20℃，$1.013 \times 10^5 Pa$ 空气来标定刻度。

思考题

1. 描述流体主要物理性质的参数有哪些？并写出相应的国际单位。

2. 描述流体的力学模型有哪些？对比说明各模型的适用范围和条件。

3. 试写出牛顿内摩擦定律的表达式，并说明黏度的物理意义。

4. 什么是流体黏性？其物理本质是什么？

5. 流体上所受的力的种类及其含义，举例说明。

6. 试写出流体静力学基本方程表达式，由该方程可得出哪些静止流体性质？

7. 试分别说明液体和气体的黏度随温度变化的关系。

8. 试说明 U 形管压力计的工作原理。

9. 何为绝对压强，相对压强，表压和真空度？他们之间有什么关系？

10. 何为流体静压力？静压力有什么特征？

11. 利用流体静力学原理，说明 U 形管压力计和 U 形管压差计的工作原理。

12. 利用流体静力学原理，说明玻璃管液位计的测量原理。

13. 描述流体运动规律的三个基本方程是什么？写出其相应的通用表达式，并解释公式中各项的物理意义。

14. 试写出伯努利方程式，并解释其物理意义。

15. 简述稳态流动和非稳态流动。

16. 简述伯努利方程的主要应用范围。

17. 雷诺实验中，影响流动形态的因素有哪些？流体的流动类型与雷诺数的值有什么关系？

18. 相似流动必须满足哪些条件？

19. 力学相似包含哪几个方面？对应的条件是什么？

20. 雷诺数与哪些因数有关？其物理意义是什么？当管道流量一定时，随管径的加大，雷诺数是增大还是减小？

21. 量纲分析有何作用？

22. 为什么每个相似准则都要表征惯性力？

23. 在量纲分析中，π 定理的内容是什么？

24. 什么是量纲？流体力学中的基本量纲有哪些？写出压强、加速度的量纲。

25. 什么是虹吸现象？虹吸流动的动力是什么？

26. 什么是边界层？边界层分离的必要条件是什么？从边界层控制角度，谈谈如何减小绕流的阻力。

27. 经验公式是否满足量纲和谐原理？

28. 什么是无量纲量？列举流体力学中典型的无量纲准数。

29. 文丘里流量计和孔板流量计倾斜放置，测压管水头是否变化？为什么？

30. 喉管中收缩断面前与收缩断面后相比，哪一个压强大？为什么？

习　题

【2-1】　试计算如图所示装置中 A、B 两点的压强差。已知 $h_1 = 500\text{mm}$，$h_2 = 200\text{mm}$，$h_3 = 150\text{mm}$，$h_4 = 250\text{mm}$，$h_5 = 400\text{mm}$，酒精密度 $\rho_1 = 800\text{kg/m}^3$，水银密度 $\rho_2 = 13600\text{kg/m}^3$，水密度 $\rho_3 = 1000\text{kg/m}^3$。

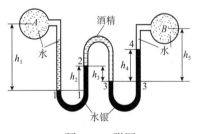

题 2-1　附图

【2-2】　在下列两种情况下，计算图中 M 点的压强：
（1）A 液体是水，B 液体是水银，$y = 60\text{cm}$，$z = 30\text{cm}$；
（2）A 液体是密度为 $\rho = 800\text{kg/m}^3$ 的油，B 液体是密度为 $\rho = 12500\text{kg/m}^3$ 的液体，$y = 80\text{cm}$，$z = 20\text{cm}$。

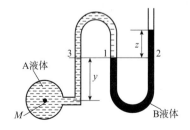

题 2-2　附图

【2-3】 如图所示为倾斜微压计，加压 p 以后液面较加压前变化为 $y = 12cm$。微压计中液体为酒精（密度 $\rho = 793kg/m^3$），设容器及斜管的断面均为圆形截面，直径之比为 20∶1。试计算压强 p。

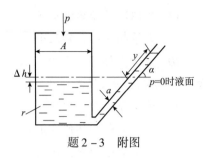

题 2-3 附图

【2-4】 如图，有一端部密封的玻璃管，装入水后倒立于水槽中，管中水柱比槽中液面高出 2m，大气压为 101.2kPa。试求：管子上部空间的绝对压强、表压和真空度。

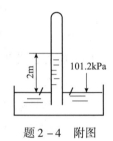

题 2-4 附图

【2-5】 为测量某密闭容器内气体的压力，在容器外部接一双液 U 管作压差计，如本题附图所示。指示液 1 为密度 $\rho_1 = 880kg/m^3$ 的乙醇水溶液，指示液 2 为密度 $\rho_2 = 830kg/m^3$ 的煤油。已知扩大室直径为 $D = 170mm$，U 管直径 $d = 6mm$，读数 $R = 0.20m$。试求：

（1）容器内的表压力 p。若忽略两扩大室的液面高度差，则由此引起的压力测量的相对误差为多少？

（2）若将双液 U 管微压差计改为普通 U 管压差计，指示剂仍用 $\rho_1 = 880kg/m^3$ 的乙醇水溶液，则压差计读数 R' 为多少？

（3）若读数绝对误差为 ±0.5mm，则双液 U 管微压差计和 U 管压差计读数的相对误差各为多少？

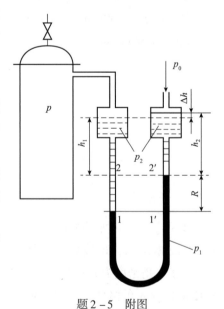

题 2-5 附图

【2-6】　采用本题附图所示的双 U 管压差计测量某容器内的液位，指示液为水银，从 U 管压差计上读得 $h_1 = 29.5\text{mm}$，$h_2 = 40\text{mm}$，$a = 100\text{mm}$，试求容器内的液位 H 及液体的密度。

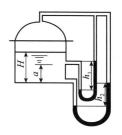

题 2-6　附图

【2-7】　采用水蒸气蒸馏法提取某植物中的挥发油成分时，蒸馏塔顶蒸汽经冷凝后得到挥发油和水的混合物，在油水分离器中利用相对密度差进行相分离，如本题附图所示。在操作条件下，挥发油的密度 $\rho_1 = 850\text{kg/m}^3$，水的密度 $\rho = 1000\text{kg/m}^3$，试求：

（1）油、水相界面到油出口 A 的最大高度 h？

（2）为什么排水的倒 U 管上不必须通大气？

（3）当油水分离器中的液面高于倒 U 管顶部 10m 时，会产生什么现象？

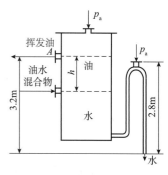

题 2-7　附图

【2-8】　将直径为 d、高为 h 的短圆柱体浸没于密度为 ρ 的静止液体中，如本题附图所示。已知液面上方维持大气压 p_a，液面距圆柱体顶面的垂直距离为 H，试求此圆柱体受到的总静压力。

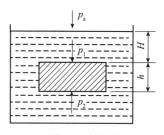

题 2-8　附图

【2-9】　50℃的水（饱和蒸气压 $p_s = 12333\text{Pa}$）于定态下在管径均一的虹吸管内流动。管路与贮槽的相对尺寸如附图所示。水流经管内的能量损失可忽略不计，已知 50℃水的密度为 988.1kg/m^3，当地大气压为 101330Pa。试求：

（1）当 $h_2 = 1.2\text{m}$ 时管路中流体的流速；

（2）当 $h_1 = 0.6\text{m}$，$h_2 = 1.2\text{m}$ 时，管内 A、C、D 各截面处的压力；

（3）当 $h_2 = 1.2\text{m}$ 时，D' 点的极限高度。

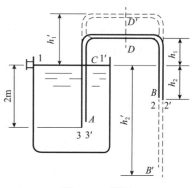

题 2-9　附图

【2-10】 用离心泵将20℃的清水从敞口水池中送入气体洗涤塔中，经喷淋后于塔下部流入废池，如本题附图所示。已知管道尺寸$\phi108\text{mm}\times3.5\text{mm}$，水的流量为$82\text{m}^3/\text{h}$。水在进塔管路中流动的总机械能损失（从管路入口至喷头前管路的能量损失）为15J/kg。喷头处压力较塔内压力高20kPa，水从塔中流入废水池的阻力可忽略不计。求泵的有效功率（kW）。

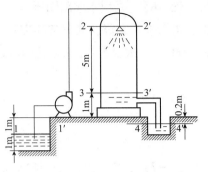

题2-10 附图

【2-11】 某车间用压缩空气将密闭容器（酸蛋）中98%的浓硫酸（密度为$1840\text{kg}/\text{m}^3$）压送至高位槽，要求输送量为$3\text{m}^3/\text{h}$，如本题附图所示。输送管道采用$\phi37\text{mm}\times3.5\text{mm}$的无缝钢管，酸蛋中的液面与压出管口之间的位移差为10m，在压送过程中保持不变。总能量损失为$\sum h_f=15\text{J}/\text{kg}$（包括所有局部阻力，但不包括出口），试求所需压缩空气的压力。

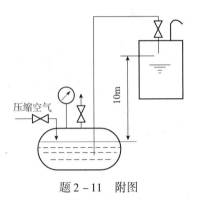

题2-11 附图

【2-12】 如本题附图所示，自高位水槽将水送至用水车间，高位槽内水面维持恒定，输水管路采用$\phi57\text{mm}\times3.5\text{mm}$的钢管，输水量为$15.0\text{m}^3/\text{h}$。水流经全部管道（不包括排出口）机械能损失可按$\sum h_f=12.5u^2$计算，式中$u$为管道内的水的流速（m/s）试求：

（1）高位水槽中水面必须高出排水口的高度H。

（2）若输水量增加10%，管路的直径及布置不变，管路的能量损失可按上述公式计算，则高位槽内的水面将升高多少？

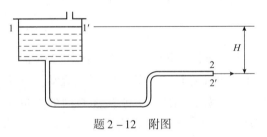

题2-12 附图

【2-13】 密度为$900\text{kg}/\text{m}^3$的原油在垂直管道中做定态流动，管道直径为200mm，在距离20m的下、上两截面测得$p_1=0.46\times10^6\text{Pa}$，$p_2=0.26\times10^6\text{Pa}$，试问流体的流动方向如何？两点间的能量损失为多少？

【2-14】 定态下 26℃ 的甘油在长为 0.3048m、内径为 25.4mm 的水平毛细圆管中流动，实验测得当体积流量为 $1.127 \times 10^{-4} \mathrm{m^3/s}$ 时，毛细管两端的压降为 1.951kPa。已知 26℃ 时甘油的密度为 $1261 \mathrm{kg/m^3}$，试求甘油的黏度（Pa·s）。

【2-15】 本题附图为一倾斜放置的文丘里流量计，试推导通过该文丘里流量计的流量表达式。

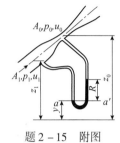

题 2-15 附图

【2-16】 某厂如图所示的输液系统，将某种料液由敞口高位槽 A 输送至一敞口搅拌反应槽 B 中，输液管为 $\phi 38 \times 2.5 \mathrm{mm}$ 的铜管，已知料液在管中的流速为 $u \mathrm{m/s}$，系统的 $\Sigma W_f = 20.6 u^2/2 \mathrm{J/kg}$。因扩大生产，须再建一套同样的系统，所用输液管直径不变，而要求的输液量须增加 30%，问新系统所设的高位槽的液面需要比原系统增高多少？

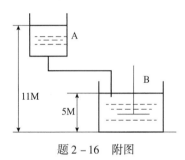

题 2-16 附图

【2-17】 如图所示的管路系统中，有一直径为 $\phi 38 \times 2.5 \mathrm{mm}$、长为 30m 的水平直管段 AB，并装有孔径为 16.4mm 的标准孔板流量计来测量流量，流量系数 $C_0 = 0.63$。流体流经孔板永久压强降为 $3.5 \times 10^4 \mathrm{N/m^2}$，AB 段的摩擦系数可取为 0.024。试计算：（1）液体流经 AB 管段的压强差；（2）若泵的轴功率为 500W，效率为 60%，则 AB 管段所消耗的功率为泵的有效功率的百分率。

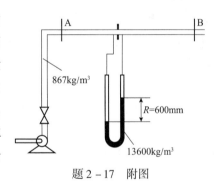

题 2-17 附图

【2-18】 有一内径为 $d = 50 \mathrm{mm}$ 的管子，用孔板流量计测量水的流量，孔板的孔流系数 $C_0 = 0.62$，孔板内孔直径 $d_0 = 25 \mathrm{mm}$，U 形压差计的指示液为汞：（1）U 形压差计读数 $R = 200 \mathrm{mm}$，问水的流量为多少？（2）U 形压差计的最大读数 $R_{\max} = 800 \mathrm{mm}$，问能测量的最大水流量为多少？（3）若用上述 U 形压差计，当需测量的最大水流

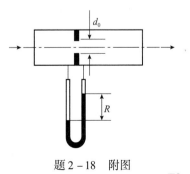

题 2-18 附图

量为 $V_{max} = 30m^3/h$ 时，则孔板的孔径应该用多大？（假设孔板的孔流系数不变）

【2-19】 用离心泵将密闭储槽中 20℃ 的水通过内径为 100mm 的管道送往敞口高位槽。两储槽液面高度差为 10m，密闭槽液面上有一真空表 p_1 读数为 600mmHg（真），泵进口处真空表 p_2 读数为 294mmHg（真）。出口管路上装有一孔板流量计，其孔口直径 $d_0 = 70mm$，流量系数 $\alpha = 0.7$，U 形水银压差计读数 $R = 170mm$。已知管路总能量损失为 44J/kg，试求：(1) 出口管路中水的流速。（2）泵出口处压力表 p_3（与图对应）的指示值为多少？（已知 p_2 与 p_3 相距 0.1m）。

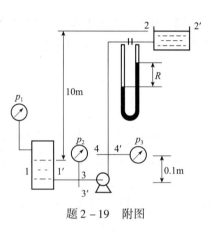

题 2-19 附图

【2-20】 如图所示的输水系统，用泵将水池中的水输送到敞口高位槽，管道直径均为 $\phi83 \times 3.5mm$，泵的进、出管道上分别安装有真空表和压力表，真空表安装位置离贮水池的水面高度为 4.8m，压力表安装位置离贮水池的水面高度为 5m。当输水量为 36m³/h 时，进水管道的全部阻力损失为 1.96J/kg，出水管道的全部阻力损失为 4.9J/kg，压力表的读数为 $2.5 \times 10^5 Pa$，泵的效率为 70%。试求：

（1）两液面的高度差 H 为多少 m？

（2）泵所需的实际功率为多少 kW？

（3）真空表的读数多少 Pa？

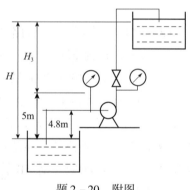

题 2-20 附图

第 3 章　管路组成与计算

3.1　管路组成

组成管道的元件很多，管子是管道的主要组成部分，管件是管与管之间的连接部分，主要用于改变管路方向、连接支管、改变管径。包括三通、弯头、异径管、丝堵等管件和法兰、阀门、阻火器、过滤器等管道附件。在各类过程工业装置所用的工程材料中，配管器材约占 15%。配管器材中的比率大约为：管子费用占 22.0%；管连接件（包括弯头，三通，大小头，管帽等）费用占 7.5%；阀门费用占 53.0%；法兰费用占 12.0%；螺栓费用占 3.0%；其他费用占 2.5%。

由此可见，包括管子、管连接件和阀门在内的管道器材的费用约占 80%，是配管器材费的主要组成部分。因此，如何正确选定，对装置建设的经济性是举足轻重的。

3.1.1　管道材料选定的基本原则

在进行管道设计时，管径经计算确定后，就要选择管子的材料。管道材料的使用是根据所输送介质的操作条件（如温度、压力）及其在该条件下的特性决定的。材料选择不当，会造成浪费或埋下事故隐患。如可以用普通材料的管子而选用了较昂贵材料的管子，就增加了不必要的基建投资；该用耐酸不锈钢的场合用了碳钢就会直接影响管道的正常运行，甚至留下祸根。在选择管子材料时，要求设计人员首先要了解管子的种类、规格、性能、使用范围，根据管系的设计压力、设计温度和管内介质的性质对经济性、安全性、寿命等因素作考虑。管道材料一般选用与之相连接的设备或机器的材料。

3.1.2　管子和管件

3.1.2.1　管子

管子的品种、型号、规格繁多，可按用途、材质和形状进行分类，如表 3 - 1 所示。

根据表 3 - 1 中的用途和材料还可进一步进行细分类，如表 3 - 2 和表 3 - 3 所示。表 3 - 1 中所列出的结构用管与特殊用管，不是配管所需，故本章从略。

表 3－1　管子分类

按用途分类	输送用、传热用、结构用、其他用
按材质分类	金属管、非金属管
按形状分类	套管（双层管）、翅片管、各种衬里管
其他	特殊用

表 3－2　按用途分类

输送用及传热用	普通配管用、压力配管用、高压用、高温用、高温耐热用、低温用、耐腐蚀用
结构用	普通结构用、高强度结构用、机械结构用
特殊用	油井用、试锥用、高压瓦斯容器用无缝钢管

表 3－3　按材质分类

大分类	中分类	小分类	名　　称
金属管	铁管	铸铁管	高级铸铁管、延性铸铁管
	钢管	碳钢管 低合金钢 合金钢	普通钢管、高压钢管、高温钢管
			低温用钢管、高温用钢管
			奥氏体钢管
	有色金属管	铜及铜合金	铜管、铝黄铜、铝砷高强度黄铜、铜、镍、蒙乃尔合金、耐腐蚀热镍基合金
			铅管、铝管、钛管
非金属管		橡胶管	橡胶软管、橡胶衬里管
		塑料管	聚氯乙烯、聚乙烯、聚四氟乙烯
		石棉管	石棉管
		混凝土管	混凝土管
		玻璃陶瓷管	玻璃管、玻璃衬里管
复合管		钢塑复合管	钢塑复合管、铝塑复合管

　　管子的材料初步确定以后，还要进行计算以确定管子的内径。

　　管道的计算，在工程设计中，一般要根据生产规模进行物料衡算、能量衡算和设备计算，初步确定物料流量，并参照有关资料，假定一个物料流速，计算出管子内径，查手册或标准，选用标准管子，通常选用的标准管子内径应等于或略大于计算出的管子内径。

　　利用式（3－1）可以对各种情况进行计算

$$q_v = \frac{\pi}{4} D^2 \cdot u \qquad (3-1)$$

式中　D——管路内径，m；

　　　q_v——管内介质的流量，m^3/s；

　　　u——管内介质的流速，m/s。

　　流量一般为生产任务所决定，所以关键在于选择合适的流速。若流速选得太大，管径虽然可以减小，但流体流过管道的阻力增大，消耗的动力就大，操作费用随之增加。反之，流速选得太小，操作费用可以相应减少，但管径增大，管路的基建费用随之增加。所以当流体以大流量在长距离的管路中输送时，需根据具体情况在操作费用与基建费用之间通过经济权衡来确定适宜的流速。流体在管道中的适宜流速的大小与流体的性质及操作条件有关。某些流体在管道中的常用流速范围可参考表 2-8 及有关设计手册。

应用上式算出管路的内径之后，还需从有关手册中选用标准管径。

3.1.2.2　管件

在管系中改变走向、标高或管径以及由主管上引出支管等均需用管件，如三通、四通、异径管、弯头、活接头、丝堵等。管件可用钢板焊制、钢管挤压、铸造或锻制等方法制作。

管件的连接方法不同，其连接处形状也不同。一般有对焊连接型、螺纹连接型、承插焊连接型以及法兰连接型等四种。

一般 DN50 及以上的管道采用对接焊管件，DN50 以下的管道采用承插焊管件或螺纹连接管件加密封焊。

当从主管引出支管时，若管径相同，应尽量采用三通连接；当主管直径小于 DN50 而支管小于主管时，可用异径三通或三通加焊异径短接管；当主管直径大于或等于 DN50 而支管直径小于或等于 DN50 时，用高压管嘴或单头螺纹管接头引出支管；其他情况可以用焊接支管，但必须校核支管引出处是否需要补强。

3.1.3　法兰连接件

法兰主要用于管子与管件、阀门、设备的连接。管法兰与垫片和紧固件共同组成管道可拆连接接头。为使连接接头能安全运行并获得满意的密封效果，选用时要对管法兰的结构形式、密封面形式、垫片的材料和结构形式，紧固件的材料和结构形式全面地进行考虑，正确选用。法兰的种类虽多，但均可以法兰与管子的连接方式、法兰密封面的型式以及压力温度等级进行分类。不同连接方式的法兰可以有相同或不同的密封面形状；同一连接方式的法兰亦可以有相同或不同的密封面形状；各种类型的法兰又有不同的压力温度等级。法兰要根据标准来选用适用的法兰。管法兰标准 HG/T 20592~20635—2009《钢制管法兰·垫片·紧固件》是一套较符合国内外管法兰实际使用现状、内容完整、使用方便的新编管法兰标准。

由于法兰的密封面不是绝对的光滑，即使有几微米的不平度也会产生泄漏，尤其是压力高、密度小、黏度小的流体泄漏更为严重。若是单靠加工法兰密封面达到绝对的光滑和施以极大的压紧力的方法使之密封，既不经济又很困难，所以采用半塑性材料制成的垫片置于法兰之间，在紧固法兰时使垫片产生弹塑性变形以填补法兰密封面上微观的不平度从而阻止流体的泄漏。

选用垫片时，必须对垫片的密封性能、工作压力和温度、工作介质的性质以及密封面的型式、结构的繁简、装卸的难易、经济性等诸因素进行全面分析。其中介质性质、工作压力和温度是影响密封的主要因素，是选用垫片的主要依据；垫片的类型，一般情况是根据温度、压力而定的，选择垫片的影响因素很多，通常在保证主要条件的前提下，尽量选用价格便宜、制造容易、安装和更换比较方便的垫片；垫片的厚度视具体情况而定，压力较高时以用厚垫片为好；垫片系数与其宽度无关；由于垫片在工作时，与操作介质接触，直接受介质、压力、温度等影响，因此制造垫片的材料应满足工艺的要求；选用垫片时应尽量简化规格，减少品种，切忌不必要的多样化。

3.1.4　阀门

阀门用于启闭、节流及保证管系和设备的安全运行等。阀门投资约占装置配管费用的50%，选用阀门主要从装置无故障操作和经济两方面考虑。

阀门与管子的连接主要有法兰连接、螺纹连接、对焊连接和承插焊连接。为减少阀门与管子连接处的泄漏和节省阀门用材，石油化工装置用的小口径阀门使用焊接连接日渐增多。

阀门通常采用手轮或扳手操作，如安装位置不便直接操作，可配以延伸杆、链轮或齿轮连杆等来操作。配以气动、液动、电动或电磁等动力执行机构，可以进行远距离操作或接受控制信号自动操作。

1. 闸阀

闸阀可按阀杆上螺纹位置分为明杆式和暗杆式两类。从闸板的结构特点又可分为楔式与平行式两类。闸阀的密封性能较截止阀好，流体阻力小，具有一定的调节性能。明杆式可根据阀杆升降高低调节启闭程度，缺点是结构较截止阀复杂，密封面易磨损，不易修理。闸阀适于制成大口径的阀门，除适用于蒸汽、油品等介质外，还适用于含有粒状固体及黏度较大的介质，并适用于用做放空阀和低真空系统阀门。

2. 截止阀

截止阀与闸阀相比，其调节性能好，密封性能差，结构简单，制造维修方便，流体阻力较大，价格便宜。适用于蒸汽等介质，不宜用于黏度大、含有颗粒易沉淀的介质，也不宜作放空阀及低真空系统的阀门。

3. 节流阀

节流阀的外形尺寸小、质量轻、调节性能较盘形截止阀和针形阀好，但调节精度不高，由于流速较大，易冲蚀密封面。适用于温度较低、压力较高的介质，以及需要调节流量和压力的部位，不适用于黏度大和含有固体颗粒的介质。不宜用作隔断阀。

4. 止回阀

止回阀按结构可分为升降式和旋启式两种。升降式止回阀较旋启式止回阀的密封性好，流体阻力大，卧式的宜装在水平管线上，立式的应装在垂直管线上。旋启式止回阀不宜制成小口径阀门。它可装在水平、垂直或倾斜的管线上。如装在垂直管线上，介质流向应由下向上。止回阀一般适用于清净介质，不宜用于含固体颗粒和黏度较大的介质。

5. 球阀

球阀的结构简单、开关迅速、操作方便、体积小、质量轻、零部件少、流体阻力小、结构比闸阀、截止阀简单，密封面比旋塞阀易加工且不易擦伤。适用于低温、高压及黏度大的介质，不能作调节流量用。

6. 柱塞阀

柱塞与密封圈间采用过盈配合，通过调节阀盖上连接螺栓的压紧力，使密封圈上所产生的径向分力远大于流体的压力，从而保证了密封性，杜绝了外泄漏。柱塞阀是国际上最近发展的新颖结构阀门，具有结构紧凑、启闭灵活、寿命长、维修方便等特点。

7. 碟阀

碟阀与相同公称压力等级的平行式闸阀比较，其尺寸小、质量轻、开闭迅速、具有一定的调节性能，适合制成大口径阀门，用于温度小于 80℃、压力小于 1.0MPa 的原油、油品及水等介质。

8. 隔膜阀

阀的启闭件是一块橡胶隔膜，夹于阀体内腔与阀盖内腔之间。隔膜中间突出部分固定在阀杆上，阀杆内衬有橡胶，由于介质不进入阀盖内腔，因此无需填料箱。隔膜阀结构简单，密封性能好，便于维修，流体阻力小，适用于温度小于 200℃、压力小于 1.0MPa 的油品、水、酸性介质和含有悬浮物的介质，不适用于有机溶剂和强氧化剂的介质。

9. 减压阀

减压阀是通过启闭件的节流，将进口的高压介质降低到某个需要的出口压力，在进口压力及流量变动时，能自动保持出口压力基本不变的自动阀门。选用减压阀时，要根据工艺确定减压阀流量，阀前、阀后的压力及阀前流体温度等条件确定阀孔面积，并按此选择减压阀的尺寸及规格。在设计中，减压阀组件不应设置在靠近移动设备或容易受冲击的地方，应设置在振动较小、周围较空旷之处，便于检修。减压阀均装在水平管道上，为防止膜片活塞式减压阀产生严重液击，应将减压阀底螺栓改装为排水阀（闸阀 $DN20$ 或 $DN25$）。在投入运行时应放尽减压阀底存水。波纹管减压阀的波纹管应向下安装，用于空气减压时需将阀门反向安装。

10. 疏水阀

疏水阀（也称阻汽排水阀，疏水器）的作用是自动排除蒸汽管道或设备中不断产生的蒸汽凝结水及空气，同时又阻止蒸汽的逸出。它是保证各种加热工艺设备所需温度和热量并能正常工作的一种节能产品。疏水阀按其工作原理可分为热动力型、热静力型和机械型三种。疏水阀必须根据进出口的最大压差和最大排水量进行选用。应选择符合国家标准和 CVA 标准的优质疏水阀。这种疏水阀在阀门代号 S 前都冠以"C"字代号，其使用寿命≥8000h，漏气率≤3%。在凝结水一经形成后必须立即排除的情况下，不宜选用脉冲式和波纹管式疏水阀，而应选用浮球式疏水阀。在凝结水载荷变动到低于额定最大排水量的 15% 时，不应选用脉冲式疏水阀，否则将引起部分新鲜蒸汽的泄漏损失。

3.1.5　其他组成件

1. 阻火器

阻火器是一种防止火焰蔓延的安全装置，通常安装在易燃易爆气体管路上，当某一段管道发生事故时，不至于影响另一段管道和设备。某些易燃易爆的气体如乙炔气，充灌瓶与压缩机之间的管道要求设三个阻火器。阻火器按其内的填料可分为碳素钢壳体镀锌铁丝网阻火器、不锈钢壳体不锈钢丝网阻火器、钢制砾石阻火器、碳钢壳体铜丝网阻火器、波形散热片式阻火器和铸铝壳体钢丝网阻火器。阻火器主要根据介质的化学性质、温度和压力来选用。阻火器的壳体要能承受介质的压力和允许的温度，还要能耐介质的腐蚀。填料要有一定的强度，且不能和介质起化学反应。

2. 过滤器

管道过滤器多用于泵、仪表（如流量计）、疏水阀前的液体管道上。过滤器按其形状可分为 Y 形过滤器、直角式过滤器、锥形过滤器、筒形过滤器。其种类有管螺纹连接 Y 形过滤器、法兰连接 Y 形过滤器、钢制直角式过滤器、低温钢直角式过滤器、不锈钢制直角式过滤器、中低压管路用锥形过滤器、高压用锥形过滤器。一般根据介质的性质和温度、压力来选用适当的过滤器。过滤器承受的压力等级有：1.0MPa，1.6MPa，2.5MPa，4.0MPa，6.3MPa，10.0MPa。一般比管子内介质的压力高一个档次。

3.2 管路流动阻力的计算

3.2.1 流动阻力

3.2.1.1 直管阻力与局部阻力

对运动中的流体进行受力分析，可以知道，在流体流动时，内部存在的黏性应力会阻碍流体的运动。而阻碍流体运动的力，被称为流动阻力。要维持流体流动就必须克服阻力，消耗机械能并转化成热。

化工管路中的构件一般分为直管和管件（弯头、三通、阀门）两部分。流体经过直管和管件都有阻力损失。流体经过直管产生的机械能损失称为直管阻力或沿程阻力；流体流经管件造成的机械能损失称为局部阻力。管路阻力是这两种阻力之和。

3.2.1.2 流动阻力损失的表现形式

如图 3 - 1 所示，流体在水平均匀直管中作稳定流动时，在截面 1 - 1' 和截面 2 - 2' 之间列机械能衡算式：

$$gz_1 + \frac{1}{2}u_1^2 + \frac{p_1}{\rho} = gz_2 + \frac{1}{2}u_2^2 + \frac{p_2}{\rho} + w_f \qquad (3-2)$$

因为是直径相同的水平管，则 $u_1 = u_2$，$z_1 = z_2$，可以得到：

$$w_f = \frac{p_1 - p_2}{\rho} = \frac{\Delta p_f}{\rho} \qquad (3-3)$$

由此可见，流体经过水平均匀直管时，阻力等于静压能的减少或者是产生压降 Δp_f，称为压力损失。

当管路为倾斜管时，$u_1 = u_2$，则有

$$w_f = \left(gz_1 + \frac{p_1}{\rho}\right) - \left(gz_2 + \frac{p_2}{\rho}\right) \qquad (3-4)$$

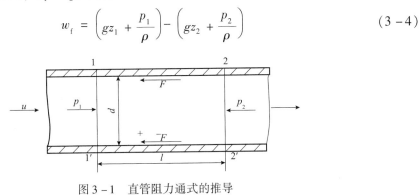

图 3 – 1　直管阻力通式的推导

由此可见，无论管路为水平安装或者是倾斜安装，流体的流动阻力损失均为势能的减少。

3.2.2　直管阻力

如图 3 – 1 所示，设管长为 l，管径为 d，管内流速为 u。由于两截面压力差而产生的推力为 $(p_1 - p_2)\pi d^2/4$，其方向与流体流动的方向相同。流体在管壁处的摩擦力为 $F = \tau A = \tau \pi dl$，摩擦力阻止流体向前流动，其方向与流体运动方向相反。

由于流体处于匀速稳定流动的状态，则截面 1 – 1′和截面 2 – 2′之间的流体柱所受的作用力应该处于平衡状态，在流动方向上合力应该为零，即：

$$(p_1 - p_2)\frac{\pi d^2}{4} = F = \tau \pi dl \qquad (3-5)$$

所以：

$$p_1 - p_2 = \Delta p_f = \frac{4l}{d}\tau \qquad (3-6)$$

将式（3 – 6）代入式（3 – 3）中，得：

$$w_f = \frac{4l}{d\rho}\tau \qquad (3-7)$$

实验证明，同种流体在相同的管路中流动时，流体流动的能量损失随流速的增大而增大，即流动阻力与流速相关。为此，将式（3 – 7）变形，将能量损失 w_f 表示为动能 $u^2/2$ 的某一倍数：

$$w_f = \frac{8\tau}{\rho u^2}\frac{l}{d}\frac{u^2}{2} \qquad (3-8)$$

令 $\lambda = \dfrac{8\tau}{\rho u^2}$，则：

$$w_f = \lambda \frac{l}{d}\frac{u^2}{2} \qquad (3-9)$$

式（3 – 9）就是计算圆形直管阻力损失的通式，称为范宁（Fanning）公式。式中 λ 是无量纲的系数，称为摩擦系数或摩擦因数，也叫摩阻系数，其值与流体流动的雷诺数 Re

及管壁状况有关。范宁公式适用于不可压缩流体的稳态流动，既适用于层流，也适用于湍流。只是两种情况下摩擦系数 λ 不同。根据阻力损失的不同表示形式，范宁公式也可以写成以下三种形式：

$$w_f = \lambda \frac{l}{d} \frac{u^2}{2} \tag{3-10a}$$

$$h_f = \lambda \frac{l}{d} \frac{u^2}{2g} \tag{3-10b}$$

$$\Delta p_f = \lambda \frac{l}{d} \frac{\rho u^2}{2} \tag{3-10c}$$

3.2.2.1 层流时的摩擦系数

使用范宁公式计算直管阻力时，必须先确定 λ 的值。

对于层流，由哈根–泊肃叶方程式 $\Delta p = \dfrac{8\mu l u}{R^2}$，推得：

$$\Delta p_f = \frac{8\mu l u}{R^2} \tag{3-11}$$

将式（3-11）与范宁公式（3-10c）比较，可以得到层流时摩擦系数的计算公式：

$$\lambda = \frac{64\mu}{du\rho} = \frac{64}{Re} \tag{3-12}$$

3.2.2.2 湍流时的摩擦系数

1. 管壁粗糙度对摩擦系数的影响

前已述及，层流底层的厚度 δ_b 尽管很薄，但对传质和传热都有重要影响，且这种影响与壁面的粗糙程度直接有关。将管路壁面凸出部分的平均高度称为绝对粗糙度，简称粗糙度，以 ε 表示；而将绝对粗糙度与管径的比值 ε/d 称为相对粗糙度。常见工业管材壁面的粗糙度如表 3-4 所示。

化工生产过程中的管路，按照材质与加工情况可以分为光滑管与粗糙管。ε 很小，对流动阻力无影响的管道称为光滑管，如玻璃管、铜管及塑料管等；而粗糙管有钢管、铸铁管等。新管道的 ε 与管道的材料、加工方法等因素有关，在使用过程中会因为腐蚀、结垢等因素，导致 ε 增大。

表 3-4　常见工业管材壁面粗糙度

管道类别		绝对粗糙度 ε/mm	管道类别		绝对粗糙度 ε/mm
金属管	无缝黄铜管、铜管及铝管	0.01～0.05	非金属管	干净玻璃管	0.0015～0.01
	新的无缝钢管、镀锌铁管	0.1～0.2		橡皮软管	0.01～0.03
	新的铸铁管	0.3		木管道	0.25～1.25
	具有轻度腐蚀的无缝钢管	0.2～0.3		陶土排水管	0.45～6.0
	具有显著腐蚀的无缝钢管	0.5 以上		很好整平的水泥管	0.33
	旧的铸铁管	0.85 以上		石棉水泥管	0.03～0.8

管壁粗糙度对流动阻力或摩擦系数的影响，主要是由于流体在管路中流动时流体的质点与管壁凸出部分碰撞而增加了流体的能量损失，其影响程度与管径的大小有关。因此，在计算阻力损失时，不但要考虑绝对粗糙度的大小，还要考虑管壁相对粗糙度的大小。层流时，流体覆盖了管壁上的凹凸不平，所以管壁粗糙度对层流阻力损失无影响；湍流时层流底层薄，不能覆盖管壁上凹凸物，管壁上凸出部分会伸入湍流区域，与流体质点直接碰撞，产生不可忽略的阻力。

2. 量纲分析法

由于流体在湍流时产生的剪切力比层流时复杂得多，故无法推导出类似哈根—泊肃叶方程这样的理论结果，同时更无法像对待层流那样，从理论上得到 λ 的计算公式。工程上常采用实验方法得到湍流时的经验公式。在进行实验时，一般每次只改变一个变量而将其他变量固定。若涉及的变量很多，工作量必然很大，而且将实验结果关联成便于应用的公式也很困难。因此，需要有相应的理论和方法来指导，量纲分析法是解决化工实际问题常采用的一种实验研究方法。

下面利用量纲分析方法研究湍流流动阻力的计算。

（1）列出影响该过程的主要因素

根据对湍流过程摩擦损失的分析及实验研究，可得到压力损失 Δp_f 与管径 d、管长 l、平均速度 u、流体密度 ρ、流体黏度 μ 及管壁粗糙度 ε 等主要因素有关。可以通过函数形式表示为：

$$\Delta p_f = f(d,l,u,\rho,\mu,\varepsilon) \tag{3-13}$$

无论这个函数的具体形式如何，方程式右边的量纲都必须与 Δp_f 相同。

描述该过程的变量有 7 个，量纲分别为 $[d]=\text{L}$、$[l]=\text{L}$、$[u]=\text{LT}^{-1}$、$[\rho]=\text{ML}^{-3}$、$[\mu]=\text{MT}^{-1}\text{L}^{-1}$、$[\varepsilon]=\text{L}$、$[\Delta p_f]=\text{ML}^{-1}\text{T}^{-2}$。式中 M、T、L 分别代表质量、时间、长度的量纲。

其中，基本量纲有 3 个（M、T、L）。根据 π 定理，量纲的特征数的数目 $N=4$。

（2）用幂函数逼近法确定函数的形式

为了便于量纲运算，将式（3-13）用幂函数代替，得：

$$\Delta p_f = kd^a l^b u^c \rho^e \mu^f \varepsilon^g \tag{3-14}$$

式中，k、a、b、c、f、g 为待定值。

将上述各物理量的量纲代入式（3-14）得到：

$$\text{ML}^{-1}\text{T}^{-2} = k\,[\text{L}]^a\,[\text{L}]^b\,[\text{LT}^{-1}]^c\,[\text{ML}^{-3}]^e\,[\text{ML}^{-1}\text{T}^{-1}]^f\,[\text{L}]^g$$
$$= k\,[\text{M}]^{e+f}\,[\text{L}]^{a+b+c+g-3e-f}\,[\text{T}]^{-c-f}$$

根据量纲一致性的原则，有：

$$e+f=1$$
$$a+b+c+g-3e-f=-1$$
$$-c-f=-2$$

此方程组有三个方程，六个未知数，但其中三个未知量可由其他三个量来表示：

$$a = -b - f - g$$

$$c = 2 - f$$

$$e = 1 - f$$

（3）找出量纲一的方程式

将 a、c、e 代入式（3-14），得到：

$$\Delta p_f = k \left(\frac{l}{d} \right)^b \left(\frac{du\rho}{\mu} \right)^{-f} \left(\frac{\varepsilon}{d} \right)^g \rho u^2$$

或：

$$\frac{\Delta p_f}{\rho u^2} = k \left(\frac{l}{d} \right)^b Re^{-f} \left(\frac{\varepsilon}{d} \right)^g \qquad (3-15)$$

式（3-15）就是直管阻力损失的量纲一的方程式。其中，l/d 是管长与管径之比，反映了几何尺寸特性；Re 代表惯性力与黏滞力之比，反映的是流动特性；$\Delta p_f / (\rho u^2)$ 则表示阻力损失引起的压降与惯性力之比，称为欧拉准数，常用 Eu 表示；ε/d 为绝对粗糙度与管径之比，称为相对粗糙度。

式（3-15）中的 k、b、f、g 并不能从理论上得到确定，即不能准确说明各特征数之间的定量关系。这些值需要通过实验来确定，得到的结果只能在实验的条件内使用。显然利用量纲分析法来规划实验可以大大减少实验次数。

实验结果证明，Δp_f 与 l 成正比，则式（3-15）中 $b = 1$，故式（3-15）可以改写成：

$$\frac{\Delta p_f}{\rho u^2} = k \frac{l}{d} Re^{-f} \cdot \left(\frac{\varepsilon}{d} \right)^g \qquad (3-16)$$

将式（3-16）与范宁公式（3-10）比较，可以得到：

$$\lambda = f \left(Re, \frac{\varepsilon}{d} \right) \qquad (3-17)$$

3. 计算摩擦系数的经验公式

从上面的分析可知，对不同的流动区域，阻力损失中计算 λ 的公式不同。按 $\lambda = f(Re, \frac{\varepsilon}{d})$ 的函数关系将湍流的实验数据关联，可得计算摩擦系数 λ 的各种形式的经验公式。

（1）光滑管

①柏拉修斯公式：

$$\lambda = \frac{0.316}{Re^{0.25}} \qquad (3-18)$$

其适用范围为 $3 \times 10^3 < Re < 1 \times 10^5$。

②顾毓珍公式：

$$\lambda = 0.0056 + \frac{0.5}{Re^{0.32}} \qquad (3-19)$$

其适用范围为 $3 \times 10^3 < Re < 3 \times 10^6$。

③尼古拉则与卡门公式：

$$\lambda = 0.0032 + \frac{0.21}{Re^{0.237}} \qquad (3-20)$$

其适用范围为 $1 \times 10^5 < Re < 3 \times 10^6$。

当 $Re > 4000$，可采用下式：

$$\frac{1}{\sqrt{\lambda}} = 2\lg(Re\sqrt{\lambda}) - 0.8 \qquad (3-21)$$

式（3-21）两边都含有待定的 λ，需采用试差法。

（2）粗糙管

①科尔布鲁克（Colebrook）公式

$$\frac{1}{\sqrt{\lambda}} = 2\lg \frac{d}{\varepsilon} + 1.14 - 2\lg(1 + 9.35 \frac{d/\varepsilon}{Re\sqrt{\lambda}}) \qquad (3-22)$$

上式适用于 $\dfrac{d/\varepsilon}{Re\sqrt{\lambda}} < 0.005$。

②尼古拉则（Nikuradse）与卡门（Karman）公式

$$\frac{1}{\sqrt{\lambda}} = 2\lg \frac{d}{\varepsilon} \qquad (3-23)$$

上式适用于 $\dfrac{d/\varepsilon}{Re\sqrt{\lambda}} > 0.005$。

4. 摩擦系数 λ 图

流体在粗糙管内作湍流流动时，Re、ε/d 对 λ 均有影响，且随着 Re 的增大，ε/d 对 λ 的影响越来越重要，相反，Re 对 λ 的影响越来越弱。这是由于 ε/d 一定时，Re 越大，则层流底层相对越薄，暴露在湍流主体区的粗糙峰就越多，如图 3-2 所示，ε/d 对 λ 的影响就越大。当 Re 增大到一定值后，几乎所有的粗糙峰都暴露在湍流的主体区内，此时若增大 Re，ε/d 对 λ 的影响也不变，即：λ 为常数，这时

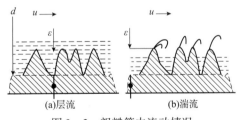

图 3-2　粗糙管内流动情况

摩擦损失 $w_f \propto u^2$，因此，称这时流动进入了阻力平方区（也称完全湍流区），如图 3-3 中虚线以上区域。该区域的各曲线趋近于水平线。

在工程上，为了计算简便，把 λ 与 Re 和 ε/d 的实验结果在双对数坐标纸中绘成如图 3-3 所示的关系曲线，此图称为莫狄（Moody）摩擦系数图。

依据图 3-3 中摩擦系数 λ 与 Re 和 ε/d 的关系曲线特点，该图可分为四个区域。

（1）层流区（$Re \leqslant 2000$）。当流体作层流流动时，管壁上凹凸不平的粗糙峰被平稳地滑动着的流体所掩盖，如图 3-2（a）所示，流体在其上流过与在光滑管壁上没有区别，因此，λ 与 ε/d 无关，只是 Re 的函数，且为直线关系，即 $\lambda = 64/Re$。此时 $w_f \propto u$，即 w_f 与 u 成正比。

（2）过渡区（$2000 < Re \leqslant 4000$）。在该区域内层流或湍流的 $\lambda - Re$ 线均可应用，对于阻力计算，估算时可将摩擦系数适当考虑得大一些，一般将湍流的曲线延长，查取 λ 值。

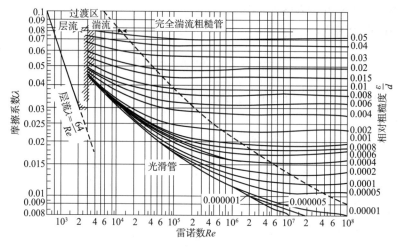

图 3 - 3　摩擦系数 λ 与雷诺数 Re 及相对粗糙度 ε/d 的关系

（3）湍流区（$Re > 4000$ 以及虚线以下的区域）。此时 λ 与 ε/d、Re 均有关。当 ε/d 一定时，λ 随 Re 的增大而减小，Re 增大到某一数值后，λ 下降缓慢；当 Re 一定时，λ 随 ε/d 的增大而增大。

（4）完全湍流区（虚线以上部分）。此区域内各曲线都趋近于水平线，即 λ 与 Re 无关，只与 ε/d 有关。对于特定管路 ε/d 一定，λ 为常数，则 $w_f \propto u^2$，所以该区域又称为阻力平方区。由图 3 - 3 可知道，相对粗糙度 ε/d 越大，达到阻力平方区的 Re 值越小。

3.2.2.3　非圆形直管阻力

当流体流经非圆形直管时，其阻力可以按照前面所介绍的方法进行计算。但 Re 和范宁公式中的管径应该用当量直径 d_e 代替，d_e 可以通过式 $d_e = 4R_H = 4\dfrac{\text{流通截面积}}{\text{润湿周边长度}}$ 进行计算。

根据式 $d_e = 4R_H = 4\dfrac{\text{流通截面积}}{\text{润湿周边长度}}$，若管截面是矩形，其长与宽分别为 a 与 b，则：

$$d_e = \frac{4ab}{2(a+b)} = \frac{2ab}{a+b} \qquad (3-24)$$

若内径为 d_1 的圆管里套入一根外径为 d_2 的圆管，两圆管间形成了一环形通道，则：

$$d_e = \frac{4\pi\left[\left(\dfrac{d_1}{2}\right)^2 - \left(\dfrac{d_2}{2}\right)^2\right]}{\pi(d_1 + d_2)} = d_1 - d_2 \qquad (3-25)$$

采用当量直径是经验性的做法，当湍流时且矩形管截面的长宽之比不超过 3：1，引起的偏差才较小。

例 3 − 1：分别在下列情况下，计算流体流过长 100m 的直管的压力损失、每千克流体的机械能损失与压头损失。

（1）20℃的硫酸（密度为 1830kg/m³，黏度为 0.023Pa·s），在内径为 50mm 的钢管内流动，流速为 0.4m/s。

（2）0℃的水在内径为 68mm 的无缝钢管内流动，流速为 2m/s。

解：（1）依题可知：

$$\rho = 1830 \text{kg/m}^3$$

$$\mu = 0.023 \text{Pa} \cdot \text{s}$$

$$d = 0.05 \text{m}$$

$$l = 100 \text{m}$$

$$u = 0.4 \text{m/s}$$

所以：
$$Re = du\rho/\mu = 1590$$

由于 $Re < 2000$，故流型为层流，从图 3 − 3 可以读出 $\lambda = 0.04$

对于层流使用式（3 − 12）计算，较为简便、准确：

$$\lambda = \frac{64}{Re} = 0.04$$

将有关数据代入式（3 − 10），则：

$$\Delta p_\text{f} = \lambda \frac{l}{d} \frac{\rho u^2}{2} = 11700 \text{Pa}$$

$$w_\text{f} = \frac{\Delta p_\text{f}}{\rho} = 6.4 \text{J/kg}$$

$$h_\text{f} = \frac{\Delta p_\text{f}}{\rho g} = 0.625 \text{m}$$

（2）依题可知：

$$\rho = 1000 \text{kg/m}^3$$

$$\mu = 0.001 \text{Pa} \cdot \text{s}$$

$$d = 0.068 \text{m}$$

$$l = 100 \text{m}$$

$$u = 2 \text{m/s}$$

所以：
$$Re = du\rho/\mu = 136000$$

由于 $Re > 4000$，故流型为湍流，从表 3 − 4，取钢管的粗糙度 $\varepsilon = 0.2 \text{mm}$，则：

$$\varepsilon/d = 0.00294$$

从图 3 − 3 读出：$Re = 136000$ 及 $\varepsilon/d = 0.00294$ 时，$\lambda = 0.027$，将有关数据代入式（3 − 10），则：

$$\Delta p_\text{f} = \lambda \frac{l}{d} \frac{\rho u^2}{2} = 79400 \text{Pa}$$

$$w_f = \frac{\Delta p_f}{\rho} = 79.4 \text{J/kg}$$

$$h_f = \frac{\Delta p_f}{\rho g} = 8.1 \text{m}$$

例 3 - 2： 10℃的水流过一根长 300m 的水平钢管，要求流量达到 500L/min，有 6m 的压头可供克服流动阻力，试求适宜管径（取管子的粗糙度 $\varepsilon = 0.2$mm）。

解： 查得 10℃的水的物理性质：$\rho = 1000 \text{kg/m}^3$，$\mu = 0.0013 \text{Pa} \cdot \text{s}$。该题是在流量和压头损失一定的情况下，求所需的管径。由于管径 d 不知，所以 u、Re、ε/d 均未知，λ 与 d 成非线性关系，所以一般用试差法计算。

流速与管径的关系为：

$$u = \frac{V_a}{\frac{\pi d^2}{4}} = \frac{0.0106}{d^2} \tag{a}$$

根据范宁公式：

$$h_f = \lambda \frac{l}{d} \frac{u^2}{2g}$$

代入数据得：

$$6 = \lambda \frac{300}{d} \frac{\left(\frac{0.0106}{d^2}\right)^2}{2 \times 9.81}$$

整理得：

$$d^5 = 2.869 \times 10^{-4} \lambda \tag{b}$$

因 λ 的变化很小，范围也窄，用试差法计算时最好先设 λ。设 $\lambda = 0.02$，代入式（b）得：

$$d' = 0.089 \text{m}$$

把试差所得的 d' 值代入式（a），并计算 ε/d，得：

$$u = 1.338 \text{m/s}$$
$$Re = u \rho d' / \mu = 90500$$
$$\varepsilon/d' = 0.0022$$

由 Re 和 ε/d' 从图 3 - 3 读出，$\lambda = 0.026$，此值与开始设的 $\lambda = 0.02$ 不相等。将 $\lambda = 0.026$ 代入式（b），重新计算：

$$d = 0.094 \text{m}$$

用此 d 值按上述验证方法计算 λ 值，得 $\lambda = 0.0259$，与 0.026 很接近。这表明第二次假设合适，计算结果基本正确，不必再试差了。

3.2.3 局部阻力

3.2.3.1 局部阻力的计算

局部阻力的计算方法有阻力系数法和当量长度法两种。

1. 阻力系数法

此法近似认为局部阻力损失是平均动能的某一个倍数，即：

$$w'_f = \zeta \frac{u^2}{2} \tag{3-26}$$

$$h'_f = \zeta \frac{u^2}{2g} \tag{3-27}$$

式中　ζ——局部阻力系数，其值由实验测定。

注意，在进行计算时，式（3-26）和式（3-27）中流速要用较小管道中的流速值。常用管件和阀件的 ζ 值列于表3-5。

表3-5　常见管件、阀门的局部阻力系数

管件和阀件标准	ζ 值									
标准弯头	45°，$\zeta=0.35$					90°，$\zeta=0.75$				
90方形弯头	1.3									
180回弯管	1.5									
活接管	0.4									

弯管

	φ / R/d	30°	45°	60°	75°	90°	105°	120°
	1.5	0.08	0.11	0.14	0.16	0.175	0.19	0.20
	2.0	0.07	0.10	0.12	0.14	0.15	0.16	0.17

突然扩大

A_1/A_2	0	0.1	0.2	0.3	0.4	0.5	0.6	0.7	0.8	0.9	1
ζ	1	0.81	0.64	0.49	0.36	0.25	0.16	0.09	0.04	0.01	0

突然缩小

A_1/A_2	0	0.1	0.2	0.3	0.4	0.5	0.6	0.7	0.8	0.9	1
ζ	0.5	0.47	0.45	0.38	0.34	0.3	0.25	0.20	0.15	0.09	0

管出口：1

管入口

锐缘进口	圆角进口	流线形进口	管道伸入进口		
$\zeta=0.5$	$\zeta=0.25$	$\zeta=0.04$	$\zeta=0.56$	$\zeta=3\sim1.3$	$\zeta=0.5+0.5\cos\theta+0.2\cos^2\theta$

标准三通管

$\zeta=0.4$	$\zeta=1.5$当弯头用	$\zeta=1.3$当弯头用	$\zeta=1$

闸阀

	全开	3/4 开	1/2 开	1/4 开
	0.17	0.9	4.5	24

续表

标准截止阀（球心阀）	全开 ζ = 6.4				1/2 开 ζ = 9.5				
蝶阀 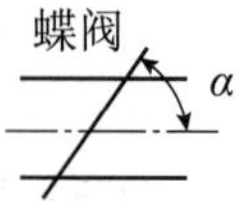 α	α	5°	10°	20°	30°	40°	45°	50°	60°	70°
	ζ	0.24	0.52	1.54	3.91	30.8	18.7	30.6	118	751
旋塞 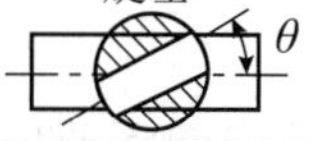 θ	θ	5		10		20		40		60
	ζ	0.05		0.29		1.356		17.3		20.5
单向阀（止逆阀）	摺板式 ζ = 2				球形式 ζ = 70				
角阀（90°）	5								
底阀	1.5								
滤水器（或滤水阀）	2								
水表（盘形）	7								

2. 当量长度法

当量长度法近似地将流体湍流流过局部障碍物所产生的局部损失看作与某一长度为 l_e 的同直径的管道所产生的摩擦损失相当。于是，局部阻力损失计算式为：

$$w'_f = \lambda \frac{l_e}{d} \frac{u^2}{2} \tag{3-28}$$

$$h'_f = \lambda \frac{l_e}{d} \frac{u^2}{2g} \tag{3-29}$$

式中 l_e——管件或阀门的当量长度，其值由实验确定。

图 3-4 中列出了某些常用管件和阀件的 l_e 值。

阻力系数法和当量长度法均为近似估算方法，所以两种计算方法所得结果不完全一致。但从工程角度看，两种方法均可。

3.2.3.2 典型情况下的局部阻力

如果忽略管件壁面处的摩擦阻力，而由于边界层分离产生旋涡并产生局部阻力，可以从动量守恒关系计算一些典型的局部损失阻力。

在尺寸不同的两个管子连接处，或管子与管件、阀件等连接处常会遇到管径突然扩大或突然缩小的问题，如图 3-5 所示。

1. 突然扩大

在流道扩大的地方，流动方向的下游压力增大，流体在这种逆压流动过程中极易发生边界层分离，产生旋涡，如图 3-5（a）所示。流体离开壁面成射流注入扩大的流道中，经一段距离后才充满整个扩大的流道截面。

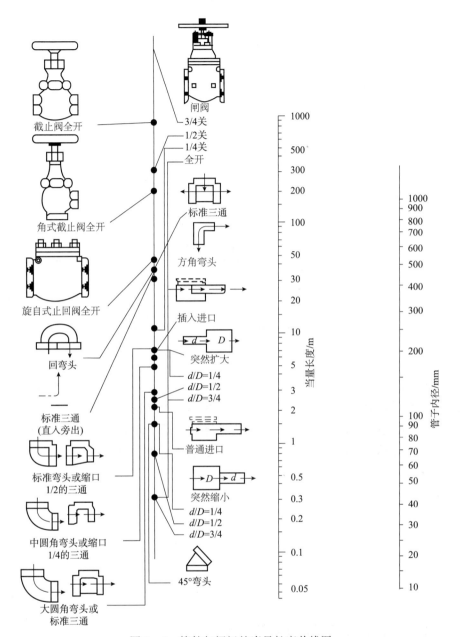

图 3 - 4　管件与阀门的当量长度共线图

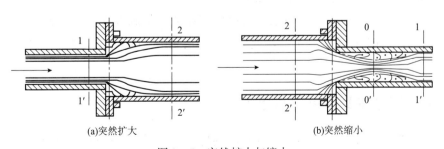

图 3 - 5　突然扩大与缩小

通过理论分析可以证明，突然扩大时阻力损失的计算式为：

$$w'_f = \left(1 - \frac{A_1}{A_2}\right)^2 \frac{u_1^2}{2} \qquad (3-30)$$

故局部阻力系数为：

$$\zeta = \left(1 - \frac{A_1}{A_2}\right)^2 \qquad (3-31)$$

式中 A_1、A_2——小管、大管的横截面积，m^2；

  u_1——小管中的平均流速，m/s。

不同 A_1/A_2 的 ζ 值如表 3-6 所示。出口即流体从管子流入容器，是突然扩大中的一种特殊情况。此时 A_1 远小于 A_2，因此 $A_1/A_2 \approx 0$。由式（3-31）得到管出口的局部阻力系数 $\zeta = 1$。

表 3-6 不同 A_1/A_2 时的 ζ 取值

A_1/A_2	0	0.1	0.2	0.3	0.4	0.5	0.6	0.7	0.8	0.9	1.0
突然扩大	1	0.81	0.64	0.49	0.36	0.25	0.16	0.09	0.04	0.01	0
突然缩小	0.5	0.47	0.45	0.38	0.34	0.3	0.25	0.2	0.15	0.09	0

2. 突然缩小

如图 3-5（b）所示，流道在由大管流入小管后，在顺压作用下，不致发生边界层分离。因此，在收缩部分不发生明显的能量损失。但由于流动惯性，流股将继续缩小，直到截面 0-0′时，流股截面缩到最小，此处成为缩脉。然后，流道又重新扩大，此时流体转而在逆压作用下流动，也就是产生边界层分离和旋涡。可见，突然缩小的机械能损失主要还在于突然扩大。

突然缩小时的阻力损失计算式为：

$$w'_f = 0.5\left(1 - \frac{A_1}{A_2}\right)^2 \frac{u_1^2}{2} \qquad (3-32)$$

局部阻力系数为：

$$\zeta = 0.5\left(1 - \frac{A_1}{A_2}\right)^2 \qquad (3-33)$$

式中 A_1、A_2——小管、大管的横截面积，m^2；

  u_1——小管中的平均流速，m/s。

不同 A_1/A_2 的 ζ 值如表 3-6 所示。入口即流体从管道流入管子，是突然缩小中的一种特殊的情况。此时 A_1 远小于 A_2，因此 $A_1/A_2 \approx 0$。由式（3-33）得到管出口的局部阻力系数 $\zeta = 0.5$。

3.2.4 流体在管路中的总阻力

化工管路系统是由直管和管件、阀门等构成，因此流体流经管路的总阻力应该为直管阻力和所有局部阻力之和。计算局部阻力时，可采用阻力系数法和当量长度法。对同一管件，可用任一种计算方法。

当管路直径相同时，总阻力为：

$$\sum w_{\mathrm{f}} = w_{\mathrm{f}} + w_{\mathrm{f}}' = \left(\lambda \frac{l}{d} + \sum \zeta\right)\frac{u^2}{2} \qquad (3-34)$$

$$\sum w_{\mathrm{f}} = w_{\mathrm{f}} + w_{\mathrm{f}}' = \lambda \frac{l + \sum l_{\mathrm{e}}}{d} \frac{u^2}{2} \qquad (3-35)$$

式中　$\sum \zeta$——管路中所有局部阻力系数的总和。

例 3 – 3：如图 3 – 6 所示，将敞口高位槽中密度 870kg/m³、黏度 0.8×10^{-3} Pa·s 的溶液送入某一设备 B 中。设 B 中的压力为 10kPa（表压），输送管道为 ϕ38mm × 2.5mm 无缝钢管，其直管段部分总长为 10m，管路上有一个 90°标准弯头、一个球心阀（全开）。为使溶液能够以 4m³/h 的流量流入设备中，问高位槽应高出设备多少米？

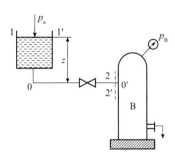

图 3 – 6　例 3 – 3 附图

解：选取高位槽液面为 1 – 1′、管出口内侧截面为 2 – 2′，并取 0 – 0′为基准面。在面 1 – 1′与 2 – 2′间列机械能衡算式：

$$gz_1 + \frac{u_1^2}{2} + \frac{p_1}{\rho} = gz_2 + \frac{u_2^2}{2} + \frac{p_2}{\rho} + w_{\mathrm{f}}$$

式中，$z_2 = 0$，$u_1 = 0$，$p_1 = 0$，$p_2 = 1.0 \times 10^4$ Pa，$\rho = 870$ kg/m³，$u_2 = 4V_{\mathrm{s}}/\pi d^2 = 1.30$ m/s。

$$Re = \frac{du\rho}{\mu} = \frac{0.033 \times 1.30 \times 870}{0.8 \times 10^{-3}} = 4.665 \times 10^4$$

$Re > 4000$，故属湍流流动。查表 3 – 4 取管壁绝对粗糙度 $\varepsilon = 0.3$mm，则 $\varepsilon/d = 0.00909$，查图 3 – 3 得 $\lambda = 0.038$。

进口的局部阻力系数为 0.5，90°标准弯头的局部阻力系数为 0.75，球心阀（全开）的局部阻力系数为 6.4。由式（3 – 34），阻力损失为：

$$w_{\mathrm{f}} = \left(\lambda \frac{l}{d} + \sum \zeta\right)\frac{u_2^2}{2}$$

$$= \left(0.038 \times \frac{10}{0.033} + 0.5 + 0.75 + 6.4\right) \times \frac{1.30^2}{2} = 16.19 \mathrm{J/kg}$$

将相关数据代入机械能衡算式中，得：

$$z = \frac{p_2}{\rho g} + \frac{u_2^2}{2g} + \frac{w_{\mathrm{f}}}{g} = 2.91\mathrm{m}$$

本题也可将 2 – 2′面取在管出口外侧，此时，$u_2 \approx 0$，而 w_{f} 中则要多一项突然扩大局部损失项，其值恰好为 $u_2^2/2$，故管出口截面的两种取法，其计算结果完全相同。

3.3 管路分析与计算

管路计算实质上就是连续性方程, 伯努利方程及能量损失计算式在管路中的应用, 依据基本方程有:

$$V_s = \frac{\pi}{4}d^2u \qquad\qquad (3-36\text{a})$$

$$\frac{p_1}{\rho} + gz_1 + w_e = \frac{p_2}{\rho} + gz_2 + \left(\lambda\frac{l}{d} + \sum\zeta\right)\frac{u^2}{2} \qquad (3-36\text{b})$$

$$\lambda = f\left(\frac{du\rho}{\mu}, \frac{\varepsilon}{d}\right) \qquad\qquad (3-36\text{c})$$

3.3.1 管路计算的类型和一般方法

方程式组 (3-36) 中共包括 14 个变量 (V_s、d、u、p_1、z_1、w_e、p_2、z_2、λ、l、$\sum\zeta$、ρ、μ、ε), 当被输送流体一定时, 气体物理性质数据 ρ、μ 已知, 需要给定独立的 9 个变量才可以求解其他 3 个未知量。

根据计算目的, 管路计算一般可以分为设计型计算和操作型计算。

管路的设计型计算一般是指对于给定的流体输送任务 (例如一定的流体体积流量), 选择适合且经济的管路, 确定合理的管径及供液点提供的位能 gz_1 或静压能 $\frac{p_1}{\rho}$。给定的流体的输送任务包括: 供液点压力 p_1 或位置 z_1; 供液与需液点的距离, 即管长 l; 需液点的压力 p_2 及位置 z_2; 管路材料与管件的配置, 即 ε 及 $\sum\zeta$; 输送机械 w_e。虽然命题中给定了 8 个变量, 但方程组式 (3-36) 仍无解。设计时需要再补充一个条件才能满足方程组求解的要求。如选择不同流速时, 可计算出相应的管径, 再从计算结果中选出最经济合理的管径, 圆整到管路标准规格。生产中, 某些流体在管路中常用流速范围如表 2-8 所示。一般而言, 密度大或黏度大的流体, 流速较小; 对于含有固体杂质的流体, 流速稍大, 以避免固体杂质沉积在管路中; 对于真空管路, 选择的流速必须保证产生的压力降 Δp 低于允许值。

由式 (3-36a) 可知, 在流量一定时, 管径与流速成反比。如果选择较大流速, 则管径减小, 设备费用减小, 但流体流动阻力增大, 操作费用也增加; 相反, 如果选择较小流速, 操作费用减小, 但管径增大, 使设备费用增加; 因此, 要使每年的操作费用与设备费用之和最小, 必须选择合适的流速, 如图 3-7 表示。

操作型计算是指对于已知的管路系统, 核算给定条件下的输送能力或某项技术指标。通常包括以下两种类型:

(1) 给定条件为流量 (V_s)、管路 (d、ε、l)、管件和阀门 ($\sum\zeta$) 及压力 (p_1、

p_2），计算目的为确定设备间的相对位置 Δz 或完成输送任务所需的 w_e。

（2）给定条件为管路（d、ε、l）、管件和阀门（$\sum \zeta$）、相对位置及压力（p_1、p_2）、外加功（w_e），计算目的是确定管路中流体的流速 u 及供液量 V_s。对于第一种类型，计算相对简单，可先计算管路中的能量损失再根据伯努利方程求解。对于第二种类型，在阻力计算时，需要摩擦系数 λ，而 $\lambda = f(Re, \varepsilon/d)$ 且 λ 与 u 又呈十分复杂的函数关系，难于直接求解，此时工程上常采用试差法进行求解。在进

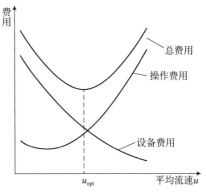

图 3 – 7　流速与费用之间的关系

行试差计算时由于 λ 的变化范围小，通常以 λ 为试差变量，且将流动处于阻力平方区时的值设为初值。

试差法计算流速的基本步骤如下：首先，根据伯努利方程列出试差等式；其次，试差。假设 λ 为某值，由试差方程计算流速 u，再计算 Re，并结合 ε/d 查出 λ 值，若该值与假设值相近或相等，则原假设值正确，计算出的 u 有效。否则，重新假设 λ，直到满足要求为止。

3.3.2　简单管路

简单管路是单一管路，即没有分支和汇合的管路，图 3 – 8 所示为一典型的简单管路系统。简单管路的整个管路由内径相同，或由不同内径的管子串联而成。

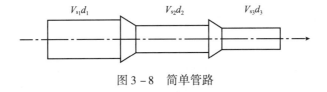

图 3 – 8　简单管路

3.3.2.1　简单管路的特点

（1）通过管路各段的质量流量不变，对不可压缩流体，则体积流量也不变，即：

$$V_{s1} = V_{s2} = V_{s3} \tag{3 – 37}$$

（2）整个管路的总摩擦损失为各段阻力损失之和，即：

$$w_f = w_{f1} + w_{f2} + w_{f3} \tag{3 – 38}$$

3.3.2.2　简单管路内阻力对管内流速的影响

图 3 – 9 的简单管路中，设两贮槽内液位保持恒定，各管段直径相同，液体稳态流动。管路中安装一阀门，阀前后各装一压力表，阀门在某一开度时，管路中流体的流速为 u，压力表分别为 p_A、p_B。

首先，对管内流量变化进行分析。取管出口截面 2 – 2′为基准面，在高位槽液面 1 – 1′、面 2 – 2′间列机械能衡算方程：

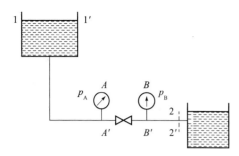

图 3 - 9 简单管路

$$\frac{p_1}{\rho} + g z_1 = \frac{p_2}{\rho} + \frac{u^2}{2} + w_f$$

而 $w_f = \left(\lambda \frac{l}{d} + \sum \zeta \right) \frac{u^2}{2}$，于是：

$$\frac{p_1 - p_2}{\rho} + g z_1 = \left(\lambda \frac{l}{d} + \sum \zeta + 1 \right) \frac{u_2^2}{2}$$

将阀门开度减小后，上式符号左边各项均不变，而右边括号内各项除 $\sum \zeta$ 增大外，其余均不变（λ 一般变化很小，可近似认为是常数），故由此推断，u_2 必减小，即管内流量减小。

然后，对阀门前后压力表读数 p_A、p_B 变化进行分析。取压力表 p_A 所在管截面为 $A - A'$，在面 $1 - 1'$、面 $A - A'$ 间列机械能衡算可得：

$$\frac{p_A}{\rho} = g z_1 + \frac{p_1}{\rho} - \left(\lambda \frac{l}{d} + \sum \zeta + 1 \right)_{1-A} \frac{u_A^2}{2}$$

当阀门关小时，由于阻力损失减小，故 p_A 必增大。

p_B 的变化可由面 $B - B'$、面 $2 - 2'$ 间列机械能衡算可得到：

$$\frac{p_B}{\rho} = \frac{p_2}{\rho} + \left(\lambda \frac{l}{d} + \sum \zeta \right)_{B-2} \frac{u_2^2}{2}$$

当阀门关小时，阻力损失减小，故 p_B 必减小。

综上所述，可以得到以下结论：

（1）当阀门变小时，其局部阻力增大，将使管路中流速变小。

（2）上游阻力的增加使下游的静压力降低。

（3）下游阻力的增加使上游的静压力上升。

由于管路中任一处的变化必将带来总体的变化，因此必须将管路系统当作整体考虑。

例 3 - 4：简单管路的设计型问题：一管路总长为 70m，要求输水量为 30m³/h 输送过程的允许压头损失为 4.5m 水柱，求管子直径（已知水的密度 1000kg/m³，黏度为 0.001Pa·s。钢管的绝对粗糙度为 0.2mm）。

解：根据已知条件：

$l = 70\text{m}$，$h_f = 4.5\text{m}$（H_2O），$V_s = 30\text{m}^3/\text{h}$

$$u = \frac{V_s}{\frac{\pi}{4} d^2} = \frac{0.0106}{d^2}$$

u、d 和 λ 均未知，应用试差法求解比较方便。假设 $\lambda = 0.025$，则由 $h_f = \lambda \frac{l}{d} \frac{u^2}{2g}$ 可以得到：

$$d = 0.074\text{m}，u = 1.933\text{m/s}$$

$$Re = \frac{d u \rho}{\mu} = 143035$$

$$\varepsilon/d \ = \ 0.0027$$

查图 3 - 3，得到 $\lambda = 0.027$，与初设值不同，故需以此对 λ 值重新试算，可得到：

$$d = 0.075\text{m}, \ u = 1.884\text{m/s}$$

$$Re \ = \ 141300$$

$$\varepsilon/d \ = \ 0.0027$$

由图 3 - 3 查出 $\lambda = 0.027$，与假设值相同，故管径为 0.075m。

按管道产品的规格，可以选择尺寸为 ϕ88.5mm×4mm 的管子。

3.3.3　复杂管路

复杂管路指有分支的管路，包括并联管路，如图 3 - 10（a）所示，分支（或汇合）管路，如图 3 - 10（b）所示。

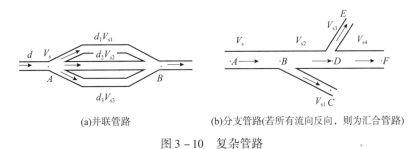

(a)并联管路　　　　　(b)分支管路(若所有流向反向，则为汇合管路)

图 3 - 10　复杂管路

复杂管路的常见问题是：

（1）已知管路布置和输送任务，求管路所需的总压头或功率；

（2）已知管路布置和提供的压头，求流量的分配或已知流量分配求管径的大小。

3.3.3.1　并联管路

如图 3 - 10（a）所示，并联管路是指主管某处分为几支，然后又汇合到一根主管。并联管路的特点是：

（1）主管中的总质量流量等于并联各支管中质量流量之和，对不可压缩流体，则有：

$$V_\text{s} \ = \ V_\text{s1} \ + \ V_\text{s2} \ + \ V_\text{s3} \tag{3 - 39}$$

（2）就单位质量流体而言，并联管路中的各支管摩擦损失相等，即：

$$w_\text{f1} \ = \ w_\text{f2} \ = \ w_\text{f3} \ = \ w_\text{f} \tag{3 - 40}$$

如图 3 - 10（a）所示，截面 $A - B$ 之间的机械能差是由流体在各支管中克服阻力造成的。所以，对于并联管路，单位质量的流体无论通过哪一根支管，能量损失都相等。所以，在计算并联管路阻力时，可任选一根支管计算。但并联管路的阻力绝不是将各支管阻力加和。

对于并联管路中的任一支路，有：

$$\sum w_\text{fi} \ = \ \lambda_i \ \frac{(l + \sum l_\text{e})_i}{d_i} \ \frac{u_i^2}{2} \ , \ 而 u_i \ = \ \frac{4V_{si}}{\pi d_i^2}$$

故：
$$\sum w_{\text{fi}} = \frac{8\lambda_i V_{si}^2 (l + \sum l_{\text{e}})_i}{\pi^2 d_i^5} \qquad (3-41)$$

对通过各并联支管的单位质量流体而言均有：
$$E_{\text{tA}} = E_{\text{tB}} + w_{\text{f1}} , \quad E_{\text{tA}} = E_{\text{tB}} + w_{\text{f2}} , \quad E_{\text{tA}} = E_{\text{tB}} + w_{\text{f3}}$$

式中，$E_{\text{t}} = gz + \dfrac{u^2}{2} + \dfrac{p}{\rho}$，代表某一流通截面上单位质量流体的总机械能，故 w_{f1}、w_{f2}、w_{f3} 相等。

将摩擦损失计算式代入式（3-40），可得：
$$\lambda_1 \frac{l_1}{d_1} \frac{u_1^2}{2} = \lambda_2 \frac{l_2}{d_2} \frac{u_2^2}{2} = \lambda_3 \frac{l_3}{d_3} \frac{u_3^2}{2}$$

将 $u = \dfrac{4V_{\text{s}}}{\pi d^2}$ 代入得：
$$V_{s1} : V_{s2} : V_{s3} = \sqrt{\frac{d_1^5}{\lambda_1 l_1}} : \sqrt{\frac{d_2^5}{\lambda_2 l_2}} : \sqrt{\frac{d_3^5}{\lambda_3 l_3}} \qquad (3-42)$$

式（3-42）表明，长而细的支管通过的流量小，短而粗的支管则通过的流量大。

3.3.3.2 分支（或汇合）管路

（1）分支管路是指流体由一根总管分流为几根支管的情况，这类管路的特点是：
$$V_{\text{s}} = V_{s1} + V_{s2} , \quad V_{s2} = V_{s3} + V_{s4}$$

即：
$$V_{\text{s}} = V_{s1} + V_{s3} + V_{s4} \qquad (3-43)$$

（2）对单位质量流体而言，无论分支（或汇合）管路多复杂，均可在分支点（或汇合点）处将其分为若干简单管路，对每一段简单管路，仍满足单位质量流体的机械能衡算方程，以 ABC 段为例，有：
$$E_{\text{tA}} = E_{\text{tC}} + w_{\text{f,A-B}} + w_{\text{f,B-C}} = E_{\text{tC}} + w_{\text{f,A-C}} \qquad (3-44)$$

3.3.3.3 阻力对管内流动的影响

1. 分支管路中阻力对管内流动的影响

如图 3-11 所示，如果两支管上的阀门 A 和 B 原来全开，现将阀门 A 关小，分析管路流体流动的变化，可以得出以下结论：

（1）阀门 A 关小，阻力系数增大，支管内流速将出现下降的趋势，O 点处的静压力增大。

（2）O 点处静压力的增大会使总流速下降。

（3）O 点处静压力的增大使另一支管流速出现上升趋势。

所以，分支管路中某一支管的阀门关小，结果就是阀门所在支路的流量减小，另一支管的流量增大，而总流量呈现下降趋势。

2. 汇合管路中阻力对管内流动的影响

如图 3-12 所示，对于一个汇合管路，当下游阀门关小时，上游 O 处的静压力将出现上升的趋势。因此，总管流速下降，各支管流速也下降。

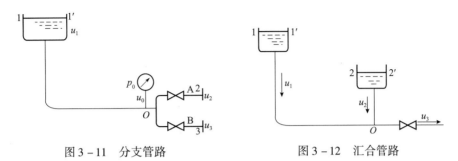

图 3 – 11　分支管路　　　　　　　　图 3 – 12　汇合管路

例 3 – 5： 操作型问题分析：如图 3 – 13 所示为配有并联支路的管路输送系统，假设总管直径与各支管直径相同，现将支路 1 上的阀门 K_1 关小，则下列这些流动参数将如何变化？

总管流量 V_s 及支管 1、2、3 的流量 V_{s1}、V_{s2}、V_{s3}；压力表读数 p_A、p_B。

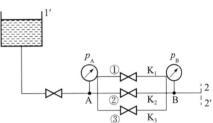

图 3 – 13　例 3 – 5 附图

解：（1）取管出口外侧截面 2 – 2′，沿支路 1 在面 1 – 1′ 与面 2 – 2′ 间列机械能衡算方程：

$$E_{t1} = E_{t2} + w_{f,1-A} + w_{f,A-B} + w_{f,B-2} \qquad (a)$$

式中：

$$w_{f,1-A} = \left[\lambda \frac{l + \sum l_e}{d} \right]_{1-A} \frac{u_0^2}{2} = \frac{8}{\pi^2} \left[\lambda \frac{l + \sum l_e}{d^5} \right]_{1-A} V_s^2 = B_{1-A} V_s^2$$

$$w_{f,A-B} = \left[\lambda \frac{l + \sum l_e}{d} \right]_{A-B} \frac{u_1^2}{2} = \frac{8}{\pi^2} \left[\lambda \frac{l + \sum l_e}{d^5} \right]_{A-B} V_{s1}^2 = B_① V_{s1}^2$$

$$w_{f,B-2} = \left[\lambda \frac{l + \sum l_e}{d} \right]_{B-2} \frac{u_2^2}{2} = \frac{8}{\pi^2} \left[\lambda \frac{l + \sum l_e}{d^5} \right]_{B-2} V_s^2 = B_{B-2} V_s^2$$

其中：

$$B_{1-A} = \frac{8}{\pi^2} \left[\lambda \frac{l + \sum l_e}{d^5} \right]_{1-A}, \ B_① = \frac{8}{\pi^2} \left[\lambda \frac{l + \sum l_e}{d^5} \right]_{A-B}, \ B_{B-2} = \frac{8}{\pi^2} \left[\lambda \frac{l + \sum l_e}{d^5} \right]_{B-2}$$

B_{1-A}、$B_①$、B_{B-2} 分别代表总管段 1 – A、支路①、总管段 B – 2 的阻力特性，由表达式可见，其值与摩擦因数、管长、局部阻力当量长度及管径大小有关，也就是说，与管路状况有关。

于是，式（a）可改成：

$$E_{t1} = E_{t2} + B_{1-A} V_s^2 + B_① V_{s1}^2 + B_{B-2} V_s^2 \qquad (b)$$

同理，分别沿支路 2、3 在面 1 – 1′ 与面 2 – 2′ 间列机械能衡算方程得：

$$E_{t1} = E_{t2} + B_{1-A} V_s^2 + B_② V_{s2}^2 + B_{B-2} V_s^2 \qquad (c)$$

$$E_{t1} = E_{t2} + B_{1-A} V_s^2 + B_③ V_{s3}^2 + B_{B-2} V_s^2 \qquad (d)$$

式（c）（d）中，B_{1-A}、B_{B-2}表达式同式（b），$B_② = \dfrac{8}{\pi^2}\left[\lambda\,\dfrac{l + \sum l_e}{d^5}\right]_{A-B}$，$B_③ = \dfrac{8}{\pi^2}$

$\left[\lambda\,\dfrac{l + \sum l_e}{d^5}\right]_{A-B}$。

再由并联管路的特点可知：

$$V_s = V_{s1} + V_{s2} + V_{s3} \tag{e}$$

再由式（b）（c）（d）分别导出 V_{s1}、V_{s2}、V_{s3} 的表达式，然后代入式（e），得：

$$V_s = \sqrt{E_{t1} - E_{t2} - (B_{1-A} + B_{B-2})V_s^2}\,(1/\sqrt{B_①} + 1/\sqrt{B_②} + 1/\sqrt{B_③})$$

即：

$$E_{t1} - E_{t2} = \left[(1/\sqrt{B_①} + 1/\sqrt{B_②} + 1/\sqrt{B_③})^{-2} + (B_{1-A} + B_{B-2})\right]V_s^2 \tag{f}$$

当阀门 K_1 关小时，①支路的局部阻力系数增大，使 $B_①$ 增大，而式（f）中的 E_{t1}、E_{t2}、$B_②$、$B_③$、B_{1-A}、B_{B-2} 均不变（λ 变化很小，可视为常数），故由式（f）可判断出总管流量 V_s 减小。

根据 V_s 减小及式（c）（d）可推知，支路②③的流量 V_{s2}、V_{s3} 均增大，而由式（e）可知 V_{s1} 减小。

（2）由面 $1-1'$ 与 A 之间的机械能衡算 $E_{t1} = E_{tA} + w_{f,1-A}$，可知，当阀门 K_1 关小时，u 减小，$w_{f,1-A}$ 减小，故 E_{tA} 增大，而 E_{tA} 中位能不变，动能减小，故压力能增大，即 p_A 增大。

而由 B 与面 $2-2'$ 间的机械能衡算，得：

$$\frac{p_B}{\rho} = (z_2 - z_B)g + \frac{p_2}{\rho} + \left(\lambda\,\frac{l}{d}\right)\frac{u^2}{2} \tag{g}$$

当阀门 K_1 关小时，式（g）中的 z_2、z_B、p_2、λ、l 和 d 均不变，而 u 均减小，故 p_B 减小。

例 3 – 6： 设计型问题分析：如图 3 – 14 所示，贮槽内有 40℃ 的粗汽油，密度为 710kg/m³，液面维持恒定，用泵抽出，流经三通后分为两路。一路送到分馏塔顶部，最大流量为 10800kg/h，另一路送到吸收塔中部，最大流量为 6400kg/h。有关部位的高度和压力如图 3 – 14 所示。已估算出管路的压头损失如下：$h_{f,A-C} = 2m$，$h_{f,C-D} = 6m$，$h_{f,C-E} = 5m$，

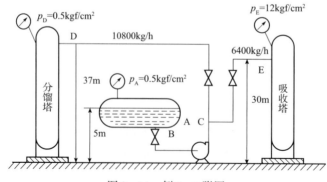

图 3 – 14　例 3 – 6 附图

这是阀全开时且流量达到规定的最大值估算出的值。粗汽油在管内流动的动压头很小，可以忽略不计。求泵所需功率，设泵的效率为 60%。

解： 三通 C 处是个分支点。粗汽油从 C 到 D 与从 C 到 E 所需的外加压头一般不相等，若从 C 到 D 所需压头小于从 C 到 E 所需压头，就应取后者压头计算泵功率。这样，C 到 E 的流量正好符合要求，但 C 到 D 的流量会比要求的大。操作时可将 C 到 D 支管阀门关小，把流量调至所要求的值。下面对两支管所需的外加压头进行计算和比较。

对截面 A–D 列机械能衡算式：

$$z_A + \frac{u_A^2}{2g} + \frac{p_A}{\rho g} + h_{e,A-D} = z_D + \frac{u_D^2}{2g} + \frac{p_D}{\rho g} + \sum h_{f,A-D}$$

根据题意，可得：

$$u_A \approx 0,\ u_D \approx 0,\ z_A = 5\,\mathrm{m},\ z_D = 37\,\mathrm{m}$$
$$p_A = 0.5 \times 9.81 \times 10^4 = 4.9 \times 10^4\,\mathrm{Pa}$$
$$p_D = 0.5 \times 9.81 \times 10^4 = 4.9 \times 10^4\,\mathrm{Pa}$$
$$\sum h_{f,A-D} = h_{f,A-C} + h_{f,C-D} = 8\,\mathrm{m}$$

把这些数据代入机械能衡算式，得：

$$h_{e,A-D} = 40\,\mathrm{m}$$

在截面 A–E 间列机械能衡算式：

$$z_A + \frac{u_A^2}{2g} + \frac{p_A}{\rho g} + h_{e,A-E} = z_E + \frac{u_E^2}{2g} + \frac{p_E}{\rho g} + \sum h_{f,A-E}$$

$$z_E = 30\,\mathrm{m},\ u_E \approx 0,\ p_E = 12 \times 9.81 \times 10^4 \approx 1.2 \times 10^6\,\mathrm{Pa}$$

$$\sum h_{f,A-E} = h_{f,A-C} + h_{f,C-E} = 7\,\mathrm{m}$$

把相关数据代入机械能衡算式，得：

$$h_{e,A-D} = 194\,\mathrm{m}$$

通过泵的粗汽油质量流量为：

$$m = \frac{10800 + 6400}{3600} = 4.78\,\mathrm{kg/s}$$

即 C–E 支管所需功率大于 C–D 支管的功率。故按前者考虑，得：

$$N = \frac{m h_{e,A-E} g}{\eta} = 15.2\,\mathrm{kW}$$

思考题

1. 组成管道的元件有哪些？举例说明。

2. 说明法兰连接件的主要作用。为使连接接头安全运行，并获得满意的密封效果，要考虑哪些因素？

3. 列举 3 种常见的阀门，分别说出其特点及应用范围。

4. 什么是流动阻力？与沿程阻力和局部阻力有什么关系？

5. 试写出范宁公式的三种表达形式，并说明范宁公式的适用范围。

6. 什么是简单管路？什么是复杂管路？试画图说明。

7. 请分析阻力对管内流动的影响。

8. 管路设计中常见的二类问题是什么？举例说明。

9. 对于简单管路，管内阻力变化对管内流速和静压力的有何影响？

10. 试画出分支管路简图，并对分支管路中阻力对管内流动的影响规律进行分析。

11. 试画出汇合管路简图，并对汇合管路中阻力对管内流动的影响规律进行分析。

12. 莫狄摩擦系数图中四个不同流动状态区域是如何划分的？各区域中，λ 与 Re 和 ε/d 有何关系？

13. 绝对粗糙度和相对粗糙度是如何定义的？

14. 在计算流动阻力时，对于层流和湍流状态，应如何考虑管壁粗糙度的影响？

15. 说明试差法计算流速的基本步骤。

习 题

【3-1】 如本题附图所示，用效率为 75% 的离心泵将蓄水池中 20℃ 的水送到敞口高位槽中，管路为 $\phi 57 \times 3.5mm$ 的光滑钢管，直管长度与所有局部阻力（包括孔板）当量长度之和为 85m。采用孔板流量计测量水的流量，孔板直径 $d_0 = 20mm$，孔流系数为 $C_0 = 0.60$。从水池到孔板前测压点截面 A 的管长（含所有局部阻力当量长度）为 35m。U 管中指示液为汞，其密度为 13600kg/m³。20℃ 水的密度 $\rho = 998.2kg/m^3$，黏度 $\mu = 1.0 \times 10^{-3} Pa \cdot s$，摩擦系数可近似用下式计算 $\lambda = 0.3164/Re^{0.25}$。当水的流量为 8.50m³/h 时，试求：

（1）泵的轴功率；

（2）A 截面 U 管压差计的读数 R_1；

（3）孔板流量计的 U 管压差计读数 R_2。

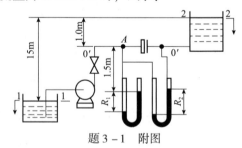

题 3-1 附图

【3-2】 采用如图所示的敞口高位槽输送高黏度的牛顿型液体，管路直径为 $\phi 32 \times 2.5mm$，液体温度为 50℃，输送量为 4.30m³/h。若管路设置不变，将该液体温度升至 90℃，则输送量为多少？已知液体的密度为 $\rho = 1260kg/m^3$，50℃ 时黏度 $\mu = 0.095Pa \cdot s$，

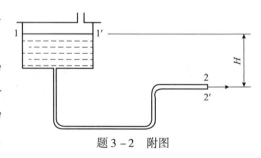

题 3-2 附图

90℃时的黏度 $\mu = 0.021Pa \cdot s$。湍流时管内流动的摩擦系数可按下式计算：$\lambda = 0.3164/Re$。

【3-3】　如本题附图所示，将密度为980kg/m³、黏度为1.05mPa·s的料液从高位槽送入塔中，高位槽的液面维持恒定，并高于塔的进料5.0m，塔内压力为5.85×10³Pa（表压）。输送管路的直径为 $\phi45 \times 2.5mm$，长为32m（包括管件及阀门的当量长度，但不包括进、出口损失），管壁的绝对粗糙度为0.2mm。试求液体输送量。

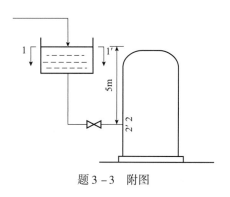

题3-3　附图

【3-4】　本题附图所示为冷冻盐水循环系统，盐水的密度为1100kg/m³，循环量为36m³/h。管路的直径相同，盐水由A流经两个换热器而至B的能量损失为98.1J/kg，由B至A的能量损失为49J/kg。试求：

（1）泵的效率为70%时，泵的轴功率（kW）；

（2）若A处的压力表读数为245.2×10³kPa时，B处的压力表读数为多少？

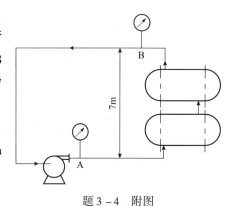

题3-4　附图

【3-5】　水在如图所示的并联管路中做定态流动。两支管均为 $\phi89 \times 4.5mm$，直管摩擦系数均为0.03，两支路各装有阀门1个、换热器1个，阀门全开时的局部阻力系数均等于0.17，换热器的局部阻力系数均等于3。支路ADB长为25m（包括管件但不包括阀门的当量长度），支路ACB长6m（包括管件但不包括阀门的当量长度）。总流量为50m³/h时。试求：

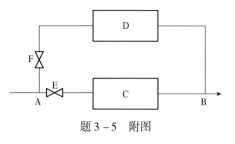

题3-5　附图

（1）两阀门全开时两支路的流量；

（2）若其他条件不变，阀门E的阻力系数应为多少才能使两支路流量相等？

【3-6】 用离心泵将20℃的水经总管分别送至容器 A、B 内，如本题附图所示。总管直径为 $\phi152 \times 4.5mm$，总管长为 $L = 6m$（包括所有局部阻力的当量长度，但不包括进口）。分支点 O 处压力表读数为 $1.95 \times 10^5 Pa$。两分支管管径均为 $\phi108 \times 4mm$，从分支点 O 至容器 A 的管长为 $L_A = 35m$（包括所有局部阻力的当量长度，但不包括出口）；从分支点 O 至容器 B 的管长为 $L_B = 45m$（包括所有局部阻力的当量长度，但不包括出口）。容器 A 水面上方为大气压，容器 B 水面上方表压为 $98.1 \times 10^3 Pa$。设管内摩擦系数均可取0.03。试求：

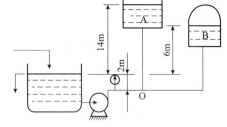

题3-6 附图

(1) 总管流量及两支管的流量；

(2) 离心泵的有效功率。

【3-7】 如图所示，从自来水总管接一管段 AB 向实验楼供水，在 B 处分成两路各通向一楼和二楼。两支路各安装一球形阀，出口分别为 C 和 D。已知管段 AB、BC 和 BD 的长度分别为 100m、10m 和 20m（仅包括管件的当量长度），管内径皆为 30mm。假定总管在 A 处的表压为 0.343MPa，不考虑分支点 B 处的动能交换和能量损失，且可认为各管段内的流动均进入阻力平方区，摩擦系数皆为 0.03。试求：

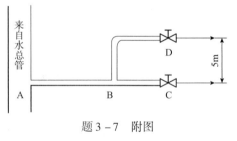

题3-7 附图

(1) D 阀关闭，C 阀全开（$\xi = 6.4$ 时），BC 管的流量为多少？

(2) D 阀全开，C 阀关小至流量减半时，BD 管内的流量为多少？总管流量又为多少？

【3-8】 用效率80%的齿轮泵将某黏稠液体从敞口贮槽送至密闭容器内，贮槽和容器内液面均维持恒定，容器顶部压力表读数为 $30 \times 10^3 Pa$。用旁路调节流量，其流程如本题附图所示。主管流量为 $14m^3/h$，管径为 $\phi66 \times 3mm$，管长为 80m（包括所有局部阻力的当量长度）。旁路的流量为 $5m^3/h$，管径为 $\phi32 \times 2.5mm$，管长为 20m（包括除了阀门外的所有局部阻力的当量长度）。两管路的流型相同，忽略贮槽液面至

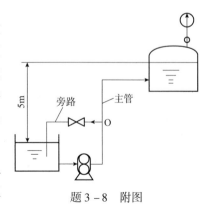

题3-8 附图

分支点 O 之间的能量损失。被输送液体的黏度为 50mPa·s，密度为 1100kg/m³。试求：

（1）泵的轴功率；

（2）旁路阀门的阻力系数。

【3-9】 如本题附图所示，从水塔将水送至车间。输送管路采用 $\phi57 \times 3.5mm$ 的钢管，管路总长为 65m（包括所有局部阻力的当量长度，但不包括进、出口损失）。水塔内水面维持恒定，并高于出水口 15m。现因故车间用水需增加 50%，需对原管路进行改造，提出三种方案：

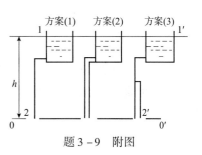

题 3-9　附图

（1）将原管路换成内径 $\phi83 \times 4mm$ 的管子；

（2）与原管路并行添加一根内径 $\phi32 \times 2.5mm$ 的管子（其包括所有局部阻力当量长度的总管长 65m）；

（3）在原管路上并联一段管长 28m（含局部阻力当量长度）、$\phi57 \times 3.5mm$ 的管子。

试计算原管路的送水量、三种改造方案的送水量并进行比较。设各种情况下 λ 均可取 0.03。

【3-10】 水槽中的水经管道从 C、D 两支管放出，水槽液面维持恒定。AB 段内径为 41mm，管长为 6m（包括所有局部阻力，但不包括进口）。BC 段管长 15m（包括所有局部阻力的当量长度，但不包括出口），BD 段管长 24m（包括所有局部阻力的当量长度，但不包括出口），BC 和 BD 管段的内径为 25mm。试求：

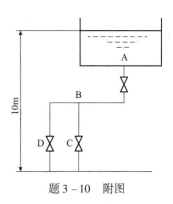

题 3-10　附图

（1）当 D 管阀门关闭、C 管阀门全开时的流量；

（2）当 C、D 两管阀门全开时的流量和总流量。设管内摩擦系数可取为 0.03。

流动过程原理及设备

【3-11】 水塔供水系统，管路总长 L（包括局部阻力在内当量长度，m），1-1′到2-2′的高度 H（m），规定供水量 $V\text{m}^3/\text{h}$。当忽略管出口局部阻力损失时，试导出管道最小直径 $d_{\min}$ 的计算式。若 $L=150\text{m}$，$H=10\text{m}$，$V=10\text{m}^3/\text{h}$，$\lambda=0.023$，求 $d_{\min}$。

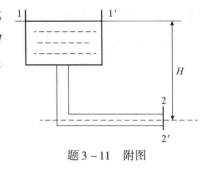

题 3-11 附图

【3-12】 如本题附图所示，槽内水位维持不变。槽底部与内径为100mm 钢管相连，管路上装有一个闸阀，阀前离管路入口端15m 处安有一个指示液为汞的 U 管压差计，测压点与管路出口端之间距离为20m。

（1）当闸阀关闭时测得 $R=600\text{mm}$，$h=1500\text{mm}$；当闸阀部分开启时，测得 $R=400\text{mm}$，$h=1400\text{mm}$，管路摩擦系数取0.02，入口处局部阻力系数取0.5，问每小时从管中流出水量为多少 m^3？

（2）当阀全开时（取闸阀全开 $l_e/d=15$，$\lambda=0.018$），测压点 B 处的静压强为多少 N/m^2（表压）？

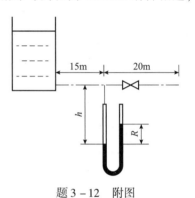

题 3-12 附图

【3-13】 用内径为300mm 的钢管输送20℃的水，为了测量管内水流量，在2m 长主管上并联了一根总长为10m（包括局部阻力的当量长度）内径为53mm 的水煤气管，支管上流量计读数为 $2.72\text{m}^3/\text{h}$，求总管内水流量为多大？取主管的摩擦系数为0.018，支管的摩擦系数为0.03。

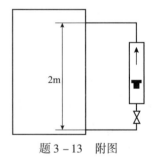

题 3-13 附图

【3-14】 在附图所示的管路系统中，有一直径为 $\phi38\times2.5\text{mm}$、长为30m 的水平直管段 AB，在其中间装有孔径为16.4mm 的标准孔板流量计来测量流量，流量系数 C_o 为0.63，流体流经孔板的永久压降为 $6\times10^4\text{Pa}$，AB 段摩擦系数 λ 取为0.022，试计算：

（1）液体流经 AB 段的压强差；

（2）若泵的轴功率为800W，效率为62%，求 AB 管

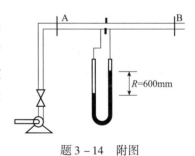

题 3-14 附图

段所消耗的功率为泵的有效功率的百分率。已知：操作条件下液体的密度为 $870 \mathrm{kg/m^3}$，U 形管中的指示液为汞，其密度为 $13600 \mathrm{kg/m^3}$。

【3－15】　某液体密度 $800 \mathrm{kg/m^3}$，黏度 73cP，在连接两容器间的光滑管中流动，管径 300mm，总长为 50m（包括局部当量长度），两容器液面差为 3.2m（如图示）。求：（1）管内流量为多少？（2）若在连接管口装一阀门，调节此阀的开度使流量减为原来的一半，阀的局部阻力系数是多少？按该管折算的当量长度又是多少？（层流，$\lambda = 64/Re$；湍流，$\lambda = 0.3164/Re^{0.25}$）。

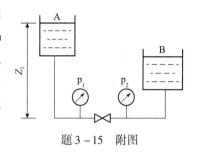

题 3－15　附图

【3－16】　黏度为 30cP，密度为 $900 \mathrm{kg/m^3}$ 的液体，自 A 经内径为 40mm 的管路进入 B，两容器均为敞口，液面视为不变。管路中有一阀门。当阀全关时，阀前后压力表读数分别为 0.9atm 和 0.45atm。现将阀门打至 1/4 开度，阀门阻力的当量长度为 30m，阀前管长 50m，阀后管长 20m（均包括局部阻力的当量长度）。试求：（1）管路的流量为多少？（2）阀前后压力表读数有何变化？

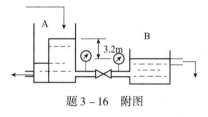

题 3－16　附图

【3－17】　如图所示，槽内水位维持不变，在水槽底部用内径为 100mm 的水管引水至用户 C 点。管路上装有一个闸阀，阀的上游距管路入口端 10m 处安有以汞为指示液的 U 管压差计（$\rho_s = 13600 \mathrm{kg/m^3}$），压差计测压点与用户 C 点之间的直管长为 25m。问：（1）当闸阀关闭时，若测得 $R = 350 \mathrm{mm}$，$h = 1.5 \mathrm{m}$，则槽内液面与水管中心的垂直距离 Z 为多少？（2）当闸阀全开时（$\zeta_{阀} = 0.17$，$\lambda = 0.02$），每小时从管口流出的水为多少？

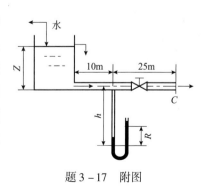

题 3－17　附图

【3-18】 将20℃的水由水池打至一敞口高位槽中，槽内的水面与水池内的水面的垂直距离为31.6m。管路总能量损失为50J/kg，流量为20m³/h，试求理论功率为多少kW？

【3-19】 如图3B57离心泵将20℃的水由敞口水池送到一压力为0.25MPa的塔内，管径为φ108×4mm，管路全长100m（包括局部阻力的当量长度，管的进、出口当量长度也包括在内）。已知：水的流量为56.5m³/h，水的黏度为$1×10^3$Pa·s，密度为1000kg/m³，管路摩擦系数可取为0.024，试计算并回答：（1）水在管内流动时的流动形态；（2）管路所需要的压头和功率。

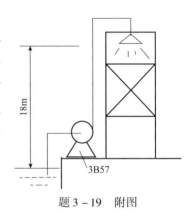

题3-19 附图

【3-20】 如图所示，用离心泵将水从储水池输送到敞口高位槽中，已知高位槽的水面离储水池的水面高度保持为10m，输送水量用孔板流量计测得。孔板安装在离高位槽水面0.8m处，孔径为20mm，孔流系数为0.61。管路为φ57×3.5mm的钢管，直管长度和局部阻力当量长度之和（包括孔板局部阻力当量长度）为250m，其中储水池至孔板前测压点A的直管长度和局部阻力当量长度之和为50m。水的密度为1000kg/m³，水的黏度为1cP，摩擦系数近似为$\lambda = \dfrac{0.3164}{Re^{0.25}}$。U形管中指示液均为水银，其密度为13600kg/m³。当水的流量为6.86m³/h时，试确定：

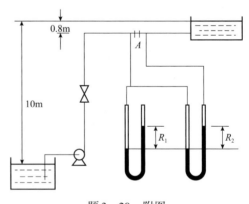

题3-20 附图

（1）水通过泵所获得的外加能量为多少？

（2）在孔板前测压点A处安装的U形管压力计中指示液读数R_1为多少？

（3）孔板流量计的U形管中指示液读数R_2为多少？

第4章 流体输送机械

4.1 流体输送特点及机械分类

4.1.1 流体输送过程的构成及原理

4.1.1.1 流体输送过程的构成

流体输送过程主要由两个基本过程组成:一是为液体提供输送推动力的液体动力过程,其装备以泵为代表;二是流体输送过程中的分配控制过程,其装备以输送液体的管路及阀件为代表。

依据泵向被输送液体传递能量的方式,可以将泵分为动力式和容积式两大类。动力式泵连续地将能量传递给被输送液体,使其速度和压力能均增大,然后再将其速度降低,使大部分动能转化为压力能,被输送液体以升高后的压力实现输送过程;其中以叶片来增加速度的叶片泵主要有离心泵、混流泵、轴流泵、旋涡泵和部分流泵五大类,另外也可以用射流提供速度的方法来得到射流泵。容积式泵在周期性改变泵腔容积的过程中,以作用和位移的周期性变化将能量传递给被输送液体,使其压力直接升高到所需要的压力值后再实现输送过程;其中以往复运动来改变容积的往复泵主要有活塞泵、柱塞泵、隔膜泵和挤压泵四类,以转子来改变容积的转子泵主要有齿轮泵、螺杆泵、罗茨泵、旋转活塞泵、滑片泵、曲杆泵、绕性转子泵和蠕动泵八类。

流体输送管路及其附件是过程工业生产流程中重要的组成部分,承担输送、分配、计量、控制和切断液体流动的工作。管路系统的正常运行除管理、维护和操作等因素外,设计因素尤为重要。根据输送流体的性质,工业金属管道及附件设计规范中将流体分为五类。

(1)A_1类流体,剧毒流体,当人吸入或接触时造成严重中毒,脱离接触后也不能治愈的流体。

(2)A_2类流体,有毒流体,中毒后可以治愈的流体。

(3)B类流体,可燃流体。

(4)D类流体,无毒、不可燃、设计压力不大于1.0MPa和设计温度在−20~186°C之间的流体。

(5)C类流体,不包含D类流体的无毒、不可燃的流体。

4.1.1.2 流体输送过程的基本原理

流体输送过程就是动力源泵向液体介质提供能量，在流经管路及其附件的过程中消耗能量，从而完成液体变化位置的过程。它是流体连续性方程、伯努利方程及流体动力过程和流体阻力过程的具体应用。管路按其配置情况不同，可分为串联管路、并联管路和分支管路，按衡算目的的不同可以将其分如下三类：①已知流体的性质、管长 l、管径 d、管件和阀门等的设置及流量 Q，求流体通过管路系统的阻力损失 h_w 或所需的外加能量 h_e；②已知管径 d 及阻力损失 h_w，求流量 Q；③已知阻力损失 h_w 和流量 Q，求管径 d。

（1）串联输送过程

所谓串联输送过程，就是相同或不同直径的管路及其附件以及动力源串联在一起而组成的流体输送系统。对不可压缩流体，串联管路有如下特点：①流体通过各管段的流量不变；②整个管路的压力降等于各管段直管阻力与局部阻力之和；③进入系统的有效机械能与泵提供的有效机械能之和等于过程阻力消耗的机械能与流出系统的机械能之和。

（2）并联输送过程

所谓并联输送过程，就是相同或不同直径的管路及其附件以及动力源并联在一起而组成的流体输送系统。对不可压缩流体，并联管路有如下特点：①总管路中的流量等于并联各支管流量之和；②并联各支管段的压力降相等，并等于主管段两汇合点 A 和 B 之间的压力降，各管段直管阻力与局部阻力之和；③各支管的流量分配比与其支路的阻力成反比。

（3）输送分配过程

所谓输送分配过程就是从主管分出支管使液体可以从一根总管分别输送到不同的地点的输送过程。输送分配过程具有如下的特点：①总管流量等于各支管流量之和；②尽管各分支管的长度、直径不同，但分支处 O 点的总压头为一固定值，不论流体流向哪一支管，单位质量流体所具有的总机械能必相等。

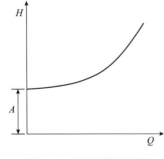

图 4 – 1　管路特性曲线

（4）管路的特性

流体输送过程在管路中必然要产生能量的损失并形成过程阻力，其特性可以用管路特性曲线来表示。所谓管路特性曲线，是指管路一定时，液体流过该管路所需的压头与流量的关系曲线。其关系曲线可以表达为：$H = A + KQ^2$，将此关系绘成图，即为图 4 – 1 的管路特性曲线。此线形状与管路布置及操作条件有关，而与泵的性能无关。

4.1.1.3 石油化工生产过程对泵的要求

（1）必须满足流量、扬程、压力、温度、汽蚀余量等工艺参数的要求。

（2）必须满足介质特性的要求：

①对输送易燃、易爆、有毒或贵重介质的泵，要求轴封可靠或采用无泄漏泵，如屏蔽泵、磁力驱动泵、隔膜泵等；

②对输送腐蚀性介质的泵，要求过流部件采用耐腐蚀材料；

③对输送含固体颗粒介质的泵，要求过流部件采用耐磨材料，必要时轴封应采用清洁液体冲洗。

（3）必须满足现场的安装要求：

①对安装在有腐蚀性气体存在场合的泵，要求采取防大气腐蚀的措施；

②对安装在室外环境温度低于 - 20℃以下的泵，要求考虑泵的冷脆现象，采用耐低温材料；

③对安装在爆炸区域的泵，应根据爆炸区域等级，采用防爆电动机。

（4）对于要求每年一次大检修的工厂，泵的连续运转周期一般不应小于8000h。为适应3年一次大检修的要求，API 610（第12版）规定石油、重化学和气体工业用泵的连续运转周期至少为3a。

（5）泵的设计寿命一般至少为10a。API 610（第12版）规定石油、重化学和气体工业用离心泵的设计寿命至少为20a。

（6）泵的设计、制造、检验应符合有关标准、规范的规定。

（7）泵厂应保证泵在电源电压、频率变化范围内的性能。我国供电电压、频率的变化范围为：

电压　380V ± 38V，6000V ± （300 ~ 420V）

频率　50Hz ± 0.25Hz

（8）确定泵的型号和制造厂时，应综合考虑泵的性能、能耗、可靠性、价格和制造规范等因素。

4.1.2　流体输送机械的分类及适用范围

4.1.2.1　泵的分类

根据泵的工作原理和结构，泵可按图4 - 2所示进行分类。

4.1.2.2　泵的命名

泵的种类繁多，因此需掌握泵的型号命名规则。目前，我国对于泵的命名方式尚未有统一的规定。但在国内大多数泵产品已逐渐采用汉语拼音字母来代表泵的名称。图4 - 3为离心泵产品的常用命名方式，除了有一基本形式代表泵的名称外，还有一系列补充数字表示该泵的性能参数或结构特点。

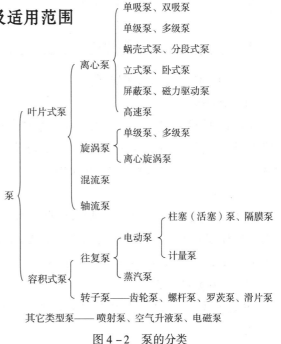

图4 - 2　泵的分类

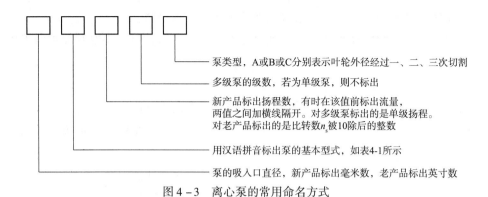

泵类型，A或B或C分别表示叶轮外径经过一、二、三次切割

多级泵的级数，若为单级泵，则不标出

新产品标出扬程数，有时在该值前标出流量，
两值之间加横线隔开。对多级泵标出的是单级扬程。
对老产品标出的是比转数n_s被10除后的整数

用汉语拼音标出泵的基本型式，如表4-1所示

泵的吸入口直径，新产品标出毫米数，老产品标出英寸数

图4-3　离心泵的常用命名方式

表4-1　离心泵的基本型式及其特征

型式代号	泵型式及其特征	型式代号	泵的型式及其特征
IS	单级单吸离心泵	YG	管路泵
S	单级双吸离心泵	IH	单级单吸耐腐蚀离心泵
D	分段式多级离心泵	FY	液下泵
DS	分段式多级离心泵首级为双吸叶轮	JC	长轴离心深井泵
KD	中开式多级离心泵	QJ	井用潜水泵
KDS	中开式多级离心泵首级为双吸叶轮	NQ	农用潜水电泵
DL	立式多级筒形离心泵	PS	砂泵
YG	卧式圆筒形双壳体多级离心泵	PH	灰渣泵
DG	分段式多级锅炉给水泵	NDL	低扬程立式泥浆泵
NB	卧式凝结水泵	NDJF	低扬程卧式耐腐蚀衬胶泥浆泵
NL	立式凝结水泵	ND	高扬程卧式泥浆泵
Y	油泵	WGF	高扬程卧式耐腐蚀污水泵
YT	筒式油泵	WDL	低扬程立式污水泵

泵的型号命名规则示例如下：

（1）150S50A

S表示单级双吸离心泵，吸入口直径为150mm，设计工况点扬程为50m，叶轮经第一次切割。其流量范围为102～12500m³/h，扬程范围为9～140m，转速有1450r/min和2900r/min两种，功率为40～1150kW；主要用来输送清水。被输送液体的最高温度一般不超过80℃。

（2）150D30×5

D表示多级分段式离心泵，吸入口直径为150mm，单级叶轮扬程为30m，叶轮级数为5级。在D型泵中，吸入口径为4.9～12.25cm范围内，均采用高转速（2950r/min）；吸入口径为14.7～19.6cm范围内，均采用低转速（1450r/min）；

（3）200QJ80-55/5

QJ表示井用潜水泵，适用最小井径为200mm，流量为80m³/h，总扬程为55m，级数为5级。

（4）IS80 – 65 – 160

要注意的是 IS 单级单吸清水离心泵的命名方式与上述有所不同。它是由基本型式代号、吸入口直径（mm）、压出口直径（mm）和叶轮名义直径来表示。如该例为吸入口直径 80mm，压出口直径 65mm，叶轮直径为 160mm。

4.1.2.3 泵的特性和适用范围

不同类型泵的特性如表 4 – 2 所示。

表 4 – 2 泵的特性

<table>
<tr><td colspan="2" rowspan="2">指 标</td><td colspan="3">叶片泵</td><td colspan="2">容积式泵</td></tr>
<tr><td>离心泵</td><td>轴流泵</td><td>旋涡泵</td><td>往复泵</td><td>转子泵</td></tr>
<tr><td rowspan="3">流量</td><td>均匀性</td><td colspan="3">均匀</td><td>不均匀</td><td>比较均匀</td></tr>
<tr><td>稳定性</td><td colspan="3">不恒定，随管路情况变化而变化</td><td colspan="2">恒定</td></tr>
<tr><td>范围/（m³/h）</td><td>1.6～30000</td><td>150～245000</td><td>0.4～10</td><td>0～600</td><td>1～600</td></tr>
<tr><td rowspan="2">扬程</td><td>特点</td><td colspan="3">对应一定流量，只能达到一定的扬程</td><td colspan="2">对应一事实上流量，可达到不同扬程，由管路系统确定</td></tr>
<tr><td>范围</td><td>10～2600m</td><td>2～20m</td><td>8～150m</td><td>0.2～100MPa</td><td>0.2～60MPa</td></tr>
<tr><td rowspan="2">效率</td><td>特点</td><td colspan="3">在设计点最高，偏离愈远，效率愈低</td><td>扬程高时，效率降低较小</td><td>扬程高时，效率降低较大</td></tr>
<tr><td>范围（最高点）</td><td>0.5～0.8</td><td>0.7～0.9</td><td>0.25～0.5</td><td>0.7～0.85</td><td>0.6～0.8</td></tr>
<tr><td colspan="2">结构特点</td><td colspan="3">结构简单，造价低，体积小，重量轻，安装检修方便</td><td>结构复杂，振动大，体积大，造价高</td><td>同离心泵</td></tr>
<tr><td rowspan="4">操作与维修</td><td>流量调节方法</td><td>出口节流或改变转速</td><td>出口节流或改变叶片安装角度</td><td>不能用出口阀调节，只能用旁路调节</td><td>同旋涡泵，另还可调节转速和行程</td><td>同旋涡泵</td></tr>
<tr><td>自吸作用</td><td>一般没有</td><td>没有</td><td>部分型号有</td><td>有</td><td>有</td></tr>
<tr><td>启动</td><td>出口阀关闭</td><td colspan="2">出口阀全开</td><td colspan="2">出口阀全开</td></tr>
<tr><td>维修</td><td colspan="3">简便</td><td>麻烦</td><td>简便</td></tr>
<tr><td colspan="2">适用范围</td><td>黏度较低的各种介质</td><td>特别适用于大流量，低扬程、黏度较低的介质</td><td>特别适用于小流量、较高压力的低黏度清洁介质</td><td>适用于高压力、小流量的清洁（含悬浮液或要求完全无泄漏可用隔膜泵）</td><td>适用于中低压力、中小流量尤其适用于黏性高的介质</td></tr>
<tr><td colspan="2">性能曲线形状（H——扬程；Q——流量；η——效率；N——轴功率）</td><td colspan="3"></td><td colspan="2"></td></tr>
</table>

不同类型泵的适用范围如图 4 – 4 所示，由图可见，离心泵适用的压力和流量范围是最大的，因而应用最为广泛。

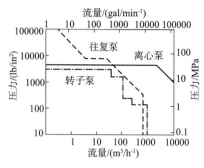

图 4 - 4　泵的适用范围

4.1.3　典型化工用泵的特点

化工生产工艺流程中的典型用泵有：进料泵、回流泵、塔底泵、循环泵、产品泵、注入泵、补给泵、冲洗泵、排污泵、燃料油泵、润滑油泵和封液泵等，其特点和选用要求如表 4 -3 所示。

表 4 - 3　典型化工用泵的特点和选用要求

泵名称	特点	选用要求
进料泵（包括原料泵和中间给料泵）	（1）流量稳定 （2）一般扬程较高 （3）有些原料黏度较大或含固体颗粒 （4）泵入口温度一般为常温，但某些中间给料泵的入口温度也可大于 100℃ （5）工作时不能停车	（1）一般选用离心泵 （2）扬程很高时，可考虑用容积式泵或高速泵 （3）泵的备用率为 100%
回流泵（包括塔顶、中段及塔底回流泵）	（1）流量变动范围大，扬程较低 （2）泵入口温度不高，一般为 30~60℃ （3）工作可靠性要求高	（1）一般选用单级离心泵 （2）泵的备用率为 50%~100%
塔底泵	（1）流量变动范围大（一般用液位控制流量） （2）流量较大 （3）泵入口温度较高，一般大于 100℃ （4）液体一般处于气液两相态，$NPSH_a$ 小 （5）工作可靠性要求高 （6）工作条件苛刻，一般有污垢沉淀	（1）一般选用单级离心泵，流量大时，可选用双吸泵 （2）选用低汽蚀余量泵，并采用必要的灌注头 （3）泵的备用率为 100%
循环泵	（1）流量稳定，扬程较低 （2）介质种类繁多	（1）选用单级离心泵 （2）按介质选用泵的型号和材料 （3）泵的备用率为 50%~100%
产品泵	（1）流量较小 （2）扬程较低 （3）泵入口温度低（塔顶产品一般为常温，中间抽出和塔底产品温度稍高） （4）某些产品泵间断操作	（1）宜选用单级离心泵 （2）对纯度高或贵重产品，要求密封可靠，泵的备用率为 100%；对一般产品，备用率为 50%~100%。对间断操作的产品泵，一般不设备用泵

泵名称	特点	选用要求
注入泵	(1) 流量很小，计量要求严格 (2) 常温下工作 (3) 排压较高 (4) 注入介质为化学药品，往往有腐蚀性	(1) 选用柱塞或隔膜计量泵 (2) 对有腐蚀性介质，泵的过流元件通常采用耐腐蚀材料
排污泵	(1) 流最较小，扬程较低 (2) 污水中往往有腐蚀性介质和磨蚀性颗粒 (3) 连续输送时要求控制流量	(1) 选用污水泵、渣浆泵 (2) 泵备用率100% (3) 常需采用耐腐蚀材料
燃料油泵	(1) 流量较小，泵出口压力稳定（一般为 1.0 ~ 1.2MPa) (2) 黏度较高 (3) 泵入口温度一般不高	(1) 一般可选用转子泵、离心泵 (2) 由于黏度较高，一般需加温输送 (3) 泵的备用率为100%
润滑油泵和封液泵	(1) 润滑油压力一般为 0.1 ~ 0.2MPa (2) 机械密封封液压力一般比密封腔压力高 0.05 ~ 0.15MPa	(1) 一般均随主机配套供应 (2) 一般均为螺杆泵和齿轮泵，但离心压缩机组的集中供油往往使用离心泵

4.1.4　流体输送机械的主要性能参数

（1）液体的输送可以利用液体本身的位能来进行，如江湖河水的流动；但过程工业中推动液体流动的动力源主要以泵来进行。由于流体输送过程都是在一定的压力和温度下进行的，且参与过程工业中的液体物性也是多种多样、性能各异的，如有的液体中含有固体颗粒或悬浮物，有腐蚀性、易燃易爆、高黏度等，因而根据过程工业的特点，过程工业用泵具有不同于一般泵类的特点：

①泵的流量、排出压力、汽蚀余量以及耐温、耐压能力等都必须满足过程工业的要求；

②泵须有良好的密封性，密封泄漏量应在允许的范围内，必要时应采用无泄漏结构；

③泵的结构必须适应被送液体的特性，以正常、顺利地输送过程工业中的各种液体物料，并应从结构上消除或减少温差应力、腐蚀疲劳、应力腐蚀等现象；

④泵的材料应符合被送液体物料的化学性质和过程工业生产操作工况；

⑤泵的易损件（如轴承等）的寿命应满足过程工业长周期、连续运行的要求；

⑥泵必须便于安装、拆检和维修；

⑦泵应具有较高的效率；

⑧泵的设计、选材、制造和检验应遵照有关的标准和规范。

（2）流体输送动力源的主要性能参数如下。

①流量：单位时间内排出的液体量，可以用体积或质量计量。以体积计量 Q_v 时常用

的单位有 m³/h，L/h，m³/s；以质量计量 Q_m 时有 t/h，kg/h，kg/s。对于密度为 ρ 的液体，体积流量和质量流量有如下的关系：$Q_v = Q_m/\rho$。按照过程工业生产和对制造厂的要求，过程工业用泵的流量有以下六种表示方法：正常操作流量、最大需要流量、最小需要流量、动力源泵的额定流量、最大允许流量和最小允许流量。

②排出压力：该压力是指被输送液体经过泵后所具有的总压力。它是泵能否完成输送任务的重要指标，它将影响到过程工业生产能否正常进行，通常由过程工艺参数确定，由制造来满足。主要有以下四种表示方法：正常操作压力、最大需要排出压力、额定排出压力和最大允许排出压力。

③压力差（扬程 H）：压力差是指单位体积的液体经由泵得到的有效能量，单位为 MPa，是被送液体经过泵后获得的能量增加量。此能量增加量与泵吸入压力之和为泵的排出压力。泵吸入压力由被送液体的状态所决定，因而压力差是泵能否达到要求的排出压力以完成输送液体的主要因素。该参数有时也用扬程 H 来表示，这时是指单位重量的液体经过泵后获得的有效能量，单位为 m，对于泵进出口的压力、速度和基准位置分别为 p_1、u_1、z_1 和 p_2、u_2、z_2 的情况时，其扬程为：

$$H = \frac{p_2 - p_1}{\rho g} + \frac{u_2^2 - u_1^2}{2g} + (z_2 - z_1) \tag{4-1}$$

在流体输送过程中，对泵的扬程又提出了正常操作扬程、最大需要扬程、额定扬程和关闭扬程等四种要求。压差随流量变化关系曲线是泵最重要的操作性能曲线。

④吸入压力：指进入泵的被输送液体的压力，在过程工业中该参数是由生产工况决定的。泵吸入压力值必须大于被送液体在泵送温度下的饱和蒸汽压力。但过大的吸入压力可能会损坏设备。

⑤汽蚀余量：该参数是为防止泵发生汽蚀，在其吸入液体具有的能量（压力）值的基础上，再增加的附加能量（压力）值。

在过程生产中，多以增加泵吸入液体的静压力来表示。实际应用中，被送液体经过泵的入口部分后要产生压力降，即必需汽蚀余量，其数值是由泵本身的结构决定的，过程工业用泵的必需汽蚀余量必须满足被送流体的特性和泵安装条件；当泵安装后，实际得到的汽蚀余量即有效汽蚀余量，与泵本身无关而由泵的安装条件决定。一般有效汽蚀余量应大于必需汽蚀余量 0.5m 的液柱高度。防止汽蚀采用的措施主要有：加大叶轮吸入口的直径、双吸泵和降低转速等来降低液体进入叶轮的流速；也可以在叶轮前安装诱导叶轮，以及控制安装高度、液体温度和工作点范围等办法。

⑥介质温度：介质温度以影响物性的形式来影响流量、扬程、汽蚀余量、腐蚀性等参数，对高温和低温用泵，应在结构和安装方式上减少温差应力对安装精度的影响。泵轴的密封结构、选材以及是否采用辅助装置也需考虑泵的温度。

⑦转速：该参数是泵的主轴的转速。其额定转速是泵在额定的尺度下达到额定流量和额定扬程时的转速。当以可调转速的原动机驱动时，必须保证额定的工作条件，且能在额定转速的 1.05 倍条件下长期连续运行；自行停车的原动机的转速为额定转速的 1.20 倍；

往复式泵的转速一般小于200r/min，转子泵的转速一般小于150r/min。

⑧功率：泵的功率主要取决于泵的流量、压差和黏度。在达到要求的流量和压差时，在单位时间内对被送液体所作的有效功率为泵的输出功率，用流量和进出压差表示为$Q_{\Delta p}$；而泵转动轴所接受的来自原动机的功率为泵的输入功率；在额定工作条件下泵正常运行时泵轴所接受的功率为额定输入功率，泵以此功率确定原动机的功率。过程中原动机的功率必须具有一定的富裕度，不同的泵型其富裕度不同：当叶片泵以电机驱动时，电机功率的富余量为10% ~25%，当以蒸汽轮机驱动时，其富余量为10%；往复式泵以电机驱动时，电机的富余量为10% ~100%。有时还用泵的输出功率与输入功率之比来评价泵的效率。

4.2 离心泵

4.2.1 基本结构和工作原理

4.2.1.1 基本机构

离心泵的典型结构如图4 – 5所示，主要由泵壳、叶轮、轴、轴封及密封环等组成。

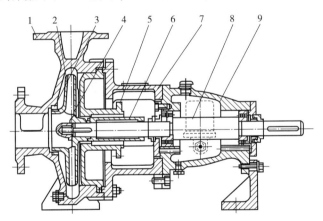

图4 – 5 离心泵

1—泵壳；2—叶轮；3—密封环；4—叶轮螺母；5—泵盖；6—密封部件；7—中间支承；8—轴；9—悬架部件

（1）泵壳：泵壳有轴向剖分式和径向剖分式两种。大多数单级泵的壳体都是蜗壳式的，多级泵径向剖分壳体一般为环形壳体或圆形壳体。

一般蜗壳式泵壳内腔呈螺旋形液道，用以收集从叶轮中甩出的液体，并引向扩散管至泵出口。泵壳承受全部的工作压力和液体的热负荷。

（2）叶轮：叶轮是离心泵中唯一的做功部件，泵通过叶轮对液体做功。叶轮型式有闭式、开式、半开式三种。闭式叶轮由叶片、前盖板、后盖板组成。半开式叶轮由叶片和后盖板组成。开式叶轮只有叶片，无前、后盖板。闭式叶轮效率较高，开式叶轮效率较低。

（3）密封环：密封环的作用是防止泵的内泄漏和外泄漏，由耐磨材料制成的密封环，镶于叶轮前、后盖板和泵壳上，磨损后可以更换。

（4）轴和轴承：泵轴一端固定叶轮，一端装联轴器。根据泵的大小，轴承可选用滚动轴承和滑动轴承。

（5）轴封：轴封一般有机械密封和填料密封两种。一般泵均设计成既能装填料密封，又能装机械密封。

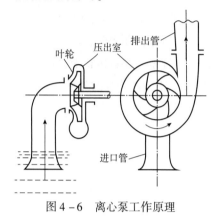

图 4-6　离心泵工作原理

4.2.1.2　工作原理

一般情况下，离心泵启动前泵壳内要灌满液体，当原动机带动泵轴和叶轮旋转时，液体一方面随叶轮做圆周运动，另一方面在离心力的作用下自叶轮中心向外周抛出，液体从叶轮获得了压力能和速度能。当液体流经蜗壳到排液口时，部分速度能将进一步转变为静压力能。在液体自叶轮抛出时，叶轮中心部分形成低压区，与吸入液面的压力形成压力差，于是液体不断地被吸入，并以一定的压力排出。离心泵工作原理如图 4-6 所示。

4.2.1.3　基本方程

众所周知，液体可作为不可压缩的流体，在流动过程中不考虑密度的变化。液体流经泵时通常也不考虑温度的变化。讨论液体在泵中的流动一般使用三个基本方程，即连续方程、欧拉方程和伯努利方程。

这里将欧拉方程表示为旋转叶轮传递给单位重量液体的能量，亦称理论扬程。该方程的数学表达式为

$$H_t = \frac{u_2 c_{2u} - u_1 c_{1u}}{g} \qquad (4-2)$$

或

$$H_t = \frac{u_2^2 - u_1^2}{2g} + \frac{w_1^2 - w_2^2}{2g} + \frac{c_2^2 - c_1^2}{2g} \qquad (4-3)$$

式中　u_1——液体在进口处的圆周速度，m/s；

u_2——液体在出口处的圆周速度，m/s；

c_1——液体在进口处的绝对速度，m/s；

c_2——液体在出口处的绝对速度，m/s；

c_{1u}——液体在进口处的绝对速度的周向分速度，m/s；

c_{2u}——液体在出口处的绝对速度的周向分速度，m/s；

w_1——液体在进口处的相对速度，m/s；

w_2——液体在出口处的相对速度，m/s。

考虑有限叶片数受滑移的影响，较无限多叶片数叶轮做功能力减少，在离心泵中常使用如下两个半经验公式计算 H_t。

（1）斯陀道拉公式

$$H_t = \frac{\left(1 - \frac{c_{2r}}{u_2}\cot\beta_{2A} - \frac{\pi}{2}\sin\beta_{2A}\right)u_2^2}{g} \qquad (4-4)$$

（2）普夫莱德尔公式

$$H_t = \mu H_{t\infty} = \frac{H_{t\infty}}{1+p} \qquad (4-5)$$

式中　　c_r——速度三角形的高，只与流量 Q_t 及叶轮的几何尺寸（主要是液道的通流面积）

有关，其值可按式 $c_r = \dfrac{Q_t}{\pi D b \tau}$ 计算；

b——轴面流道宽度，m；

D——叶轮的直径，m；

τ——叶片的阻塞系数，它是考虑叶片有厚度 δ 而使叶轮的通流面积减小的系数，

可按下式计算，$\tau = \dfrac{\pi D - \dfrac{z\delta}{\sin\beta_A}}{\pi D}$；

z——叶片数目；

β_A——叶片的安置角，即叶片在该点的切线与圆周速度反方向间的夹角，在叶轮出口处的叶片安置角 β_{2A} 则又常叫作叶片的离角；

μ——滑移系数；

p——修正系数；

$H_{t\infty}$——无限叶片的理论扬程，m。

4.2.2　离心泵的吸入特性

前面讨论离心泵的扬程，主要是研究液体通过泵后获得能量大小的问题，泵的 $H-Q$ 曲线，反映了泵的排出特性。在很多情况下，根据输送液体和管路系统的实际情况，除了要求泵具有足够的扬程，即排出特性应满足要求以外，为使泵能正常工作，还要求离心泵的入口压力不得低于某一相应的最低允许值，或者说要求泵入口处的真空度不得高于某一相应的允许最高真空度。该真空度通常用液柱高度表示，称为离心泵入口允许吸上真空高度。

泵的吸入特性就是指泵工作时，其入口允许吸上真空高度与流量的关系特性。此外用离心泵的汽蚀余量与流量的关系特性来表示泵的吸入特性已愈来愈普遍。

为什么要对泵入口压力加以限制？因为人们早就从泵的特性试验中发现，如果设法使吸液池的压力 p_A（例如用抽真空的方法）逐渐降低，当降低到某种程度时，就会出现：离心泵的扬程突然出现明显的下降，液流变得不稳定，功率和效率曲线也有明显的变化（图 4-7），

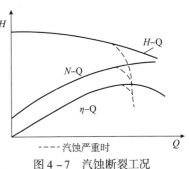

图 4-7　汽蚀断裂工况

125

而且泵的噪音和振动也都加剧，离心泵的正常运转受到破坏，这就是所谓的汽蚀现象。通常在输送温度较高的液体时更容易发生。这是离心泵不同于离心压缩机的一个特殊问题。

4.2.2.1 离心泵的汽蚀

1. 汽蚀机理及其危害

液体在泵叶轮中流动时，由于叶片的形状和液流在其中突然改变方向等流动特点，决定了叶道中液流的压力分布，如图4-8所示。在叶片入口附近的非工作面上存在着某些局部低压区。当处于低压区的液流压力降低到对应液体温度的饱和蒸汽压时，液体便开始汽化而形成气泡；气泡随液流在流道中流动到压力较高之处时又瞬时凝失（溃灭）。在气泡凝失的瞬间，气泡周围的液体迅速冲入气泡凝失形成的空穴，并伴有局部的高温、高压水击现象，这就是产生汽蚀的机理。

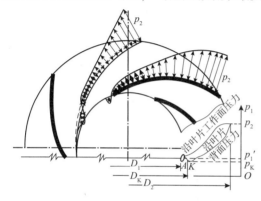

图4-8 叶轮中液流压力沿叶片变化情况

水击是汽蚀现象的特征，据国外学者的试验研究报道，曾测得汽蚀时水击的频率每秒钟有25000次，局部压力高达30MPa（测压面积为$1.5mm^2$）。由于水击作反复敲击，致使金属表面受到疲劳破坏。而且，在连续的压力波作用下，液体能渗入和流出金属的孔隙，使金属质点脱离母体而被液体带走，金属表面出现一个个凹穴，产生严重的点蚀。泵的零件在这样大的周期性作用力的作用下，将引起泵的振动，所以汽蚀对泵的危害很大，主要表现在下述几方面：

（1）泵的性能突然下降。泵发生汽蚀时，叶轮与液体之间的能量传递受到干扰，流道不但受到气泡的堵塞，而且流动损失增大，这时$H-Q$曲线，$N-Q$曲线等都突然下降，严重时，泵中液流中断，泵不能工作。

（2）泵产生振动和噪声。发生汽蚀时，气泡在压力较高处不断地溃灭，产生强烈的水击，使泵产生振动和噪声。

（3）泵的过流部件除受到机械性质的破坏以外，如果液体汽化时放出的气体有腐蚀作用，还会产生一定的化学性质的破坏（但前者的破坏是主要的）。严重时，叶轮的表面（尤其在叶片入口附近）呈蜂窝状或海绵状。

2. 形成汽蚀的条件

从前边分析已知：泵发生汽蚀是由于叶道入口附近某些局部低压区处的压力降低到液体饱和蒸汽压，导致部分液体汽化所致，所以，凡能使局部压力降低到液体汽化压力的因素，都可能是诱发汽蚀的原因。在液体介质已定的情况下泵发生汽蚀的条件是由泵本身和吸入装置两个方面决定的，故研究汽蚀发生的条件应从这两个方面考虑。吸入装置（即吸液管路）就是指从吸液面到泵进口（指进口法兰处）之前的部分；而从泵进口到出口法兰则为泵本身部分。

如图4-9所示，从吸入液面到泵内流道低压区 k 点列伯努利方程，得：

$$\frac{p_A}{g\rho} + \Delta H_k = \frac{p_k}{\rho g} + \frac{c_k^2}{2g} + (z_{su} + z_k) + \left(\sum h_{su} + \sum h_k\right)$$

(4-6)

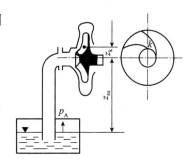

图4-9　离心泵与吸液管路示意图

式中　p_k——低压区 k 点处的压力，Pa；

p_A——吸入液面上的压力，Pa；

c_k——k 点处液流速度，m/s；

z_{su}——吸入液面到泵入口处泵轴线的安装高度，m；

z_k——泵入口轴线到 k 点的高度，m；

ρ——液体密度，kg/m³；

$\sum h_k$——泵入口到 k 点的阻力损失水头，m；

$\sum h_{su}$——吸入管道的阻力损失水头，m；

ΔH_k——液流从叶道进口到 k 点过程中叶轮加给液体的部分扬程，$\Delta H_k = u_k c_{uk}/g$；

u_k——k 点的圆周速度，m/s；

c_{uk}——k 点处液流的绝对速度在周向的分速度，m/s。

式（4-6）可以写成

$$\frac{p_k}{\rho g} = \left(\frac{p_A}{\rho g} - Z_{su} - \sum h_{su}\right) - \left(Z_k + \sum h_k + \frac{c_k^2}{2g} - \Delta H_k\right)$$

当低压区压力 p_k 等于或小于该液体所处温度下的饱和蒸汽压 p_v 时，离心泵就出现汽蚀。从上式可以看出：从泵的吸入装置方面考虑，液面压力 p_A 低，泵的安装高度 z_{su} 高或吸入管路阻力损失 $\sum h_{su}$ 大，会使压力 p_k 降低从而使泵的汽蚀容易产生，这些是吸入装置方面对汽蚀的影响因素。从泵本身情况考虑，从泵入口到低压区之间的阻力损失 $\sum h_k$ 和液流速度 c_k 增大都会使 p_k 变小，低压区 k 的位置对汽蚀也有一定影响，这些均与泵的结构以及泵流量的大小有关。

除此以外，液体的性质对于汽蚀的发生与否也有很大关系。液流的温度愈高，液体的挥发性愈大，则液体的饱和蒸汽压愈高，不必等 p_k 降到很低时，泵就会发生汽蚀，所以高温液体、易挥发的液体容易汽蚀就是这个原因。

综上所述，产生汽蚀的条件应从吸入装置的特性，泵自身的结构以及所输送的液体性质三方面加以考虑。

4.2.2.2　离心泵的汽蚀余量、吸上真空高度及安装高度

表示离心泵耐汽蚀性能好坏的参数有若干种，主要的是汽蚀余量和吸上真空高度。

1. 汽蚀余量

将液体在抽送温度下的饱和蒸气压 p_v 引入式（4-6）中得：

$$\frac{p_k}{\rho g} - \frac{p_v}{\rho g} = \left(\frac{p_A}{\rho g} - z_{su} - \sum h_{su} - \frac{p_v}{\rho g} \right) - \left(z_k + \frac{c_k^2}{2g} + \sum h_k - \Delta H_k \right) \quad (4-7)$$

因为当 $p_k \geqslant p_v$ 时，便不会发生汽蚀，故不发生汽蚀的条件应是：

$$\left(\frac{p_A}{\rho g} - z_{su} - \sum h_{su} - \frac{p_v}{\rho g} \right) \geqslant \left(z_k + \frac{c_k^2}{2g} + \sum h_k - \Delta H_k \right) \quad (4-8)$$

式中 z_k 很小，可忽略不计。

令

$$\Delta h_a = \frac{p_A - p_v}{\rho g} - z_{su} - \sum h_{su} \text{（m）} \quad (4-9)$$

$$\Delta h_r = \frac{c_k^2}{2g} + \sum h_k - \Delta H_k \text{（m）} \quad (4-10)$$

式中 Δh_a 为装置的汽蚀余量，国际上大多以 $NPSH_a$（有效净正吸入压头）表示。Δh_r 从为离心泵必需的汽蚀余量，以 $NPSH_r$ 表示，相当于过去的最小汽蚀余量 Δh_{min}。对吸液管路从液面 $A-A$ 到泵的入口截面 $O-O$ 列伯努利方程得：

$$\frac{p_A}{\rho g} - z_{su} - \sum h_{su} = \frac{p_0}{\rho g} + \frac{c_0^2}{2g} \quad (4-11)$$

将此式代入式（4-9），即得

$$NPSH_a = \frac{p_0 - p_v}{\rho g} + \frac{c_0^2}{2g} \text{（m）} \quad (4-12)$$

式中　p_0——吸液管液体流到泵入口处的压力；

　　　c_0——吸液管液体流到泵入口处的速度。

该式说明：有效汽蚀余量实质上就是流到泵入口处单位重量液体所具有的能量比汽蚀时的静压能所富余的能量，有效汽蚀余量只与吸液管路特性及液体汽化压力有关，与泵本身无关。

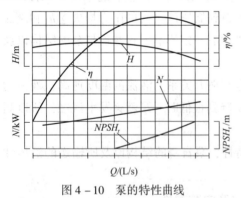

图 4-10　泵的特性曲线

必需汽蚀余量表征泵要求入口处单位重量液流能量应比低压区富余的能量，它与泵结构和液体的流动状态有关，与管路特性无关，它是离心泵的一个特性参数，$NPSH_r$ 愈小表示该泵的耐汽蚀性愈好。$NPSH_r$ 由离心泵试验得到，随着流量增加，必需汽蚀余量也增加。如图 4-10 所示。

在实际应用中为安全起见，通常采用的是许用汽蚀余量 [$NPSH$]，一般取许用汽蚀余量的值为：

$$[NSPH] = (1.1 \sim 1.3) NPSH_r \quad (4-13)$$

$$[NPSH] = NPSH_r + K \quad (4-14)$$

式中，系数 K 是安全裕量，一般情况下取 $K = 0.3 \sim 0.5 \text{m}$。

因此防止离心泵产生汽蚀的条件就是：有效汽蚀余量应大于泵的许用汽蚀余量，即：

$$NPSH_a \geqslant [NPSH]$$

要达到上式的要求，必须合理设计吸入管路，主要是正确选取泵的安装高度。根据式（4-8），可求得泵的允许安装高度 $(Z_{su})_{allo}$ 为：

$$(Z_{su})_{allo} \leqslant \frac{p_A - p_v}{\rho g} - \sum h_{su} - [NPSH] \tag{4-15}$$

从式（4-15）中可看出，当泵的许用汽蚀余量愈大，或者吸液管路中阻力损失愈大时，吸液管的允许安装高度（也就是吸上高度）就愈小。还可看到，当吸液池面的压力与液体的饱和蒸汽压相等时（例如沸腾溶液系统），这时泵的安装高度变为负值，即说明此时泵的位置应低于液面才行。这种情况下，泵的安装高度变成了灌注高度。化工厂许多精馏塔，其塔底高于地面若干米，其主要原因就是为了保证液体的灌注高度，使泵不至于汽蚀。

2. 吸上真空高度

我国过去大多采用泵的吸上真空高度这一参数作为离心泵的汽蚀特性参数，现在也仍在采用。

对图 4-9 中的吸液管路列伯努利方程（从液池液面到泵的入口），得以下式子：

$$z_{su} = \frac{p_A}{\rho g} - \frac{p_0}{\rho g} - \sum h_{su} - \frac{c_0^2}{2g} \tag{4-16}$$

式中　p_A——液池液面上的压力，Pa；

　　　　p_0——泵入口处的压力，Pa；

　　　　$\sum h_{su}$——吸入管路的阻力损失能头，m；

　　　　c_0——泵入口处平均流速，m/s；

　　　　z_{su}——泵的吸上高度（或安装高度），m。

上式又可写成如下形式：

$$z_{su} = \frac{p_A - p_a}{\rho g} + \frac{p_a - p_0}{\rho g} - \sum h_{su} - \frac{c_0^2}{2g} \tag{4-17}$$

式中　p_a——泵工作当地的大气压力，Pa。

令

$$\frac{p_a - p_0}{\rho g} = H_s \tag{4-18}$$

H_s 称为吸上真空高度，它是泵入口处的真空度（以液柱高度表示），可以通过泵的汽蚀性能试验获得。

将式（4-18）代入式（4-17），则该式变为：

$$z_{su} = \frac{p_A - p_a}{\rho g} + H_s - \sum h_{su} - \frac{c_0^2}{2g} \tag{4-19}$$

从上式看出，吸上真空高度愈高，液体吸上高度也愈高。

当液池液面压力是大气压 Pa 时，吸上真空高度即为：

$$H_s = z_{su} + \sum h_{su} + \frac{c_0^2}{2g} \tag{4-20}$$

在做汽蚀试验时，先设法将泵入口压力降低，当降低到某值时，泵就发生汽蚀，测得此时的吸上真空高度，便是泵可能达到的最大值，称为最大吸上真空高度 H_{smax}。泵的耐汽蚀性愈好 H_{smax} 便愈高。为了保证泵内不发生汽蚀，一般取允许吸上真空高度 $(H_s)_{allo}$ 作为泵的汽蚀特性参数，当然，$(H_s)_{allo} < (H_s)_{max}$，$(H_s)_{allo} - Q$ 特性曲线如图 4-11 所示。

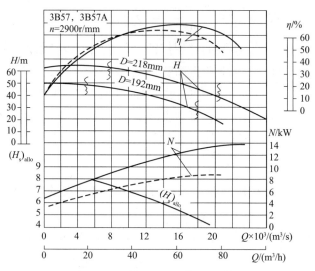

图 4-11 离心泵的基本性能曲线

泵的允许最大安装高度可从式（4-19）求得：

$$(z_{su})_{allo} = \frac{p_A - p_a}{\rho g} + (H_s)_{allo} - \sum h_{su} - \frac{c_0^2}{2g} \qquad (4-21)$$

通常泵样本上的 $(H_s)_{allo} - Q$ 性能曲线是在标准大气压下，抽送 20°C 清水时所测得的汽蚀曲线。如果泵的运转条件与上述条件不同，则不能直接采用样本提供的 $(H_s)_{allo}$ 值，而应将其换算为现场条件下的 $(H_s)'_{allo}$，然后用 $(H_s)'_{allo}$ 代替式（4-21）中的 $(H_s)_{allo}$ 来计算允许安装高度。换算关系如下：

$$(H_s)'_{allo} = \frac{p'_a - p'_v}{\rho g} + (H_s)_{allo} = 10.33 + 0.24 \qquad (4-22)$$

式中 $(H_s)'_{allo}$——换算后的允许吸上真空高度，m；

p'_a——现场的大气压力，Pa；

p'_v——被抽吸液体所处温度下的饱和蒸气压，Pa；

10.33——一个标准大气压值，mH_2O；

0.24——20°C清水的蒸气压力值，mH_2O。

3. 汽蚀余量与吸上真空高度的关系

最后分析一下允许汽蚀余量 $[NPSH]$ 与允许吸上真空高度 $(H_s)_{allo}$ 之间的关系。

根据式（4-15）与式（4-21）两式相等这一关系可以求得下式：

$$[NPSH] = \frac{p_a - p_v}{\rho g} + \frac{c_0^2}{2g} - (H_s)_{allo} \qquad (4-23)$$

同一离心泵，其允许吸上真空高度大，即意味着其允许汽蚀余量小，也就是耐汽蚀性好从上式可以估计下它们之间的定量关系，如果用常温清水作为试验介质，饱和蒸汽压很小，可以忽略；如果把动能一项也忽略不计，那么

$$[NPSH] + (H_s)_{allo} \approx 10mH_2O$$

这便是两种汽蚀性能参数之间的大致关系。

4. 2. 2. 3　特殊液体汽蚀性能参数的计算

前面所讨论的泵的汽蚀余量都是适用于常温清水一类的液体情况，而这里所说的特殊液体则是指和常温清水不同的液体，例如高温水和油之类。实践证明，泵输送特殊液体与输送常温水的汽蚀性能是有差别的。通常对于特殊液体，泵的汽蚀余量和常温水时相比要小，在这种情况下，泵要求提供的装置汽蚀余量可小些。

当已知泵输送常温水时泵的必需汽蚀余量 $NPSH_r$，又可从有关实验数据或图表中查得修正值 Δh_L，就可按下式算出输送特殊液体时泵的必需汽蚀余量

$$NPSH'_r = NPSH_r - \Delta h_L \qquad (4-24)$$

式中　$NPSH_r$——输送常温水时泵的必需汽蚀余量，m；

$NPSH'_r$——输送特殊液体时泵的必需汽蚀余量，m；

Δh_L——汽蚀余量的修正值，m。

如果 $\Delta h_L \geqslant /NPSH_r/2$，则用 $NPSH_r/2$ 作为输送该种液体时泵的必需汽蚀余量，即

$$NPSH'_r = NPSH_r/2$$

如果 $\Delta h_L < NPSH_r/2$，则用式（4-24）计算输送该种液体时泵的必需汽蚀余量。

图4-12是美国水力学会标准对泵抽送碳氢化合物时，计算汽蚀余量修正值 Δh_L 的曲

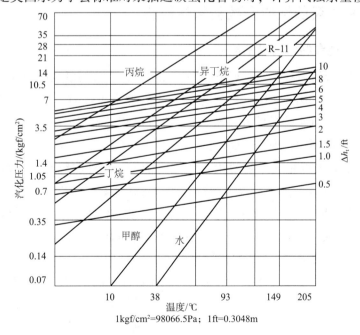

1kgf/cm²=98066.5Pa；1ft=0.3048m

图4-12　泵抽送碳氢化合物时使用的 $NPSH$ 值

线。该曲线的用法是：在横坐标上找到抽送液体的温度，由此向上作垂线与表示液体的斜线相交于一点，此点的纵坐标即是该温度下液体的汽化压力（kgf/cm^2），过该点作斜线与修正曲线相平行与右边坐标轴相交，交点的坐标值即是 $NPSH_r$ 的修正值 Δh_L（ft）。查出 Δh_L 后再换算成国际单位制单位（m）。

如果没有特殊液体的汽蚀余量修正值，则仍用清水试验得到的汽蚀余量。

4.2.2.4　防止汽蚀的措施

通常，防止泵产生汽蚀的措施有三种。

（1）结构措施

①采用双吸泵，以减小经过叶轮的流速，从而减小泵的汽蚀余量；

②在大型高扬程泵前装设增压前置泵，以提高进液压力；

③叶轮特殊设计，例如增大叶轮的进口宽度，将叶片进口边向吸入口外延，采用长短叶片，把叶片进口边部分做得薄一些，以改善叶片入口处的液流状况；

④在离心叶轮前面设诱导轮，以提高进入叶轮的液流压力，诱导轮基本上是一个低叶片负荷的轴流式叶轮。

（2）安装和运行措施

使泵的安装高度小于允许的安装高度，或灌注高度大于最小灌注高度。

（3）其他措施

①采用耐汽蚀破坏的材料制造泵的过流部分元件；

②降低泵的转速。

4.2.3　离心泵的性能参数和特性曲线

4.2.3.1　性能参数和特性曲线

泵的性能曲线反映泵在恒定转速下的各项性能参数，有的泵性能曲线图还绘出必要的汽蚀余量特性曲线，如图 4-13 所示。泵在恒定转速下工作时，对应于泵的每一个流量 Q_v，必相应的有一个确定的扬程 H，效率 η、功率 N 和必需汽蚀余量 $NPSH_r$。泵的每条特性曲线都有它各自的用途，现分述如下：

（1）$H-Q$ 特性曲线是选择和使用泵的主要依据。这种曲线有"陡降""平坦"和"驼峰"状之分。"平坦"状曲线反映的特点是，在流量变化较大时，扬程变化不大；"陡降"状曲线反映的特点是，在扬程变化较大时，流量变化不大；而"驼峰"状曲线容易发生不稳定现象。在"陡降""平坦"以及"驼峰"状曲线的右分支上，随着流量的增加，扬程均降低，反之亦然。

（2）$N-Q_v$ 曲线是合理选择原动机功率和操作启动泵的依据。通常应按所需流量变化范围中的最大功率再加上一定的安全余量，选择原动机的功率大小。泵启动应选在耗功最小的工况下进行，以减小启动电流，保护电机。一般离心泵在流量 $Q_v=0$ 工况下功率最小，故启动时应关闭排出管路上的调节阀。

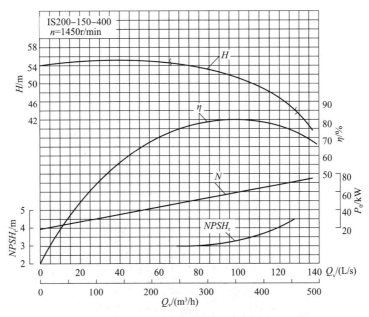

图 4 – 13　离心泵的性能曲线

（3）$\eta - Q_v$ 曲线是检查泵工作经济性的依据。泵应尽可能在高效率区工作。通常效率最高点为额定点，一般该点也是设计工况点。目前取最高效率以下 5% ~ 8% 范围内所对应的工况为高效工作区。泵在铭牌上所标明的都是最高效率点下的流量、压头和功率。离心泵产品目录和说明书上还常常注明最高效率区的流量、压头和功率的范围等。

（4）$NPSH_r - Q_v$ 是检查泵工作是否发生汽蚀的依据。通常是按最大流量下的 $NPSH_r$，考虑安全余量及吸入装置的有关参数来确定泵的安装高度。在运行中应注意监控泵吸入口处的真空压力计读数，使其不要超过允许的吸上真空度，以尽量防止发生汽蚀。

4.2.3.2　液体性质对泵性能的影响

（1）介质密度改变

输送液体的相对密度与 20℃清水不同时，对泵的流量、扬程和效率不产生影响，只有泵的轴功率随之变化，其关系式为

$$N = N_w \frac{\gamma}{\gamma_w} \tag{4-25}$$

式中　N_w、N——常温清水和输送液体的轴功率，kW；

　　　γ_w、γ——常温清水和输送液体的相对密度。

（2）介质黏度变化

输送黏性介质的离心泵，当介质的黏度不大于 20mm²/s（如一般的化工原料及汽油、煤油、洗涤油和轻柴油等）时，其性能参数可不必进行换算。黏度大于 20mm²/s 时，按以下方法进行换算。

①根据工艺要求的流量 Q、扬程 H，查图 4 – 14、图 4 – 15 得到黏性介质修正系数 C_Q、C_H、C_η。

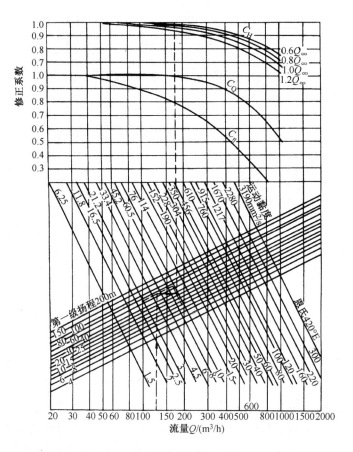

图 4 – 14 离心泵性能修正系数（流量 > 20m³/h）

图 4 – 14 的使用条件如下：

a. 只适用于牛顿流体（如水、甘油、溶剂等）和开式或闭式的离心泵，不适用于混流泵、轴流泵和漩涡泵。

b. $NPSH_a$ 足够大，但各参数必须在图表极限范围内。

c. 对多级泵，扬程取第一级扬程；对双吸泵流量取 $1/2Q$。

d. 图 4 – 14 适用于流量大于 20m³/h，泵口径 50 ~ 200mm 的离心泵，图 4 – 15 适用于流量不大于 20m³/h，泵口径 20 ~ 70mm 的离心泵。

②将输送黏性介质时的参数换算成输送清水时的参数，即

$$Q_w = \frac{Q_v}{C_Q} \tag{4-26}$$

$$H_w = \frac{H_v}{C_H} \tag{4-27}$$

$$\eta_v = \eta_w C_\eta \tag{4-28}$$

式中   v、w——分别代表黏性介质、清水。

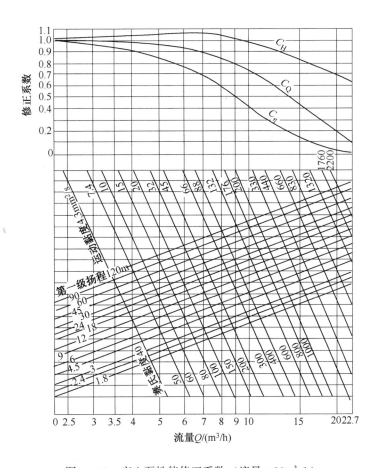

图4-15　离心泵性能修正系数（流量≤20m³/h）

例4-1：将 ZA80-250 型离心泵输送清水时的性能曲线换算成输送黏度为 75mm²/s 介质时的性能曲线。

解：在 ZA80-250 泵性能曲线上取最佳效率点流量 Q_∞ 的 0.6、0.8、1.0、1.2 倍，利用图4-14换算成 75mm²/s 下的 Q_v、H_v、η_v（表4-4）；在图4-16上连接这些点，即得输送黏度为 75mm²/s 下的性能曲线。

表4-4　ZA80-250 泵性能换算

	Q	$0.6Q_\infty$	$0.8Q_\infty$	$1.0Q_\infty$	$1.2Q_\infty$
清水	流量 $Q_w/(m^3 \cdot h^{-1})$	76.53	102	127.5	153
	扬程 H_w/m	96	90.5	82	67
	效率 $\eta_w/\%$	64	71.5	74	71
	轴功率 $P_w\ (\rho_w=1)/kW$	31.3	35.2	38.5	39.3

续表

Q		$0.6Q_\infty$	$0.8Q_\infty$	$1.0Q_\infty$	$1.2Q_\infty$
	运动黏度 $\nu_v/(mm^2 \cdot h^{-1})$	75			
修正系数	C_Q	0.98			
	C_η	0.79			
	C_H	0.97	0.96	0.95	0.93
油	流量 Q_v ($= Q_w C_Q$)/ $(m^3 \cdot h^{-1})$	75	100	125	150
	扬程 H_v ($= H_w C_H$)/m	93.1	86.9	78	62.3
	效率 $\eta_v = (\eta_v C_\eta)\%$	50.5	56.5	58.5	56.1
	密度 $\rho_w/(kg \cdot m^{-3})$	900			
	轴功率 P_v/kW	33.9	37.7	40.9	40.8

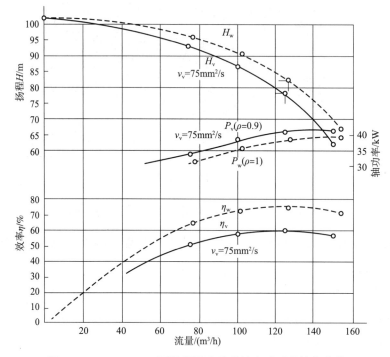

图 4-16   ZA80-250 泵输送清水及黏性介质时的性能曲线

③容积式泵的性能参数换算如下：

一般情况下，容积式泵的容积效率随介质黏度的增加而增高，若转速和排出压力不变，随流量也略有增大，见式（4-29）。黏度与容积效率的换算公式可参见式（4-30）。

$$Q_2 = \frac{\eta_{v_2}}{\eta_{v_1}}Q_1 \tag{4-29}$$

式中 Q_1、η_{v_1}——黏度 ν_1 下的泵的流量和容积效率；

Q_2、η_{v_2}——黏度 ν_2 下的泵的流量和容积效率。

$$\nu_1(1 - \eta_{v_1}) = \nu_2(1 - \eta_{v_2}) \tag{4-30}$$

4.2.4　相似定律在离心泵中的应用

4.2.4.1　离心泵的相似定律

1. 相似条件

（1）几何相似：两台泵在结构上完全相仿，对应尺寸的比值相同，叶片数、对应角相等。

（2）运动相似：两台泵内对应点的液体流动相仿，速度大小的比值相同、方向一致，即速度三角形相似。

（3）动力相似：两台泵内对应点的液体惯性力、黏性力等的比值相同。

满足以上 3 条，两台泵即为相似。通常两台泵只要满足几何相似和运动相似，就认为满足相似条件。

2. 相似定律

符合相似条件的两台泵，可以近似地认为其容积效率、水力效率、机械效率相等，这时有以下各式成立，称为相似定律。

$$\frac{Q_2}{Q_1} = \frac{n_2}{n_1}\left(\frac{D_2}{D_1}\right)^3$$

$$\frac{H_2}{H_1} = \left(\frac{n_2}{n_1}\right)^2\left(\frac{D_2}{D_1}\right)^2 \qquad (4-31)$$

$$\frac{N_2}{N_1} = \left(\frac{n_2}{n_1}\right)^3\left(\frac{D_2}{D_1}\right)^5\left(\frac{\rho_2}{\rho_1}\right)$$

式中　Q_1，Q_2——泵 1、泵 2 的流量；

$\quad n_1$，n_2——泵 1、泵 2 的泵轴转速；

$\quad D_1$，D_2——泵 1、泵 2 叶轮外径；

$\quad H_1$，H_2——泵 1、泵 2 的扬程；

$\quad N_1$，N_2——泵 1、泵 2 的轴功率；

$\quad \rho_1$，ρ_2——泵 1、泵 2 输送介质的密度。

4.2.4.2　比转数

1. 比转数的定义

比转数是从相似理论中引出的相似准数，它说明了相似泵的流量 Q、扬程 H、转速 n 间的关系，用 n_s 表示。相似泵在相似工况下，比转数相等，但同一台泵在不同工况下的比转数并不相等，因此通常只用最佳工况点的 n_s 来代表一系列几何相似泵。比转数 n_s 的表达式如下：

$$n_s = \frac{3.65n\sqrt{Q}}{H^{3/4}} \qquad (4-32)$$

式中　n——泵轴的转速，r/min；

　　　　Q——泵额定流量，m^3/s（双吸泵取 $Q/2$）；

　　　　H——泵的额定扬程（多级泵取单级扬程，即 H/i，i 为级数），m。

2. 比转数与泵的叶轮形状及性能的关系

比转数 n_s 相同的泵，一般符合几何相似和运动相似。n_s 不同，泵的叶轮形状和性能也不同。表 4-5 对比转数与不同类型泵的叶轮形状及泵的性能的关系进行了说明。

表 4-5　比转数与泵的叶轮形状及性能的关系

泵的类型	离心泵			混流泵	轴流泵
	低比转数	中比转数	高比转数		
比转数 n_s	$30 < n_s < 80$	$80 < n_s < 150$	$150 < n_s < 300$	$300 < n_s < 500$	$500 < n_s < 1000$
叶轮形状					
尺寸比 $\dfrac{D_2}{D_0}$	≈ 3	≈ 2.3	$\approx 1.8 \sim 1.4$	$\approx 1.2 \sim 1.1$	≈ 1
流量-扬程曲线特点	关死点扬程为设计工况的 $1.1 \sim 1.3$ 倍，扬程随流量减少而增加，变化比较缓慢			关死点扬程为设计工况的 $1.5 \sim 1.8$ 倍，扬程随流量减少而增加，变化较急	关死点扬程为设计工况的 2 倍左右，在小流量处出现马鞍形
流量-功率曲线特点	关死功率较少，轴功率随流量增加而上升			流量变化时轴功率变化较少	关死点功率最大，设计工况附近变化比较少，以后轴功率随流量增大而下降
流量-效率曲线特点	比较平坦			比轴流泵平坦	急速上升后又急速下降

4.2.4.3　比例定律

同一台泵，当叶轮直径不变时，改变转速，其性能可按下述各式换算。

$$
\begin{cases}
\dfrac{Q_1}{Q_2} = \dfrac{n_1}{n_2} \\[2mm]
\dfrac{H_1}{H_2} = \left(\dfrac{n_1}{n_2}\right)^2 \\[2mm]
\dfrac{N_{a1}}{N_{a2}} = \left(\dfrac{n_1}{n_2}\right)^3
\end{cases}
\qquad (4-33)
$$

式中　Q_1、H_1、N_{a1}——转速为 n_1 时的流量、扬程、轴功率；

Q_2、H_2、N_{a2}——转速为 n_2 时的流量、扬程、轴功率。

但当转速变化较大时，泵效率下降较大。如转速从 $n = 2900\text{r/min}$ 降到 $n = 1450\text{r/min}$ 时，小泵效率下降 $6\% \sim 10\%$，大泵效率下降 $3\% \sim 5\%$。因此上述换算是近似换算。

4.2.4.4　切割定律

同一台泵，当转速不变时，将叶轮外径稍加切割，可以认为泵的效率几乎不变。叶轮外圆允许的最大切割量如表 4 – 6 所示。其性能参数可按下述各式进行换算。

$$\begin{cases} \dfrac{Q_1}{Q_2} = \dfrac{D_1}{D_2} \\[2mm] \dfrac{H_1}{H_2} = \left(\dfrac{D_1}{D_2}\right)^2 \\[2mm] \dfrac{N_{a1}}{N_{a2}} = \left(\dfrac{D_1}{D_2}\right)^3 \end{cases} \qquad (4-34)$$

式中　Q_1、H_1、N_{a1}——叶轮直径为 D_1 时的流量、扬程、轴功率；

　　　Q_2、H_2、N_{a2}——叶轮直径为 D_2 时的流量、扬程、轴功率。

表 4 – 6　叶轮外圆允许的最大切割量

比转数 n_s	≤60	60～120	120～200	200～300	300～350	350 以上
允许切割量 $\dfrac{D_1 - D_2}{D_1}$	20%	15%	11%	9%	7%	0
效率下降	每车小 10% 下降 1%		每车小 4% 下降 1%		—	

注：叶轮外圆的切割一般不允许超过本表规定的数值，以免泵的效率下降过多。

4.2.4.5　离心泵的工作范围和型谱

1. 泵的极限工作范围

泵的极限工作范围，如图 4 – 17 所示，曲线 1 表示标准叶轮直径 D_2 下的 H – Q 曲线；曲线 2 表示最小叶轮直径 $D_{2\min}$ 下的 H – Q 曲线；曲线 3 表示最小连续流量 $[Q]_{\min}$ 的相似抛物线；曲线 6 表示由最大极限流量 $[Q]_{\max}$ 确定的相似抛物线。将四条曲线所包围的区域 $EFGH$ 称为泵的极限工作范围。泵可以在极限工作范围内连续运行。

①最小连续稳定流量 $[Q_{1\min}]$

最小连续稳定流量指泵在不超过标准规定的噪声和振动限度下能够正常工作的最小流量，一般应由泵厂通过试验测定并提供给用户。

②最小连续热控流量 $[Q_{2\min}]$

最小连续热控流量是指泵能够连续运行而不致被泵运送液体的温升所损失的最小流

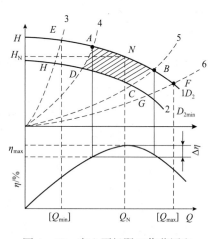

图 4 – 17　离心泵极限工作范围和
最佳工作范围

量。最小连续热控流量 $[Q_{2min}]$ 按下式确定；

$$[Q_{2min}] = \frac{1000N_{amin}}{(1000C[\Delta t] + H_{amin}g)\rho}\text{m}^3/\text{s} \qquad (4-35)$$

式中 N_{amin}——$[Q_{2min}]$ 下泵的轴功率，kW；

H_{amin}——$[Q_{2min}]$ 下泵的扬程，m；

C——比热容，kJ/(kg·℃)，清水的 $C = 4.18$kJ/(kg·℃)；

g——9.81m/s²。

显然 $[Q_{2min}]$ 需通过试算才能确定。为方便估算，$[Q_{2min}]$ 可近似按式 (4-36) 确定：

$$[Q_{2min}] = \frac{1000N_a}{(1000C[\Delta t] + H_ag)\rho}\text{m}^3/\text{s} \qquad (4-36)$$

式中 N_a——泵额定点的轴功率，kW；

H_a——泵关死点的扬程，m。

显然，按式 (4-36) 计算的 $[Q_{2min}]$ 偏安全。

③最小连续流量 $[Q_{min}]$

最小连续流量 $[Q_{min}]$ 取最小连续稳定流量 $[Q_{1min}]$ 与最小连续热控流量 $[Q_{2min}]$ 中的大值。当轴功率 ≤100kW 时，最小连续流量可按泵最佳效率点 Q_N 流量的 20%～30% 估算。当轴功率 >100kW 时，可按图 4-18 取定。

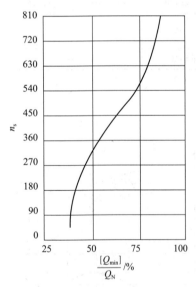

图 4-18 $[Q_{min}]$ 的选取

(轴功率 >100kW 时)

④泵的许用温升 $[\Delta t]$

当 $NPSH_a$ 远大于 $NPSH_r$ 时，泵的许用温升 $[\Delta t]$ 由泵的材料，介质特性及密封情况等综合确定。当 $NPSH_a$ 和 $NPSH_r$ 较接近或当输送易汽化介质（如液态烃）时，泵的许用温升 $[\Delta t]$ 由汽蚀条件确定。小流量汽蚀条件下的饱和蒸气压 p'_v 按下式确定

$$p'_v = p_v + NPSH_a\rho g\text{(Pa)} \qquad (4-37)$$

式中 p_v——吸入温度下的饱和蒸气压，Pa；

$NPSH_a$——装置汽蚀余量，m；

ρ——液体密度，kg/m³。

按 p'_v 值，查有关图表，得出 p'_v 压力下该液体对应的饱和温度 T'_v。

泵的许用温升 $[\Delta t]$ 按下式确定：

$$[\Delta t] = T'_v - T_s \text{(℃)} \qquad (4-38)$$

式中 T_s——泵的吸入温度，℃。

在一般估算中，泵的许用温升 $[\Delta t]$ 可按以下经验值确定：清水泵（如 IS 泵、S、SH 泵）：$[\Delta t] \leqslant 15\sim20$℃；锅炉给水泵：$[\Delta t] \leqslant 8\sim10$℃；液态烃泵：$[\Delta t] \leqslant 1$℃；塑料

泵 $\left[\Delta t\right]\leqslant 10℃$。

⑤最大极限流量 $\left[Q_{\max}\right]$

随着泵的流量增加，泵的 $NPSH_r$ 增加，出现汽蚀现象的可能性也随即增加，同时因轴功率上升很快，泵还有过载的可能。因此一般不允许泵在最佳效率点流量的 125% ~ 135% 以上操作，要求泵的最大极限流量为：

$$\left[Q_{\max}\right]\leqslant\left(125\%\sim 135\%\right)\,Q_{\mathrm{N}}$$

2. 泵的最佳工作范围

泵的最佳工作范围为图 4-17 中 ABCD 所围成的扇形阴影区域，即为离心泵的最佳工况范围。泵在 ABCD 区域内的任意一点工作均认为是合适的。图中 A、B 两点为标准叶轮直径 $D_{2\max}$ 下，$H-Q$ 曲线 1 上比最佳工况点 N 效率 $\eta_{\max}$ 低 $\Delta\eta$（我国通常取 $\Delta\eta=5\%\sim 8\%$）的等效率工况点。过 A、B 两点可以作出两条等效率切割抛物线 4、5，并交最小叶轮直径 $D_{2\min}$ 下 $H-Q$ 曲线于 D、C 两点。

3. 系列型谱

将每种系列泵的最佳工作范围绘于一张坐标图上称为型谱。为了使图形协调，高扬程和大流量时的工作范围不致过大，通常采用对数坐标表示，一般每种系列泵有一个型谱。

系列型谱既便于用户选泵又便于计划部门向泵制造厂提出开发新产品的方向。图 4-19 为 IH 型化工泵的型谱图。

为促进泵的生产、优选品种、扩大批量、降低成本，而又能较好地满足广大用户的各种要求，有必要实现泵的系列化、通用化、标准化。而编制泵的系列型谱，是实现"三化"的一项重要工作。

首先，按照泵的结构划分系列（例如单级离心泵系列、双吸泵系列、节段式多级泵系列等）或按照泵的用途划分系列（例如化工流程泵系列、锅炉给水泵系列等），然后每种系列根据泵的相似原理编制型谱。其大体做法是，选择经过实验表明性能良好的几种比转数模型泵作基型，按照一定流量间隔和一定扬程间隔确定若干种与模型泵几何相似、比转数相等的泵作为泵的产品。包括这些泵变转速或切割叶轮外径的高效工作区，使其布满广阔的扬程流量图，这种图即为泵的系列型谱图。以图 4-19 为例，它表示了一种按照国际标准 ISO 2858 编制的清水单级离心泵系列的型谱图。图中为使高扬程大流量的间隔不致太大，通常采用对数坐标表示。其中，斜直线为等比转数线。

虽然比转数仅有几个，但与模型泵几何相似、比转数相等的泵可有几种。图中每种产品以点标出其设计工况，以泵的进口、出口和叶轮外径尺寸 mm 值标明其规格，还标出了高效工作区。从图 4-19 中可以看出，虽然泵的品种规格不多，但却能布满如此大的流量扬程范围，显然，按照这种系列型谱图组织泵的生产，提供用户选型使用，是具有很多优越性的。目前国内离心泵的系列已经比较齐全，用户可以根据自己的实际条件从各类泵的系列型谱中进行合理的选择。

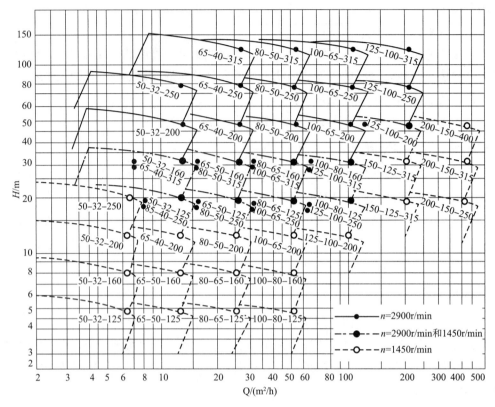

图 4 – 19 IH 型化工泵的型谱

4.2.5 离心泵和管网的联合工作及调节

4.2.5.1 离心泵的管路特性曲线

所谓离心泵的管路特性曲线是指管路情况一定时（即管路进、出口压力、升液高度、管路长度和管径、管件个数及尺寸以及阀门开启度等都已确定），使液体从吸液池开始经过该管路到达管路的出口需要由外界给予单位重量液体的能量 L（单位以液柱高表示）与经过该管路的容积流量 Q 间的关系曲线，它可根据具体的管路情况按水力学公式算出。这里的外功能头 L，实际上就是需要泵提供的扬程 H。只有 $H = L$，才能维持液体的稳定输送要求。

如图 4 – 20 所示，通过管路将液体由池面 A 输送到 B，在 A 截面与 B 截面之间，列伯努利方程可得管路需要的外功能头 L 为

$$L = \frac{p_B - p_A}{\rho g} + \Delta Z_{AB} + \frac{c_B^2 - c_A^2}{2g} + \left(\sum h_{fri} \right)_{AB} \ (m) \tag{4-39}$$

式中，$\left(\sum h_{fri} \right)_{AB}$ 为从 A 到 B 整个管路（泵除外）的流动阻力头，m。它包括各段管路的沿程摩擦损失能头 $\left(\sum h_{pat} \right)_{AB}$ 及各局部阻力损失能头 $\left(\sum h_M \right)_{AB}$ 之和，即

$$\left(\sum h_{fri} \right)_{AB} = \left(\sum h_{pat} \right)_{AB} + \left(\sum h_M \right)_{AB} = \sum_{A}^{B} \lambda_i \frac{l_i}{d_i} \frac{c_i^2}{2g} + \sum_{A}^{B} \xi_j \frac{c_j^2}{2g} \ (m) \tag{4-40}$$

式中　c_i、c_j——在管段 i、局部阻力点 j 处的流速，m/s；

$\quad\quad\quad\lambda_i$——某一管径为 d_i，长为 l_i 的管段的摩擦系数；

$\quad\quad\quad\zeta_j$——在某局部阻力点 j 处的局部阻力系数。

式 (4-39) 可归纳为如下形式：

$$L = \left(\frac{p_B - p_A}{\rho g} + \Delta Z_{AB} \right) + \left[\left(\frac{1}{f_B^2} - \frac{1}{f_A^2} \right) + \left(\sum_A^B \lambda_i \frac{l_i}{d_i} + \sum_A^B \zeta_j \frac{1}{f_j^2} \right) \right] \frac{Q^2}{2g} = L_{sT} + \zeta_{AB} \frac{Q^2}{2g} \text{ (m)}$$

$$(4-41)$$

式中　L_{sT}——管路静压差，它包括与流量无关的输液高度及进、出管路两端的压差；

$\quad\quad f$——管子内截面面积；

$\quad\quad\zeta_{AB}$——与管路尺寸及阻力系数有关的系数，如管中是湍流，则 ζ_{AB} 几乎是一常数。

式 (4-41) 即为管路特性方程式，图 4-21 就是该方程式的图形表示，称为管路特性曲线 ($L-Q$)。

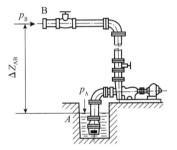

图4-20　离心泵在管路中工作示意图

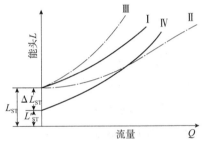

图 4-21　管路特性曲线

离心泵的管路特性曲线也是可以改变的。将阀门关闭，$L-Q$ 曲线将变陡（斜率增加），例如曲线 I 变到曲线 III，如果管路中的静压差 L_{ST}（进、出口压差及输液高度 Z）有所变化，则 $L-Q$ 曲线各点将移高或移低同一个距离 ΔL_{ST}，如图从曲线 I 变到曲线 IV。

生产上要选泵时，常常需要先设计管路并计算管路特性曲线，然后才能比较准确地确定所需泵的扬程，以保证泵能在高效区内工作。设计计算的步骤大致如下：

（1）初步设计管路布置图：即先初步设计出由吸液池到管路出口（一般是泵后的第一个设备）之间的管路布置图，包括管路的走向及所需管件。

（2）决定管径：决定管径时，应使管内流速符合一般的流速规定范围。对离心泵来说，泵出口液流速度宜取 2.5~3m/s，泵进口液流速度取为 1.5~2m/s。然后根据泵的流量计算管子内径，并根据管材标准选择相近的管子规格。

（3）决定管长及管件的种类和数目：管路布置时要考虑到有些吸液管端装有带底阀的吸滤筐，一般吸滤筐距池底应不小于 $0.8D_{su}$，吸滤筐距池壁不小于 $(0.75~1.0)$ D_{su} 等规定（D_{su} 为吸液管直径）。

由草图估算出吸液管的垂直段长度和水平段长度，再根据草图及操作要求定出吸液管的管件，例如带底阀的吸滤筐、肘管、异径管等。同样对排液管路也要进行上述的估算，排液管上的管件还有各种阀门（如旋塞阀、蝶阀、闸阀、球阀或止逆阀等）。

（4）计算管路的阻力头：从流体力学的手册中，可查得各管件的局部阻力系数 ζ 的值，例如 90°肘管 $\zeta_{ell} = 1.3$，吸滤筐 $\zeta_{sb} = 10$，异径管 $\zeta_{red} = 1.1$，球阀 $\zeta_{Gev} = 5$，闸阀 $\zeta_{Gav} = 0.5$，摇板式止逆阀 ρ_{scv} 等，然后计算出吸液管及排液管上的局部阻力头 $\left(\sum h_M \right)_{su}$ 及 $\left(\sum h_M \right)_{ch}$，下角标"su"表示吸液管，"ch"表示排液管。

$$\left(\sum h_M \right)_{su} = \sum \zeta \frac{c_{su}^2}{2g} \text{ 及} \left(\sum h_M \right)_{ch} = \sum \zeta \frac{c_{ch}^2}{2g}$$

在计算管路沿程摩擦损失能头 $\sum h_{pat}$ 时，要先计算雷诺数 Re，才能查得摩擦系数 λ。

$$\text{排液管：} \left(\sum h_{pat} \right)_{ch} = \lambda_{ch} \frac{l_{ch}}{D_{ch}} \frac{c_{ch}^2}{2g} \text{ （m）}$$

$$\text{吸液管：} \left(\sum h_{pat} \right)_{su} = \lambda_{su} \frac{l_{su}}{D_{su}} \frac{c_{su}^2}{2g} \text{ （m）}$$

（5）计算管路所需的外功能头：按式（4-41）计算设计流量下的外功能头 L，也就是所需要的离心泵的设计扬程。

（6）绘制管路特性曲线 $L-Q$：按式（4-41）求出不同流量 Q 时的外功能头 L，最后绘成管路特性曲线（$L-Q$ 曲线）。

4.2.5.2　离心泵的运转特性及调节

1. 离心泵与管路的联合工作

泵和管路组成输送液体系统。泵在管路上工作同样要符合质量守恒、能量守恒和转换规律。泵输送的液体量就是管路中流过的液体量，单位重量液体通过管路所需要的能量应是泵的扬程所提供的能量。因此，泵在某管路上工作时的工作点便是泵的扬程特性曲线 $H-Q$ 与管路特性曲线 $L-V$ 的交点，如图4-23所示。

泵在管路上工作时，泵的工况与管路工况有关，其中任何一方发生改变，都会引起全系统工作参数发生改变。

泵在管路上工作时，若工作点稳定不变，称为稳定工作，图4-23中的工作点 P 即为稳定工作点。如果泵在偏离产点的 B 点工作，这时泵的扬程将大于管路所需能头，多余的能量促成管内流速增加，泵的流量增加，工况点便从 B 移回 P 点，反之，如果泵在 A 点工作，这时泵的扬程小于管路所需能头，管内流速降低，泵的流量减小，工况点将从 A 移向 P 点。最后都将在 P 点稳定下来。

泵在管路上工作时，若工作点经常变动，则称为不稳定工作。图4-22所示为泵向某高位槽供水的管路。如果泵的 $H-Q$ 曲线为"驼峰"形式，高位槽流出水，流量用 Q_u 表示（近似为定值）。当液面为 $a-a$ 时，管路特性曲线为 $(L-V)_a$，工作点为 A 点，若 $Q_a > Q_u$，液面将上升，管路特性曲线将向上移，当液面达到 $c-c$ 时，管路特性曲线为 $(L-V)_c$。若 $Q_b > Q_u$ 时，液面还继续上升，当达到某一液面，如 $k-k$ 时，对应的管路特性曲线 $(L-V)_k$ 刚好与 $H-Q$ 曲线相切。若 $Q_k > Q_u$ 液面将继续上升，致使管路特性曲线与 $H-Q$ 曲线脱开而无交点，此时管路所需的能头大于泵的扬程，泵的流量将由 Q_k 突然变为零。之后，由于槽中液体仍向外流出，液面开始降低，直至管路特性曲线为 $(L-V)_c$，此时泵的封闭扬程与管路所需能头相等，能量将从零很快增至 Q_b，而 $Q_b > Q_u$，又将重复出现流量由 Q_b 变为零，再由零变为 Q_b 的情况。这是一种不稳定工作情况。

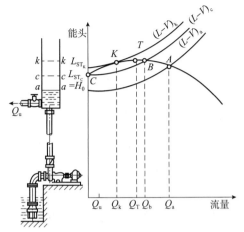

图 4－22　离心泵的不稳定工作示意图

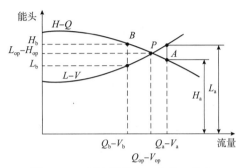

图 4－23　泵在管路中工作的工作点

从上述不稳定工作过程可以看出发生不稳定工作的原因是：

①泵的 $H-Q$ 曲线具有"驼峰"形式；

②系统具有能自由波动的液面，它表明系统具有储存和放出能量的条件，除了液面波动之外，系统的压力升高和下降也会出现同样的情况。

2. 多泵在单管线上的工作

在实际工作中，当用一台泵如流量或扬程不能满足工作要求时，可用两台或多台泵进行串联或并联工作。

（1）离心泵的并联工作

并联工作时的总流量应为各泵流量之和。并联时的扬程与单泵的扬程相同（指在并联汇合点处的扬程），即：

$$Q_{I+II} = Q_I + Q_{II} \qquad H_{I+II} = H_I = H_{II} \tag{4-42}$$

式中　Q_I 和 Q_{II}——并联时的第 I 台和第 II 台泵的流量；

$\qquad H_I$ 和 H_{II}——并联时第 I 台和第 II 台泵的扬程；

$\qquad Q_{I+II}$——两泵并联时的流量；

$\qquad H_{I+II}$——两泵并联时的扬程。

图 4－24 为性能相同的两泵，并联汇合点距两泵出口很近时的并联情况，由于两泵到汇合点很近，泵到汇合点间的管路阻力损失可以忽略。此时在并联汇合点处的流量 $Q_{I+II} = Q_I + Q_{II}$，扬程 $H_{I+II} = H_I = H_{II}$，若管路特性曲线为 L，则并联的工作点为 1 点，此时各单泵相当于在 2 点工作，每台泵的效率如 3 点所对应的效率值。

两泵不同，相距很近时的并联如图 4－25 所示。此时，泵到汇合点处的阻力损失可忽略。并联时的工作点为 1 点，流量 $Q_{I+II} = Q_I + Q_{II}$，扬程 $H_{I+II} = H_I = H_{II}$。此时 I 泵相当于在 3 点工作，II 泵在 2 点工作，其各自的效率分别为 7 点和 6 点所对应的效率。从图中可以看出，当流量小于 Q_A 时，因 I 泵扬程不够，实际上只有 II 泵可以工作，因此 I 泵出口应设逆止阀，防止当流量小于 Q_A 时，对 I 泵倒灌。

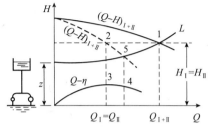

图 4 – 24　性能相同的两泵的并联特性曲线

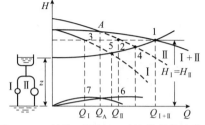

图 4 – 25　性能不同的两泵的并联特性曲线

（2）离心泵串联工作

当要求扬程较高，而又没有多级泵可供选用的情况下，可采用泵串联工作，串联工作时，如果串联泵之间管路很近，则这段管路阻力可以忽略。在这种情况下，串联装置总扬程 H_{I+II} 等于同一流量下各泵扬程之和，串联装置的流量 Q_{I+II} 应等于单泵的流量。图 4 – 26 为两台性能相同的泵串联情况。

若管路特性曲线为 L，1 点为串联装置的工作点，此时 $H_{I+II} = H_I + H_{II}$，$Q_{I+II} \approx Q_I = Q_{II}$ 每台泵相当于在 2 点工作。

（3）并联和串联的比较

下面以两台性能相同的泵，在相距较近时的并联和串联为例来比较其装置特性。

如图 4 – 27 所示，单泵的扬程特性为 $H – Q$，两泵串联时的装置特性为 $(H – Q)_s$，并联时装置特性为 $(H – Q)_p$，L_1、L_2、L_3 为三种不同的管路特性曲线。

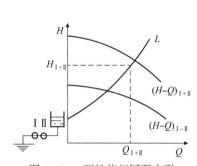

图 4 – 26　两性能相同泵串联

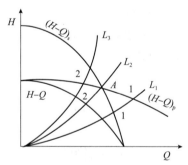

图 4 – 27　泵串联和并联比较

从图 4 – 27 可见：当管路特性曲线比较平坦时（如 L_1），并联装置的工作点为 1 点，串联装置的工作点为 1′点，这时在此管路中，采用并联时所得到的扬程和流量都高于串联时的扬程和流量；当管路特性曲线比较陡时（如 L_3），串联的工作点为 2 点，并联工作点为 2′点，此时，串联的流量及扬程却高于并联时的流量及扬程；当管路特性曲线为 L_2 时，串联与并联的工作点都是 A 点，串联与并联效果相同。由此可见，为了得到提高扬程和流量的效果，应考虑管路特性情况，不能一概认为并联会提高流量，串联会提高扬程。有时，在管路特性曲线较平坦的情况下，为了提高扬程，采用并联会比采用串联更为有利。

3. 泵在汇交及分支管路上的工作

（1）泵在汇交管路上的工作

两泵并联汇交点相距很近时，也属于汇交管路，只是由于汇交点距泵很近，这段管路阻力损失可以忽略，而把这种特殊的汇交管路当成一条单支管路来看待。这里所要讨论的是两泵出口汇交点距泵出口较远的情况。例如在生产中把原油从不同地方汇集送往某油库便是属于汇交管路。图 4 - 28 为某汇交管路。

泵 Ⅰ 和泵 Ⅱ 为两个性能不同的泵，其特性曲线如图 4 - 29 所示，从泵排出的液体经过一段管路 1 和管路 2 才在 0 点汇合，然后经管路 3 送往储存器。

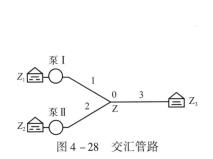

图 4 - 28　交汇管路

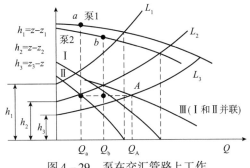

图 4 - 29　泵在交汇管路上工作

在这种汇交管路中，尽管两泵性能不同，管路 1 和管路 2 的阻力也不同，但液体从泵Ⅰ和泵Ⅱ出来到达汇交点 0 处的剩余扬程必须相等。图 4 - 29 中 L_1 和 L_2 分别代表泵Ⅰ和泵Ⅱ在汇交点 0 之前的管路阻力损失特性。从泵Ⅰ和泵Ⅱ的特性曲线减去各自的 L_1 和 L_2 后，分为线Ⅰ和线Ⅱ，则Ⅰ和Ⅱ分别代表各泵在不同流量下，输送液体到 0 点时剩余的扬程和流量的关系。此时Ⅰ和Ⅱ代表的扬程和流量关系，相当于在汇交点处两性能不同的泵并联，其并联特性如Ⅲ所示。若管路 3 的特性曲线为 L_3，则泵在汇交管路的工作点为 A，对应的流量 Q_A 即为在管路 3 中的流量，此时各泵的流量分别为 Q_a 和 Q_b，$Q_A = Q_a + Q_b$。a 点和 b 点所对应的扬程即为各泵在汇交管路上工作时的扬程。

（2）泵在分支管路上的工作

这是一种由一台泵将液体送往若干分支管路的情况。图 4 - 29 为一台泵向两条分支管路供液的情况。

液体经管路 1 由泵送往两条分支管路 2 和 3。管路 1、管路 2 和管路 3 的管路特性曲线如图 4 - 29 所示。因为管路 L_2 和管路 L_3 为并联工作，其并联特性为 L_{2+3}，L_{2+3} 与 L_1 串联特性为 L_{tot}。与泵扬程特性曲线交点 A 所对应的流量 Q_A 即为在管路 1 中的流量，同时也是在管路 2 和管路 3 中流量之和。在管路 2 和 3 中的流量分别为 Q_2 和 Q_3，$Q_A = Q_2 + Q_3$。

4. 离心泵的流量调节

离心泵的流量调节就是根据流量的变化要求改变泵的工作点。

（1）改变泵出口调节阀的开度

这种方法的实质是改变管路特性曲线，使泵的工作点依调节阀的开度变化而改变。如图 4 - 30 所示，泵在某管路特性为 L_1 的管路上工作时，其流量为 Q_1，当关小出口调节阀时，管路特性变为 L_2 流量由 Q_1 变为 Q_2。

这种调节方法的优点是结构简单，调节方便，对 $H-Q$ 曲线较平缓的泵，调节比较灵敏。一般多用于小型泵的调节。

这种调节方法的不足之处是：增加了附加调节阻力损失，在调节工况下工作，泵的运转效率较低。

（2）改变泵的工作转速调节

此法是通过改变泵的工作转速，使泵的特性曲线改变来改变泵的工作点。图 4-31 为泵在不同转速时的万能特性曲线。若管路特性曲线为 L，泵转速为 n_1、n_2 和 n_3 时，工作点分别为 1 点、2 点和 3 点。从图中可以看出，当流量调节范围不太大时，仍然可保持较高的效率。此法多用于大型泵的流量调节，尤其适用于采用可变转速驱动机带动的泵。

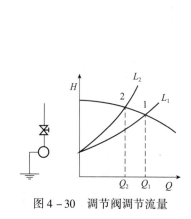

图 4-30　调节阀调节流量　　　　　　图 4-31　改变转速调节流量

（3）旁路调节

这种方法是在泵的排出管路上接一旁通管路，管路上设调节阀，控制调节阀的开度，将排出液体的一部分引回吸水池以此来调节泵的排液量。这种调节方法也较简单，但回流液体仍需消耗泵功，经济性较差。对于某些因流量减少造成泵效率降低较多或泵的扬程特性曲线较陡的情况，采用这种方法也还是较为经济。

（4）切割叶轮调节

图 4-32 所示为叶轮切割前后与管路特性曲线为 L 的管路联合工作时工作点改变的情况。这种调节方法经济性较好，但它不适用于经常需要调节的情况。

（5）台数控制及改变泵的连接方式

在泵串、并联装置工作时，为了改变流量，可采用减少装置中运转泵的台数来适应流量变化要求。图 4-33 为三台性能相同的泵并联工作时的特性，其中 $(H-Q)_{\mathrm{III}}$ 为三台泵并联的装置特性，$(H-Q)_{\mathrm{I}}$ 和 $(H-Q)_{\mathrm{II}}$ 分别为单泵及二台泵并联时的特性，根据工作需要如果停一台泵时，工作点就将由 1 点变为 2 点。

采用台数控制的方法有较好的经济性。因为当部分泵停止工作时，基本上仍可保证其他运转泵仍处于高效工作，同时还由于某些泵适当停止运转，与各泵不停均处于调节工况运转相比，相对地提高了泵的使用寿命。

此外，根据泵串联与并联所得到的流量不同，也可采用改变它的串、并联方案来调节流量。

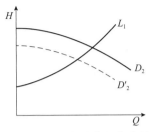
图4－32　切割叶轮调节流量

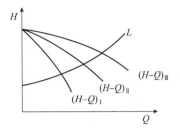
图4－33　台数控制调节流量

4.2.6　离心泵的主要零部件

1. 叶轮

叶轮是泵对流经它的液体做功的唯一元件。对叶轮的主要要求是：叶轮应有足够的强度和刚度；流道形状为符合液体流动规律的流线型，液流速度分布均匀，流道阻力尽可能小，流道表面粗糙度较小；材料应具有较好的耐磨性，叶轮应有良好的静平衡和动平衡性；结构简单，制造工艺性好。离心泵的叶轮一般都是铸造而成。

（1）叶轮的结构型式

如图4－34所示，叶轮按其结构可分为闭式叶轮、半开式叶轮和开式叶轮。闭式叶轮由前盖板、后盖板和若干叶片组成。这种叶轮对应两泵效率较高，但制造略复杂。大多数离心泵都采用闭式叶轮。半开式叶轮只有后盖板和叶片，无前盖板，流道是半开式的。这种叶轮适用于输送含有固体颗粒及杂质的液体，制造较简单，但泵的流动效率较低。开式叶轮无前后盖板，流道完全敞开，适用于输送浆状及糊状液体，效率较低。

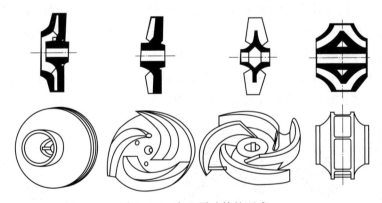
图4－34　离心泵叶轮的型式

（2）叶轮的主要结构参数

①叶片在叶轮进、出口处的安装角

叶片在叶轮进口处的安装角 β_{A1} 常是按设计流量下液流进叶轮时的相对速度 w_1 的方向角 β_1 而定。当 $\beta_{A1} = \beta_1$ 时，有利于减少冲击损失。有时为了改善泵的汽蚀性能，一般取冲

角 $\sigma = \beta_{A1} - \beta_1 = 3° \sim 10°$，为正冲角。

叶道出口处的安装角为 β_{A2}，$\beta_{A2} = 20° \sim 30°$，以期获得较大的反作用度，减少转能损失。

②叶片数目

为了保证叶片对流经叶轮的液体施以充分推动使其旋转的作用，并考虑到流道不要过长和阻塞系数不致过大，叶片数目通常取 6~8 片。对于输送含杂质的液体，叶片数目应少些，一般为 2~4 片。

2. 泵过流部分的固定元件

离心泵过流部分固定元件有压出室、导叶和吸入室。

（1）压出室及导叶

压出室和导叶是离心泵的转能装置。

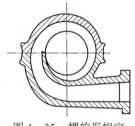

图 4-35 为螺旋形蜗室，其作用是收集、导出液体，并将液体的部分动能转为静压能。按液流流出叶轮的轨迹，流道呈螺旋形。蜗壳的截面有圆形、倒梯形和矩形几种。从转能程度来看，圆形截面的蜗壳流道扩展程度小，转能作用也较小；而矩形截面流道扩散较大，转能作用也较大。倒梯形截面流道转能作用则居

图 4-35 螺旋形蜗室

于以上二者中间。从流动阻力损失考虑，圆形截面流道损失较小，矩形截面流道阻力损失较大。因此，对于扬程较低的高比转数泵，由于要求能量转换程度相对较小，所以多采用圆形截面蜗室，而低比转数泵则多用矩形截面蜗室，中比转数泵则用倒梯形截面蜗室。梯形截面的两边延长线夹角不超过 60°，否则会出现脱流现象。由于蜗壳尺寸与螺旋线包角有关，为不使蜗壳尺寸过大，蜗壳螺旋线包角不应大于 360°。为了进一步增加转能作用，在螺旋形蜗室后接一段扩散管，扩散管的扩散角一般为 6° ~ 10°。

图 4-36 为径向式导叶。用于多级泵中，用以收集液体并起转能扩压作用。径向式导叶由包围在叶轮外面的正向导叶和将液流引向下一级叶轮的反向导叶组成，中间为改变方向的弯道。这种导叶径向尺寸较大，铸造较容易。

图 4-37 为流道式导叶。这种导叶是将正反导叶铸在一起，中间有一连续通道，它不易形成死角和突然扩散，水力性能较好，但结构复杂，铸造工艺性差。

图 4-36 径向式导叶

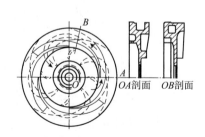

图 4-37 流道式导叶

蜗壳式泵室制造比较方便，泵的高效工作区较宽，但有不平衡径向力存在。叶轮合理布置时，轴向力可以得到较好的平衡。而导叶式转能装置流动阻力小，尺寸较小，结构紧凑，但需专门的轴向力平衡装置。

（2）吸入室

吸入室的作用是将吸入管中的液体以最少的损失均匀地引向叶轮。吸入室一般有三种型式：锥形管吸入室、圆形吸入室和半蜗壳式吸入室，如图 4 – 38 所示。

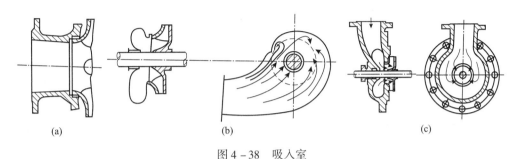

图 4 – 38　吸入室

锥形吸入室结构简单，制造方便，还能在叶轮入口前形成集流和加速度，使叶轮前的液流速度均匀，流动损失小。多用于悬臂泵上。

半蜗壳形吸入室的流动情况比较好，速度较均匀，但液体进入叶轮前有预旋。

圆环形吸入室结构简单，轴向尺寸短，但液体进入叶轮前有撞击和旋涡损失，在叶轮前液流速度不够均匀。多用在分段式多级泵上。

3. 轴向力及径向力的平衡设施

（1）轴向力的平衡

如同离心式压缩机产生轴向力的情况，离心泵工作时同样也存在不平衡的轴向力。

①单级泵轴向力的平衡方法

单级泵平衡轴向力的方法很多，如图 4 – 39 所示，常见的方法主要有：采用双吸式叶轮、开平衡孔、采用平衡叶片和采用平衡管等。

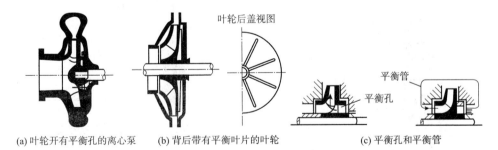

（a）叶轮开有平衡孔的离心泵　（b）背后带有平衡叶片的叶轮　（c）平衡孔和平衡管

图 4 – 39　单级泵的轴向力平衡

采用双吸叶轮不但可以平衡轴向力，而且有利于提高泵的吸入能力，多用于大流量泵。

开平衡孔的办法可使叶轮两侧的压力基本上得到平衡。但由于液流通过平衡孔有一定阻力，所以仍有少部分轴向力不能完全平衡，并且会使泵的效率有所降低。这种方法主要优点是结构简单，多用于小泵上。

采用平衡叶片的方法是在叶轮后盖板的背面设有若干径向叶片。当叶轮旋转时，它可以推动液体旋转，使叶轮背面靠叶轮中心部分的液体压力下降，其下降的程度与叶片的尺寸及叶片与泵壳的间隙大小有关。此法的优点是：除了可以减小轴向力以外还可以减少轴封的负荷；对于输送含固体颗粒的液体，则可以防止悬浮的固体颗粒进入轴封。但对易于与空气混合而燃烧爆炸的液体，不宜采用此法。

接平衡管的办法是将叶轮背面和泵入口用压力平衡管连通来平衡轴向力。这种方法比开平衡孔方法优越，因它不干扰泵入口液流的流线，效率相对较高，

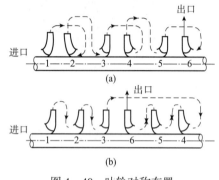

图 4-40 叶轮对称布置

②多级泵平衡轴向力的方法

多级泵平衡轴向力主要有用叶轮对称布置或采用专门的平衡轴向力装置。图 4-40 为叶轮对称布置方案示意图。这种方案流道复杂，造价较高。当级数较多时，由于各级漏泄情况不同和各级叶轮轮毂直径不尽相同，轴向力也不能完全平衡，往往还需采用辅助平衡装置。图 4-41 （a） 为在多级泵叶轮后边装一圆柱形平衡鼓 （或称为卸荷盘），平衡鼓的右边为平衡室，通过平衡管将平衡室与第一级叶轮前的吸入室连通，因此，平衡室内的压力 p_c 很小，而平衡鼓左边则为最后一级叶轮的背面泵腔，腔内的压力 P_2 比较高。平衡鼓外圆表面与泵体上的平衡套之间有很小的间隙，使平衡鼓的两侧可以保持较大的压力差，以此来平衡轴向力。当轴向力变化时，平衡鼓不能自动调整轴向力的平衡，为防止转子轴向窜动，仍需设止推轴承。

在多级泵中，为适应轴向力变化，自动调整轴向力的平衡，还采用一种自动平衡盘来平衡轴向力。自动平衡盘的结构如图 4-41 （b），工作原理可参阅泵的专业书籍。

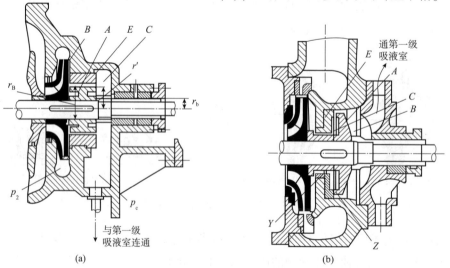

图 4-41 平衡鼓和自助平衡盘的原理结构图

（2）径向力及其平衡

有蜗壳的离心泵，其蜗壳是按泵在设计流量下液体流出叶轮的自由流动轨迹设计的，在设计流量下，蜗壳内液体流动的方向和液体流出叶轮的方向基本一致。在叶轮周围，液流速度和压力分布是均匀的，这时没有径向力产生。但当泵的工况偏离设计工况时，转子将受到径向力作用，如图 4 – 42 所示，在设计流量下，叶道出口处液流速度为 c_2。在通常情况下，c_2 与 w_2 的夹角大于 90°，这样当流量变小时，便有 $c_2' > c_2$，即从叶轮流出的液流速度随流量的减少而增加，而蜗壳中的液流速度却变小，并且速度方向也不再一致，因此，液体从叶轮进入蜗壳时将产生冲击，冲击的结果使蜗壳中液流压力升高。蜗壳中的液体从隔舌流向扩压管的过程中，不断受到从叶轮中流出的液体冲击，压力不断升高。所以，蜗壳中液体的压力分布在隔舌处最小，进入扩压管处最大，如图 4 – 43 所示。这种沿叶轮圆周压力不均匀分布的结果，使转子受到径向力 p 的作用。此外，由于蜗壳内压力分布不均匀，使液体沿叶轮四周流出的速度不同，液体作用于叶轮的动反力的大小也因此而不同。此动反力沿叶轮圆周分布的变化情况与蜗壳中的压力分布情况相反。

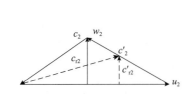

图 4 – 42　叶道出口处液流速度三角形

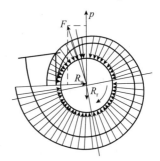

图 4 – 43　$Q < Q^*$ 时蜗室中的压力分布及径向力

如果流量大于设计流量，同样会产生径向力，力的方向与流量小于设计流量时差 180°。

不平衡的径向力，通过叶轮垂直地作用在泵轴上，会使泵轴产生弯曲，引起密封间隙改变，增加磨损。为此，应设法将其影响减至最小。

对于单级蜗壳泵，可采用双层蜗室来平衡径向力，如图 4 –44所示，在双层蜗室内第二泵隔舌与第一泵隔舌相差 180°，液流被分成两股，一股从第二泵隔舌开始，在外面等截面流道内作匀速流动；另一股在内流道中，从第二泵隔舌开始与从第一泵隔舌开始的液流作对称流动，这样，虽然在每个流道内压力分布是不均匀的，但在两个流道内所产生的径向力却相反而可以互相平衡。双层蜗室结构复杂，多用于大型单级悬臂泵。

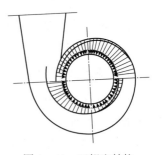

图 4 – 44　双蜗室结构

在多级蜗壳泵中，当叶轮数为偶数时，可采用双蜗室结构，靠其对称性的关系，径向力可得到平衡。

4. 密封装置

在离心泵中，为了密封泵轴穿出泵壳的间隙，经常采用的密封型式有填料密封和机械密封。近年来，采用机械密封逐渐增多。

（1）填料密封

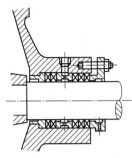

图4-45 填料密封结构

图4-45为填料密封结构图，其中没有液封环，将清水或其他无害的液体注入填料中间的液封环，可以起到阻力泵内流体外泄漏、润滑及冷却的作用。

在填料密封中，常用的填料有：石墨浸棉织物填料，适用于温度不高于40℃的场合；石墨浸石棉填料，适用温度在250℃以下，压力不超过1MPa的场合；金属箱包石棉芯子填料，适用温度在400℃以下，压力不超过2.5MPa的场合。填料密封具有结构简单，成本低等优点。但是由于填料密封是靠将填料紧压在密封室内使其抱紧泵轴来密封的，因此磨损及摩擦功耗较大，漏泄较大，使用寿命短，需要经常拧紧填料压盖，并且更换填料频繁。因此，对密封要求较严格或密封介质压力较高时，一般的填料密封不宜采用。

近年来，在填料密封中，采用柔性石墨填料取得了比较满意的效果。柔性石墨又称膨胀石墨，它是把天然石墨中的杂质除去，再以某种液体浸入石墨层间，用强制手段使其层间间隙扩大，变成质地柔软的柔性石墨。其主要优点是：摩擦系数低，自润滑性能好。在中断液膜的边界摩擦或干摩擦时，能形成良好的自润滑膜，起到耐热和减磨作用。此外，柔性石墨的回弹率高，当轴套因制造、安装等存在少量偏心而出现径向跳动时，具有足够的浮动性能，即使石墨出现裂纹，也能很好密合，从而保证贴合紧密，防止漏泄。使用柔性石墨填料，可以使密封寿命明显增加。柔性石墨已有效地用于高温、低温和具有腐蚀性介质的密封中。

近年来，在压力较高和速度较高的场合，采用碳素纤维作密封填料也取得了很好效果。碳素纤维是由聚丙烯腈等有机纤维经高温碳化处理制成，它具有摩擦系数小和耐腐蚀等优点，因此在一般填料不适用的高压、高温、高速场合，采用碳素纤维填料可以有效地提高密封可靠性。目前在密封填料中采用最多的主要是由聚丙烯腈制的耐焰碳素纤维，它与其他碳素纤维相比具有更好的可挠性。

（2）机械密封

①机械密封的结构及工作原理

机械密封又称端面接触密封，它是靠一组研配的密封端面而形成动密封的。机械密封的种类很多，但工作原理基本相同，其典型结构如图4-46所示。机械密封主要包括以下几部分：

a. 主要动密封元件：动环2和静环1。动环与泵轴一起旋转，静环固定在压盖内，用防转销9来防止它转动。靠动环与静环的端面贴合来进行动密封。

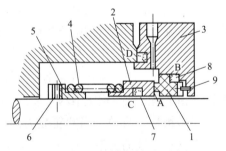

图4-46 机械密封原理图
1—静环；2—动环；3—压盖；4—弹簧；
5—传动座；6—固定螺钉；7—O形密封圈；
8—V形密封圈；9—防转销

b. 辅助密封元件：它包括各静密封点所用的密封圈（O形或V形）7和8。

c. 压紧元件：弹簧4和推环等。

d. 传动元件：传动座5及键或固定螺钉6。

从图4-46中可以看出：机械密封中一般有四个可能漏泄点A，B，C和D。密封点A在动环与静环的接触面之间。它主要靠泵内液体压力及弹簧力将动环压贴在静环上以阻止漏泄。两环的接触面上总会有少量液体渗漏，它可以形成液膜，一方面可以阻止漏泄，另一方面又可起润滑作用。为保证两环的端面贴合良好，两端面必须平直光洁。

密封点B在静环与压盖之间，属于静密封点。用有弹性的O形（或V形）密封圈置于静环和压盖之间，靠弹簧使此弹性密封圈变形而密封。

密封点C在动环和轴之间，此处也属静密封，考虑到动环可以沿轴向窜动，可采用具有弹性和自紧性的V形密封圈进行密封。

密封点D在填料密封箱与压盖之间，也是静密封，可用密封圈或垫片作为密封元件。

从以上密封情况可见，机械密封的特点是将容易漏泄的轴向密封改变为较难漏泄的静密封和端面径向接触的动密封。与填料密封相比，机械密封的主要优点是：漏泄量小，一般为10mL/h，漏泄量仅为填料密封的1%；寿命长，一般可连续使用1~2a；与填料密封相比，对轴的精度和表面粗糙度要求相对较低，对轴的振动敏感性相对较小，而且轴不受磨损，机械密封摩擦功耗相对较小，约为填料密封的10%~50%。但是，机械密封造价较高，对密封元件的制造要求及安装要求较高，因此多用于对密封要求较严格的场合。

②机械密封的基本结构型式

机械密封的结构型式很多，主要是根据摩擦副的对数、弹簧的情况，介质在端面上作用的比压情况和介质的漏泄方向等来加以区别。

a. 内装式与外装式

内装式是弹簧置于被密封介质之内，外装式则是弹簧置于被密封介质的外部，如图4-47所示。

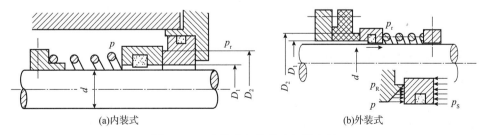

(a)内装式　(b)外装式

图4-47　内装式与外装式机械密封

内装式可使泵轴长度减小，但弹簧直接与介质接触；外装式泵轴较长，弹簧不直接与介质接触。在常用的外装式结构中，动环与静环接触端面上所受介质作用力和弹簧力的方向与内装式相反，当介质压力有波动或升高时，若弹簧力余量不大，会出现密封不稳定，而介质压力降低时,又因弹簧力不变,使端面上受力较大,特别是在低压启动时,由于摩擦副尚未形成液膜,端面上的比压过大容易磨伤密封面。所以,外装式多适用于介质易结晶、介质有腐蚀性且较黏稠和压力较低的场合。

内装式的端面比压随介质的压力升高而升高,密封可靠性高,应用较广。

b. 平衡型与非平衡型

在端面密封中,介质施加子密封端面上的载荷情况可用载荷系数 K 表示,如图 4-48 所示,载荷系数为介质压力的作用面积与密封端面面积之比。即 $K = \dfrac{D_2^2 - D_m^2}{D_2^2 - D_1^2}$,其中 D_1 和 D_2 分别为密封端面上的内径和外径,D_m 为装在动环处的密封圈滑动面的轴径。

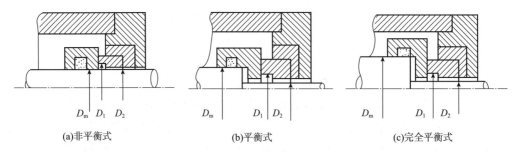

(a)非平衡式   (b)平衡式   (c)完全平衡式

图 4-48   机械密封平衡情况和尺寸关系

载荷系数 K 反映了密封端面上接受密封介质加载的程度。当 $K \geqslant 1$ 时,表示全部介质压力的作用都施于密封端面上,一点也没被平衡掉,这种类型称为非平衡型密封,一般用载荷系数 $K = 1.1 \sim 1.8$。当 $1 > K > 0$ 时,因轴上有台阶,密封面内径小于轴肩直径,说明介质压力的影响变小,相当于被平衡掉一部分,这种称为部分平衡型密封。当输送介质黏度不大时,用 $K = 0.58 \sim 0.7$,黏度大时,用 $K = 0.3 \sim 0.4$。当 $K \leqslant 0$ 时,为完全平衡型密封,它表明介质载荷对密封端面不起作用,密封端面上的压紧力只来自弹簧的预压紧力。完全平衡型密封不太可靠,一般不采用。

平衡型与非平衡型密封也可用所谓平衡系数 β 来表示,即 $\beta = 1 - K$。

当 $\beta \geqslant 1$ 时,为完全平衡型;

$1 > \beta > 0$ 时,为部分平衡型;

$\beta \leqslant 0$ 时,为非平衡型。

β 反映了施于密封端面上的介质载荷被卸载的程度。

c. 单端面与双端面机械密封

单端面机械密封只有一对摩擦副;双端面机械密封有两对摩擦副,如图 4-49 所示,它们处于相同的封液压力作用下。图中中间开孔是封液入口,两对摩擦副背对背放置。密封液压力一般比工作介质压力高 $0.05 \sim 0.15$ MPa,以起到堵封工作介质,防止其泄漏的作用,同时,密封液又起到润滑和冷却作用。对低黏度介质,可选润滑性好的封液以改善润滑条件;对于带固体颗粒的介质,封液可防止固体颗粒进入摩擦副,对于腐蚀性介质,封液也可起保护密封元件不受腐蚀的作用。与单端面密封相比,双端面密封有更好的可靠性，适用范围更广，可以完全防止被密封介质的外漏，但结构较复杂造价高。

d. 旋转式和静止式机械密封

旋转式是弹簧随轴一起转动的机械密封。大多数泵都用此种型式密封。但在高转速时，因弹簧受较大的离心力，对其动平衡性要求很高，这时可采用弹簧不转动的静止式机械密封，如图 4-50 所示，为高速泵用的静止式机械密封。

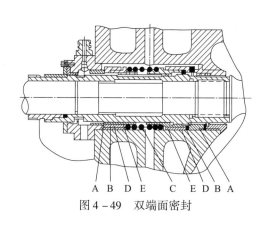

图 4-49　双端面密封

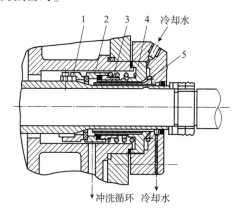

图 4-50　高速泵的机械密封
1—动环；2—静环；3—推环；4—弹簧座；5—挡水套

e. 内向流与外向流式机械密封

介质沿密封端面由外向内漏泄者称为内向流式。而由内向外漏泄者称为外向流式。内向流式泄漏方向与离心力方向相反，离心力可阻止液体漏泄，故内向流式较外向流式漏泄较少，对含固体杂质的液体，采用内向流式更适合。

③机械密封动、静环常用材料

对动、静环材质的性能主要要求是：有良好的耐磨性和较高的硬度，导热性好、有较高的热稳定性和化学稳定性、有较大的弹性模量和较好的抗冲击性。

动、静环常用材料有：硬质合金、铸铁、石墨及陶瓷等。硬质合金具有高硬度、高强度，大弹性模量，小线膨胀系数、耐磨、耐高温、耐腐蚀等优点，特别适用于高温下机械密封和含有固体颗粒的介质密封。其不足之处是脆性大，易于碎裂，加工较困难。

常用的铸铁材料有球墨铸铁和灰口铸铁，它们具有良好的耐磨性和导热性，对低黏性介质的密封比较适用。

陶瓷材料分为白陶瓷（微晶刚玉氧化铝）和黑陶瓷（金属陶瓷）两类。陶瓷在大多数介质中（除氢氟酸，氟硅酸，浓碱之外）都具有特别好的化学稳定性，高硬度和耐磨性。但导热系数小，冲击韧性低，易热裂。以氧化铝为基础的金属陶瓷，可改善微晶刚玉的易碎性，并提高了强度、导热性和抗热冲击性。陶瓷的使用温度限制在 150℃ 以下，不许骤冷或骤热。

石墨的导热性仅次于金属，具有良好的自润滑性能，膨胀系数小（约为金属的 1/2～1/4），化学稳定性高。石墨分为两种形态：一种是烧结的硬质材料，称为碳素石墨

（TM），质硬而脆；另一种是石墨化材料，质软而强度低，自润滑性能好，称为电化石墨（DM）。这两种形态石墨都有气孔率大，机械强度低的缺点。一般用于压力不高，要求不太严格的场合，其中，以电化石墨用得较多。

为弥补石墨性能的一些不足，可用浸渍等方法堵塞其孔隙。浸渍石墨分为浸渍树脂和浸渍金属两种。石墨浸渍树脂后，强度及耐磨性都有提高，化学稳定性也变好，只是导热性有所降低且不耐高温。石墨浸渍金属后，可提高机械强度、耐磨性及导热性。

聚四氟乙烯材料化学稳定性好，摩擦系数小，冲击韧性高，吸水性差，导热性差。加填充物制成填充聚四氟乙烯塑料可改善其性能。填充聚四氟乙烯使用温度在 − 190 ～ +250℃ 之间。

除上述材料之外，诸如磷青铜、硅铁等也均有较好的性能，可用于制造动、静环。

机械密封动、静环材料应注意合理选择，一般采用软硬组合或硬硬组合为宜。

机械密封的冲洗是个重要问题。要求冲洗液温度不要太高、清洁，所以对于输送带固体物的介质或高温介质来说，仍用泵的介质作为冲洗液就不适宜了，这时应考虑在泵外设一辅助系统，包括过滤器（或水力旋流器）、冷却器及管路等，这对保证机械密封正常运转，延长运转期限十分有效。

4.2.7　离心泵的调节与操作

离心泵的特性曲线是泵本身固有的特性。当泵安装在一定管路系统中工作时，其实际的工作流量和扬程，不仅与离心泵本身特性有关，还与管路特性有关。所以，要解决离心泵的选择和使用问题，只有在了解这两方面各自特性基础上，通过分析双方的联系和制约，才能正确地解决能量供需问题。下面分别叙述离心泵工作管路特性、离心泵的流量调节、离心泵的串并联和启停泵操作。

1. 离心泵工作管路特性及其工作点

（1）管路特性曲线

管路特性曲线是表示在一定管路系统中输送液体时，所需要的扬程 H 与流量 Q 的关系。如图 4 − 51 所示的输液系统中，若储液罐与受液罐的液面均维持恒定，且管路直径不变，则液体流过管路系统所需要的扬程，可在图中所示的①与②两截面间列伯努利方程式而得。

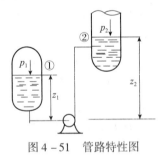

图 4 − 51　管路特性图

$$z_1 + \frac{p_1}{\rho g} + H = z_2 + \frac{p_2}{\rho g} + H_f$$

$$H = z_2 - z_1 + \frac{p_2 - p_1}{\rho g} + H_f$$

或

$$H = \Delta z + \frac{\Delta p}{\rho g} + H_f$$

对一定的管路系统，在一定条件下操作时，上式中的 Δz 与 $\dfrac{\Delta p}{\rho g}$ 均为定值，即：

$$\Delta z + \frac{\Delta p}{\rho g} = 常数 A$$

上式可化简为

$$H = A + H_{\mathrm{f}}$$

管路系统的压头损失为

$$H_{\mathrm{f}} = \lambda \frac{L + \sum L_{\mathrm{e}}}{d} \cdot \frac{u^2}{2g}$$

又因 $u = \dfrac{Q}{\dfrac{\pi}{4}d^2} = \dfrac{4Q}{\pi d^2}$，代入上式得

$$H_{\mathrm{f}} = \frac{8\lambda(L + \sum L_{\mathrm{e}})}{d^5 \pi^2 g} Q^2$$

对于一定管路系统，L、$\sum L_{\mathrm{e}}$、d 均为定值，湍流时摩擦系数 λ 变化很小，则

$$\frac{8\lambda(L + \sum L_{\mathrm{e}})}{d^5 \pi^2 g} = 常数 B$$

于是得：
$$H = A + BQ^2 \tag{4-43}$$

式 (4-43) 为管路特性方程式，它表明管路所需要的压头随流量的平方而变化。式 (4-43) 的图像是抛物线的一部分，此曲线称管路特性曲线，如图 4-52 所示。

(2) 离心泵的工作点

从管路特性曲线看出，管路输送液体所需要的压头随流量增加而增大；从离心泵的 $H-Q$ 特性曲线看出，泵提供给液体的压头随流量增加而减小。若将管路特性曲线与泵的 $H-Q$ 特性曲线绘于同一坐标图上，两线必有一个交点，称为泵的工作点，如图 4-53 中的 A 点。只有交点 A 所表示的流量和压头，既能满足管路系统的要求，又能为离心泵所供给。此交点对应的流量和压头就是泵在此管路工作时的实际流量和压头，若工作点所对应的效率较高，说明泵的选择较合适。

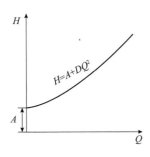
图 4-52　管路特性曲线

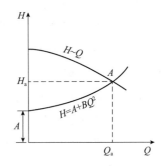
图 4-53　离心泵的工作点

2. 离心泵的流量调节

离心泵在指定的管路系统中工作时，由于生产任务的变化，要求减少或增加流量是经常遇到的，或在选泵时，往往不可能找到一个非常合适的泵，其工作流量正好与管路需要的流量相等，这样，也需要调节流量以满足生产要求。流量调节其实质就是改变泵的工作点。既然泵的工作点由泵的特性曲线和管路特性曲线决定，所以，改变两种特性曲线之一均能达到调节流量的目的。

（1）改变管路特性曲线

改变离心泵出口阀门开度，实质上就是改变管路特性曲线。原工作点在 A 运行的泵，当出口阀门关小时，管路的局部阻力损失增大，管路特性曲线变陡，如图 4-54 中 M_B 所示，工作点由 A 移至 B，流量由 Q_A 减少到 Q_B；当阀门开大时，则管路局部阻力减小，工作点移至 C 点，从而流量增大，如图 4-54 中曲线 M_C 所示。用阀门开度调节流量简单方便，且流量可以连续变化，适合于炼油、化工连续性生产，所以，在炼油、化工生产中获得广泛应用。但关小阀门时，使一部分能量额外消耗于克服阀门的局部阻力上，这是它的缺点。

（2）改变泵的特性曲线

①改变泵的转速。如图 4-55 所示，将泵的转速由 n 降至 n'，泵的特性 $H-Q$ 曲线相应下移，工作点由 A 移至 A'，此时流量和扬程均减小；若将泵的转速提高到 n''，泵的特性曲线上移，工作点移至 A''，流量和扬程均增加。这种调节流量方法，管路特性曲线保持不变，流量随转速的增减，动力消耗也相应地增减，从动力消耗看是比较合理的，但需要变速装置，而且难以做到流量连续调节，故电动机带动的离心泵很少采用，只适用于汽轮机带动的离心泵。

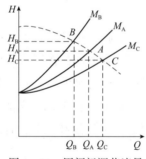

图 4-54 用阀门调节流量

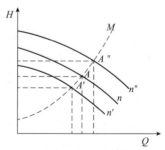

图 4-55 改变转速调节

②改变叶轮直径。减小叶轮外径也会使泵的特性曲线下移，从而达到降低流量的目的。这种调节方法的范围不大，且在泵运转中是无法更换叶轮的，故实际生产中很少采用。

3. 离心泵的串联与并联操作

在实际生产中，当生产情况改变较大，超出了原单台离心泵调节范围时，可采用两台或多台离心泵串联或并联成泵组进行操作，以满足生产的需要。若作出泵组的特性曲线，定出泵组的工作点后，便可确定泵联合操作时的流量。

（1）离心泵的串联操作

将一台离心泵的排出口与另一台泵的吸入管线相连接进行操作，称为泵的串联操作。

串联操作如图4-56所示，曲线Ⅰ为单台泵的特性曲线，曲线Ⅱ是两台同型号的离心泵串联后的特性曲线，它是将两台泵相同流量时的扬程相加而得。由该图看出，串联后泵组的工作点为P，其扬程和流量均较单台泵的工作点P'时大，但其工作点的扬程并非单台泵扬程的两倍。

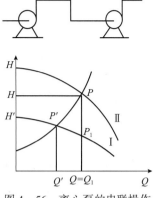

图4-56　离心泵的串联操作

应当注意，串联操作时，最后一台泵所受的压强最大，如串联泵组的台数过多，可导致最后一台因强度不够而受到损坏。

在输送系统中，要求扬程较高，且很稳定时，一般采用一台多级离心泵比多台泵串联经济、操作方便、简单；当生产中需要增大扬程，而又想利用原泵时，就可考虑将同型号的两台或几台离心泵串联使用，最后一台所承受的压强应在允许范围内。

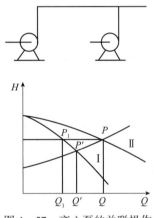

图4-57　离心泵的并联操作

（2）离心泵的并联操作

将两台或几台泵进出口分别并接在同一吸入和排出管路系统操作，称为并联操作。并联操作如图4-57所示，图中曲线Ⅰ是单台泵的特性曲线；曲线Ⅱ是两台同型号泵并联后的特性曲线，它是将两台泵在相同扬程下的流量相加而得。并联后泵组的工作点为P，其流量和扬程均较单台泵的工作点P'时大，但并联后的流量并不是单台泵流量的两倍。

管路特性曲线越陡（即管路阻力越大）时，并联后流量增加得越少，因此管路阻力很大时，并联泵意义不大。当要求流量大且稳定时，一般采用一台大流量泵操作，它与几台小流量泵并联操作相比，具有高效、经济、管路简单和操作方便等优点。当生产工艺上需要增大流量，一台泵不能满足要求，又想利用原泵，或要求流量变化很大，有时可停开部分泵，可考虑采用并联操作。

4. 离心泵启停操作与维护

在生产中不仅要求合理地选择和正确安装离心泵，还要求司泵人员要严格执行操作规程，才能确保泵安全、正常运行。现将离心油泵的操作与维护有关事项及启停泵主要步骤简述如下。

（1）开泵前的准备

①检查各部分螺柱、连接件有无松动，压力表、温度计是否失灵，电动机旋转方向与泵轴旋转方向是否一致。

②用手盘动联轴器使泵轴转动数圈，泵轴必须转动灵活和无不正常声音。

③检查轴承内的润滑油是否干净，油量是否符合要求。

④封油和冷却水系统应保证循环畅通。

⑤热油泵在启动前必须预热到与泵运转温度相比较不低于 40~60℃ 范围内，预热速度不得超过 50℃/h。

⑥用被输送液体灌泵，排出泵内气体。

（2）启动步骤

①开启封油和冷却水系统。

②打开进口阀，关闭出口阀，启动电动机。

③运转 1~2min，待出口压力稳定后，再慢慢打开出口阀调节流量。

④在开泵过程中应注意泵进、出口压力表及电流表指示值的变化，不许超过规定值。

（3）运行中的维护

①按操作指标检查泵出口压力、流量和电流有无波动，电流不能超过规定指标。

②经常检查轴承是否过热，电机轴承温度不能超过 65℃。

③定期更换润滑油或润滑脂。

④经常检查冷却水和封油系统循环情况。

⑤经常检查轴封装置是否漏油。

⑥泵运行过程中若发现有异常声音和泵振动时，应切换停泵检查故障原因。

（4）泵的切换与停泵

①首先做好备用泵开车前的准备工作。

②切换时先启动备用泵，出口阀慢慢开大。被切换的泵出口阀慢慢关小，在切换过程中应尽量减少流量等参数的波动。

③将被切换泵出口阀慢慢关死后，停电机，再关闭泵的入口阀。

④泵冷却后，停冷却水和封油。冬季停泵时必须排净泵内液体，以免泵体冻裂。

5. 离心泵常见故障及排除方法

离心泵在运行过程中，可能发生各种故障，若不及时排除，将引起严重事故，因此必须及时发现和排除故障。现将经常容易发生的故障及排除方法列于表 4-7 中。

表 4-7 离心泵故障原因及排除方法

故障现象	产生原因	处理措施
泵轴空转	（1）启动时泵未灌满液体 （2）泵轴反方向旋转 （3）泵内漏进气体 （4）吸入管路堵塞 （5）吸入容器液面过低	（1）重新灌泵 （2）重接电机导线改变转向 （3）停泵检查重新灌泵 （4）停泵检查排除故障 （5）提高吸入容器液面
系体振动 有杂音	（1）泵与电机轴中心不正 （2）地脚螺栓松动 （3）产生汽蚀现象 （4）轴承损坏 （5）泵轴弯曲	（1）停泵找正 （2）拧紧螺柱 （3）停泵检查，排除故障 （4）更换轴承 （5）停泵检修

续表

故障现象	产生原因	处理措施
流量下降	(1) 转速降低 (2) 叶轮堵塞 (3) 漏进气体 (4) 密封环磨损	(1) 检查原因，提高转速 (2) 停泵检修，排除杂物 (3) 检查管路，更换填料 (4) 停泵检修，更换密封环
泵出口压力过高	(1) 输送管路堵塞 (2) 压力表失灵	(1) 检查管路，排出故障 (2) 更换压力表
轴承发热	(1) 泵轴、电机轴不同心 (2) 润滑油不足 (3) 冷却水不足	(1) 停泵校正 (2) 添加润滑油 (3) 给足冷却水
机械密封或填料密封泄漏	(1) 使用时间过长，动环磨损或填料失效 (2) 输送介质有杂质，动环磨损	(1) 停泵检修，更换机械密封或填料 (2) 停泵检修，更换机械密封或在吸入管口加滤网
电动机通度过高	(1) 绝缘不良 (2) 超负荷，电流过大 (3) 电压太低，电流过大 (4) 电机转轴不正	(1) 停泵检修 (2) 停泵检修 (3) 泵降量 (4) 停泵检修
电流过大	(1) 超负荷，泵流量过大 (2) 电机潮湿绝缘不好	(1) 降流量，换电机 (2) 停泵检修

4.3　其他类型泵

4.3.1　轴流泵

4.3.1.1　典型结构

图 4 - 58 为轴流泵的一般结构，其中过流部件有叶轮、导叶、吸入管、弯管（排出管）和外壳。

按照安装位置可将轴流泵分为立式、卧式和斜式。按照叶轮上的叶片是否可调，轴流泵分为：固定叶片式，叶片固定不可调；半调节叶片式，停机拆下叶轮后可调节叶片角度；全调节叶片式，通过一套调节机构使泵能在运行中自动调节叶片角度。调节机构有机械式、油压式。

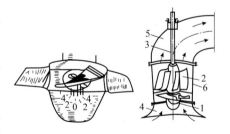

图 4 - 58　轴流泵过流部件示意图
1—叶轮；2—导叶；3—轴；4—吸入管；
5—弯管；6—外壳

4.3.1.2　工作原理

轴流泵的工作是以空气动力学中机翼的升力理论为基础的。如同离心泵一样，轴流泵中旋转叶轮传递给单位重量液体的能量也用欧拉方程来表示，但由于流线沿轴流叶轮进出口的圆周速度相等，因此，方程 $H_t = \dfrac{u_2^2 - u_1^2}{2g} + \dfrac{w_1^2 - w_2^2}{2g} + \dfrac{c_2^2 - c_1^2}{2g}$ 变为

$$H_t = \frac{w_1^2 - w_2^2}{2g} + \frac{c_2^2 - c_1^2}{2g} \; (\text{m}) \qquad (4-44)$$

4.3.1.3 工作特性

轴流泵的 $H-q_v$ 曲线在小流量区往往出现马鞍形的凹下部分。功率曲线与扬程曲线有大体类似的形状，而效率曲线上的高效率区比较狭窄。如图 4-59 所示，在扬程曲线上，

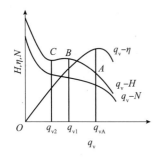

图 4-59 轴流泵的特性曲线

当流量由最佳工况点 A 开始减小时，其扬程逐渐增大，流量减到 q_{v1} 时扬程增大到转折点 B。流量继续减小，则扬程也减小，直至第二个转折点 C。自 C 点开始再减小流量，扬程又迅速增加，当排出流量 $q_v = 0$ 时，扬程可达最佳工况点扬程的两倍左右。$q_v = 0$ 工况通常称为关死工况，此时的扬程最高，功率最大。显然，这种形状的性能曲线对泵的运行是不利的。下面简单说明性能曲线出现这种形状的原因。

当流量减小使冲角增大到一定程度时，翼型表面将产生脱流现象。所以当流量减小到 q_{v1} 时，因冲角过大产生脱流导致升力系数下降，扬程减小。而当流量减小到 q_{v2} 时，由于叶片各截面上的扬程不等会出现二次回流，如图 4-60 所示。由叶轮流出的液体一部分又重新回到叶轮中再次接受能量，从而使扬程增大。但由于主流与二次回流的撞击会有很大的水力损失，又由于叶片进、出口的回流旋涡使主流道变为斜流式，而斜流式的扬程要比原来轴流式的扬程高，由于以上两种原因均使扬程增大，所以由 q_{v2} 再减小流量时扬程又迅速增大，由于脱流与二次回流均造成很大的能量损失，故在小流量区效率曲线随流量减小而很快下降，因而高效率工作区域相当小。

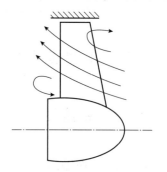

图 4-60 轴流泵叶轮内的二回流示意图

应当指出，轴流泵的启动操作与离心泵是不同的。由于轴流泵有这种形状的性能曲线，若还像离心泵那样关闭排液管上的闸阀启动，则轴流泵往往难以启动起来，且有烧坏电动机的危险。因为这相当于在关死点工况下启动，需要消耗很大的功率。所以轴流泵启动时排液管上的闸阀必须全开，以减小启动功率。

固定叶片式轴流泵只有一条特性曲线，而调节叶片式轴流泵随着叶片角度的改变性能曲线会移动位置，从而得到许多条特性曲线，如图 4-61 所示，图中还绘有等效率曲线和等功率曲线，称为轴流泵的综合特性曲线。调节叶片的角度可使轴流泵的高效区比较宽广，能在变工况下保持经济运行。

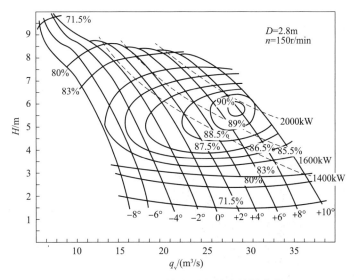

图 4 - 61　28CJ 型轴流泵的综合特性曲线

4.3.1.4　特点及应用场合

轴流泵的特点是流量大、扬程低、效率高。一般流量为 $0.3 \sim 65 \mathrm{m^3/s}$，扬程通常为 $2 \sim 20 \mathrm{m}$，比转速大约为 $500 \sim 1600$。

轴流泵可用于水利、化工、热电站输送循环水、城市给排水、船坞升降水位，还可作为船舶喷水推进器等。随着各种大型化工厂的发展，轴流泵已在某些化工厂中得到较多的应用，如烧碱、纯碱生产用的蒸发循环轴流泵、冷析轴流泵等。近年来我国自行设计和制造的大型轴流泵，其叶轮直径已达 $3 \sim 4 \mathrm{m}$。

4.3.2　旋涡泵

4.3.2.1　典型结构

旋涡泵结构简图如图 4 - 62 所示。它主要由叶轮、泵体和泵盖组成。泵体和叶轮间形成环流通道，液体从吸入口进入，通过旋转的叶轮获得能量，到排出口排出。吸入口和排出口间有隔板，隔板与叶轮间有很小的间隙，由此使吸入口和排出口隔离开。

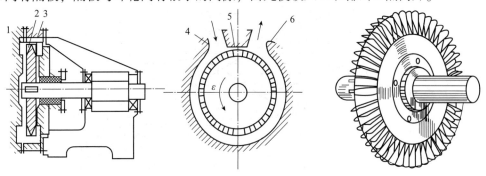

图 4 - 62　旋涡泵示意图

1—泵盖；2—叶轮；3—泵体；4—吸入口；5—隔板；6—排出口

4.3.2.2 工作原理

旋涡泵通过叶轮叶片把能量传递给流道内的液体。但它是通过三维流动能量传递在整个泵的流道内重复多次，图4-63为液体在旋涡泵内运动的示意图。因此，旋涡泵具有其他叶片式泵所不可能达到的高扬程。

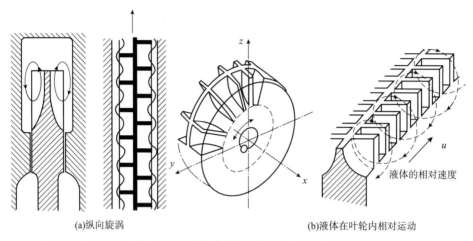

(a)纵向旋涡　　　　　　　　　　　　　(b)液体在叶轮内相对运动

图4-63　液体在旋涡泵内运动的示意图

由于叶轮转动，使叶轮内和流道内液体产生圆周运动，叶轮内液体的离心力大，它的圆周速度大于流道内的圆周速度，形成图4-63所示的从叶轮向流道的环形流动，这种流动类似旋涡，旋涡泵由此而得名。此旋涡的矢量指向流道的纵向，故称为纵向旋涡。

由于旋涡泵是借助从叶轮中流出的液体和流道内液体进行动量交换（撞击）传递能量，伴有很大的冲击损失，所以旋涡泵的效率较低。

4.3.2.3 工作特性

图4-64所示旋涡泵扬程和功率特性曲线是陡降的，图上还标出旋涡泵与离心泵特性曲线的比较。

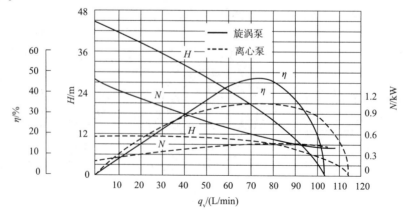

图4-64　旋涡泵与离心泵性能曲线的比较

4.3.2.4　特点及应用场合

1. 旋涡泵的特点

（1）高扬程、小流量，比转速一般小于 40。

（2）结构简单、体积小、重量轻。

（3）具有自吸能力或借助于简单装置实现自吸。

（4）某些旋涡泵可以实现气液混输。

（5）效率较低，一般为 20% ~ 40%，最高不超过 50%。

（6）旋涡泵的抗汽蚀性能较差。

（7）随着抽送液体黏度增加，泵效率急剧下降，因而不适宜输送黏度大的液体。

（8）旋涡泵隔板处的径向间隙和轮盘两侧与泵体间的轴向间隙很小，一般径向间隙为 0.15 ~ 0.3mm，轴向间隙为 0.07 ~ 0.15mm，因而对加工和装配精度要求较高。

（9）当抽送液体中含有杂质时，因磨损导致径向间隙和轴向间隙增大，从而降低泵的性能。

2. 应用场合

旋涡泵主要用于化工、医药等工业流程中输送高扬程、小流量的酸、碱和其他有腐蚀性及易挥发性液体，也可作为消防泵、小型锅炉给水泵和一般增压泵使用。

4.3.3　杂质泵

4.3.3.1　典型结构

杂质泵又称液固两相流泵，杂质泵大多为离心泵。由于用途不同，叶轮的结构形式很多。图 4 - 65 为常用杂质泵的结构形式。

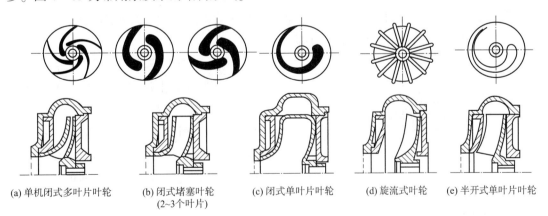

(a) 单机闭式多叶片叶轮　　(b) 闭式堵塞叶轮　　(c) 闭式单叶片叶轮　　(d) 旋流式叶轮　　(e) 半开式单叶片叶轮
　　　　　　　　　　　　　(2~3 个叶片)

图 4 - 65　杂质泵叶轮的结构形式

图 4 - 66 是一般形式叶轮和瓦尔曼（Warman）式叶轮抽送颗粒和液体时的流动状态。在一般形式叶轮中，从叶轮出口流向涡室的流动向外侧分流，形成外向旋涡。因为旋涡中心的压力低，使固体颗粒集中到叶轮两侧，从而加剧了叶轮前、后盖板和衬套的磨损。在瓦尔曼式叶轮中，在涡室形成内向旋涡，从而避免了一般叶轮的缺点。

在杂质泵中，由于固体颗粒在叶轮进口的速度小于液体速度，因而具有相对阻塞作用。又由于固体颗粒所受的离心力大于液体，它们在叶轮出口的径向分速度大于液体速度，因而具有相对抽吸作用。考虑到上述作用，并兼顾效率、磨损和汽蚀等因素，有的专家认为这种泵叶片进口角应比一般纯液泵的大，而叶片出口角应比一般纯液泵的小，并应适当加大叶轮的外径和叶片的轴向宽度。图 4-67 给出了普通卧式污水泵结构。

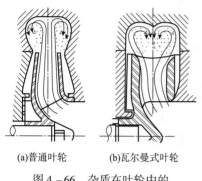

(a)普通叶轮　(b)瓦尔曼式叶轮

图 4-66　杂质在叶轮中的流动状态

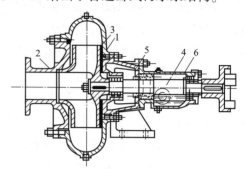

图 4-67　普通卧式污水泵

1—涡形体；2—前盖；3—叶轮；4—轴；5—填料箱体；6—轴承体

4.3.3.2　特点及应用场合

杂质泵的应用日益广泛，如在城市中排送各种污水，在建筑施工中抽送砂浆，在化学工业中抽送各种浆料，在食品工业中抽送鱼、甜菜，在采矿业中输送各种矿砂和矿浆等。杂质泵今后将成为泵应用中一个非常重要的领域。

4.3.4　往复活塞泵

4.3.4.1　典型结构与工作原理

往复活塞泵由液力端和动力端组成。液力端直接输送液体，把机械能转换成液体的压力能；动力端将原动机的能量传给液力端。

动力端由曲轴、连杆、十字头、轴承和机架等组成。液力端由液缸、活塞（或柱塞）、吸入阀和排出阀、填料函和缸盖等组成。

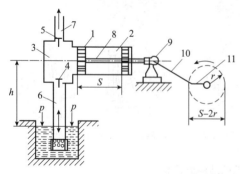

图 4-68　单作用活塞泵的工作原理示意图

1—活塞；2—活塞缸；3—工作室；4—吸入阀；5—排除阀；6—吸入管；7—排出管；8—活塞杆；9—十字接头；10—曲柄连杆结构；11—带轮

如图 4-68 所示，当曲柄以角速度 ω 逆时针旋转时，活塞向右移动，液缸的容积增大，压力降低，被输送的液体在压力差的作用下克服吸入管路和吸入阀等的阻力损失进入到液缸。当曲柄转过180°以后活塞向左移动，液体被挤压，液缸内液体压力急剧增加，在这一压力作用下，吸入阀关闭而排出阀被打开，液缸内液体在压力差的作用下被排送到排出管路中去。当往复泵的曲柄以角速度 ω 不停地旋转时，往复泵就不断地吸入和排出液体。

活塞在泵缸内往复一次只有一次排液的泵，称为单缸单作用泵（图 4 - 68）。当活塞两面都起作用，即一面吸入，另一面排出，这时一个往复行程内完成两次吸排过程，其流量约为单作用泵的两倍，称为单缸双作用泵（图 4 - 69）。还有一种是三缸单作用泵，由三个单作用泵并联在一起，还用公共的吸入管和排出管，这三台泵由同一根曲轴带动，曲柄之间夹角为 120°，曲轴旋转一周，三台泵各工作一个往复行程，所以流量约为单作用泵的三倍。当两台双作用泵（或四台单作用泵）并联工作时，就构成了四作用泵。

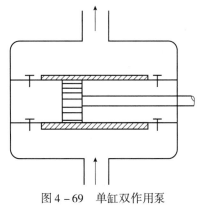

图 4 - 69　单缸双作用泵

活塞泵的平均流量

$$q_v = \frac{iFSn\eta_v}{60} \tag{4-45}$$

式中　　F——活塞面积，m^2；

S——活塞行程，m；

n——转速，r/min；

η_v——泵的容积效率。

$i = 1$、2、3 和 4 分别表示单作用泵、双作用泵、三作用泵和四作用泵。

4.3.4.2　工作特性

活塞泵在一定 n 时 $q_v - H$，$N - H$，$\eta - H$ 曲线称为性能曲线，如图 4 - 70 所示。

$q_v - H$ 表现为平行横坐标的直线，只在高压情况下，由于泄漏损失增加，流量趋于降低。$\eta - H$ 曲线中，η 在很大范围内是一常数，只在压力很高或很低时才降低。很高时，降低是由于泄漏增加；很低时，降低则是由于有效功率过小，即排出流量和压力都太小，接近空运转状况。

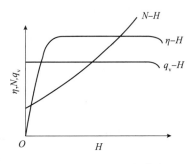

图 4 - 70　活塞泵性能曲线

$N - H$ 曲线是急剧上升的，因为 H 在增大，功率必然增加。当活塞处于吸液行程时，液体因其惯性而使流动滞后于活塞的运动，从而使缸内出现低压，产生气泡，由此亦会形成汽蚀，甚至出现水击现象，显然这对活塞泵的性能和寿命都有影响，因此也就限制了活塞泵提高转速。

活塞泵的工况调节是改变流量和扬程。改变扬程，可调节排出阀，小开启度排出压力高，大开启度排出压力低。改变流量不能用排出阀调节，可用旁路调节、行程调节和转速调节。如改变电动机的转速 n，低转速流量小，高转速流量大，如图 4 - 71 所示。一般活塞泵在排出口都装有安全阀，

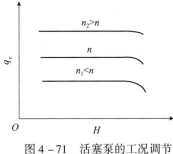

图 4 - 71　活塞泵的工况调节

当排液压力超过允许值时安全阀开启，使高压液体从排出腔短路返回吸入腔。

4.3.4.3 特点及应用场合

活塞泵有以下特点：

（1）流量只取决于泵缸几何尺寸（活塞直径 D、活塞行程 S）、曲轴转速 n，而与泵的扬程无关。所以活塞泵不能用排出阀来调节流量，它的性能曲线是一条直线，只是在高压时，由于泄漏损失，流量稍有减小；

（2）只要原动机有足够的功率，填料密封有相应的密封性能，零部件有足够的强度，活塞泵可以随着排出阀开启压力的改变产生任意高的扬程，所以同一台往复泵（活塞泵）在不同的装置中可以产生不同的扬程；

（3）活塞泵在启动运行时不能像离心泵那样关闭出水阀启动，而是要开阀启动；

（4）自吸性能好；

（5）由于排出流量脉动造成流量的不均匀，有的需设法减小与控制排出流量和压力的脉动。

往复活塞泵适用于输送压力高、流量小的各种介质。当流量小于 $100m^3/h$、排出压力大于 10MPa 时，有较高的效率和良好的运行性能，亦适合输送黏性液体。

另外，计量泵也属于往复式容积泵，计量泵在结构上有柱塞式、隔膜式和波纹管式，其中柱塞式计量泵与往复活塞泵的结构基本一样，但计量泵中的曲柄回转半径往往还可调节，借以控制流量，而隔膜挠曲变形引起容积的变化，波纹管被拉伸和压缩从而改变容积，均达到输送与计量的目的。计量泵也称定量泵或比例泵。目前国内外生产的计量泵计量流量的精度一般为柱塞式 ±0.5%，隔膜式 ±1%，计量泵可用于计量输送易燃、易爆、腐蚀、磨蚀、浆料等各种液体，在化工和石油化工装置中经常使用。

4.3.5 螺杆泵

4.3.5.1 典型结构

螺杆泵有单螺杆泵（图 4-72）、双螺杆泵（图 4-73）和三螺杆泵（图 4-74）。

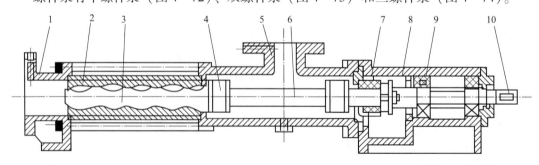

图 4-72 单螺杆泵

1—压出管；2—衬套；3—螺杆；4—万向联轴器；5—吸入管；
6—传动轴；7—轴封；8—托架；9—轴承；10—泵轴

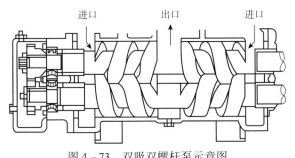

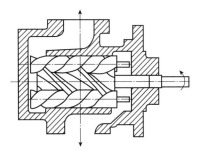

图 4－73　双吸双螺杆泵示意图　　　　　图 4－74　三螺杆泵示意图

4.3.5.2　工作原理

单螺杆泵工作时，液体被吸入后就进入螺纹与泵壳所围的密封空间，当螺杆旋转时，密封容积在螺牙的挤压下提高其压力，并沿轴向移动。由于螺杆按等速旋转，所以液体出口流量是均匀的。

单螺杆泵的流量

$$q_v = 0.267 eRtn\eta_v \tag{4-46}$$

式中　e——偏心距，m；

　　　R——螺杆断面圆半径，m；

　　　t——螺距；

　　　n——泵轴转速，r/min；

　　　η_v——泵的容积效率。

双螺杆泵是通过转向相反的两根单头螺纹的螺杆来挤压输送介质的。一根是主动的，另一根是从动的，它通过齿轮联轴器驱动。螺杆用泵壳密封，相互啮合时仅有微小的齿面间隙。由于转速不变，螺杆输送腔内的液体限定在螺纹槽内均匀地沿轴向向前移动，因而泵提供的是一种均匀的体积流量。每一根螺杆都配有左螺旋纹和右螺旋纹，从而使通过螺杆两侧吸入口的沿轴向流入的液体在旋转过程中被挤向螺杆正中，并从那里挤入排出口。由于从两侧进液，因此在泵内取得了压力平衡。

4.3.5.3　工作特性

图 4－75 的特性曲线显示了螺杆泵在水力方面的特性，体积流量随扬程的增加而减小。

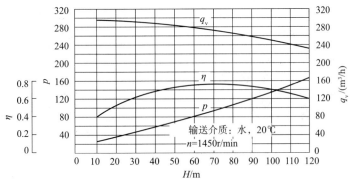

图 4－75　螺杆泵的特性曲线

4.3.5.4　特点及应用场合

螺杆泵有如下特点：

（1）损失小，经济性能好；

（2）压力高而均匀、流量均匀、转速高；

（3）机组结构紧凑，传动平稳，经久耐用，工作安全可靠，效率高。

螺杆泵几乎可用于任何黏度的液体，尤其适用于高黏度和非牛顿流体，如原油、润滑油、柏油、泥浆、黏土、淀粉糊、果肉等。螺杆泵亦用于精密和可靠性要求高的液压传动和调节系统中，也可作为计量泵。但是它加工工艺复杂，成本高。

4.3.5.5　型号和名称

螺杆泵产品型号在产品目录上可以查到，现在举例加以说明，单螺杆泵 G40×4 – 8/10，三螺杆泵 3G36×6 – 2.4/40，型号中的 40 或 36 表示螺杆直径（mm），4 或 6 表示螺杆螺距，8 或 2.4 表示泵的流量（m^3/h），10 或 40 表示泵的排出压力（0.1MPa 或 0.4MPa）。

4.3.6　滑片泵

4.3.6.1　典型结构与工作原理

滑片泵的转子为圆柱形，具有径向槽道，槽道中安放滑片，滑片数可以是 2 片或多片，滑片能在槽道中自由滑动（图 4 – 76）。

泵转子在泵壳内偏心安装，转子表面与泵壳内表面构成一个月牙形空间。转子旋转时，滑片依靠离心力或弹簧力（弹簧放在槽底）的作用紧贴在泵内腔。在转子的前半转相邻两滑片所包围的空间逐渐增大，形成真空，吸入液体，而在转子的后半转，此空间逐渐减小，将液体挤压到排出管。

4.3.6.2　工作特性

图 4 – 77 为某滑片泵的工作特性曲线。其体积流量和所需功率与转速成正比，比例范围较宽。压力升高时，泵的容积效率下降甚微。

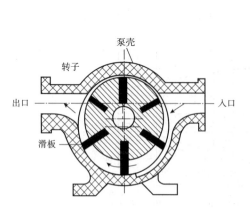

图 4 – 76　滑片泵结构示意图

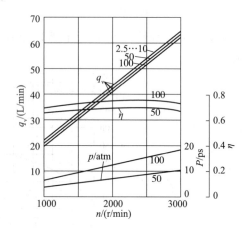

图 4 – 77　某滑片泵特性曲线

4.3.6.3　特点及应用场合

滑片泵也可与高速原动机直接相连，同时具有结构轻便、尺寸小的特点，但滑片和泵内腔容易磨损。滑片泵应用范围广，流量可达 5000L/h。常用于输送润滑油和液压系统，适宜在机床、压力机、制动机、提升装置和力矩放大器等设备中输送高压油。

4.3.7　齿轮泵

4.3.7.1　典型结构

齿轮泵分为外齿轮泵［图 4 – 78（a）］和内齿轮泵［图 4 – 78（b）］。内齿轮泵的两个齿轮形状不同，齿数也不一样。其中一个为环状齿轮，能在泵体内浮动，中间一个是主动齿轮，与泵体成偏心位置。环状齿轮较主动齿轮多一齿，主动齿轮带动环状齿轮一起转动，利用两齿间空间的变化来输送液体。另有一种内齿轮泵是环状齿轮较主动齿轮多两齿，在两齿轮间装有一块固定的月牙形隔板，把吸排空间明显隔开了。

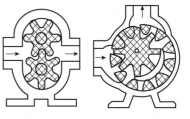

(a) 外啮合齿轮泵　　(b) 内啮合齿轮泵

图 4 – 78　齿轮泵结构示意图

在排出压力和流量相同的情况下，内齿轮泵的外形尺寸较外齿轮泵小。

4.3.7.2　工作原理

齿轮与泵壳、齿轮与齿轮之间留有较小的间隙。当齿轮沿图示箭头所指方向旋转时，在轮齿逐渐脱离啮合的左侧吸液腔中，齿间密闭容积增大，形成局部真空，液体在压差作用下吸入吸液室，随着齿轮旋转，液体分两路在齿轮与泵壳之间被齿轮推动前进，送到右侧排液腔，在排液腔中两齿轮逐渐啮合，容积减小，齿轮间的液体被挤到排液口。齿轮泵一般自带安全阀，当排压过高时，安全阀启动，使高压液体返回吸入口。外齿轮泵的流量：

$$q_v = \frac{Fbzn\eta_v}{30} \tag{4 – 47}$$

式中　　F——两齿之间的面积，m^2；

　　　　b——齿轮的宽度，m；

　　　　z——每个齿轮的齿数；

　　　　n——齿轮的转速，r/min；

　　　　η_v——泵的容积效率。

4.3.7.3　工作特性

图 4 – 79 为一高压齿轮泵的工作特性曲线，齿轮泵的单级压力可达 100bar（$1bar = 10^5 Pa$）以上，由图可见，在很宽的性能范围内具有良好而又恒定的

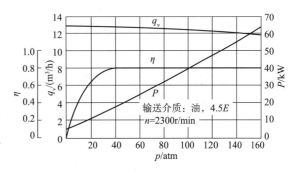

图 4 – 79　高压齿轮泵特性曲线

效率。

4.3.7.4 特点及应用场合

齿轮泵是一种容积式泵，与活塞泵不同之处在于没有进、排水阀，它的流量要比活塞泵更均匀，构造也更简单。齿轮泵结构轻便紧凑，制造简单，工作可靠，维护保养方便。一般都具有输送流量小和输出压力高的特点。

齿轮泵用于输送黏性较大的液体，如润滑油和燃烧油，不宜输送黏性较低的液体（例如水和汽油等），不宜输送含有颗粒杂质的液体（影响泵的使用寿命），可作为润滑系统油泵和液压系统油泵，广泛用于发动机、汽轮机、离心压缩机、机床以及其他设备。齿轮泵工艺要求高，不易获得精确的匹配。

4.3.7.5 型号和名称

常用的齿轮泵有以下几种。

CB-B 型齿轮泵，工作压力为 2.5MPa，流量 2.5~200L/min，额定转速为 1450r/min，共有 16 种规格。型号字母 CB 表示齿轮泵，后一个 B 表示压力等级，我国机床液压系统压力分成 A、B、C 三级，相对应的压力是 1.0MPa、2.5MPa、6.3MPa，例如 CB-B25，表示该齿轮泵压力是 B 级 2.5MPa，流量 25L/min。

农机上使用的 GB 齿轮泵压力较高，其额定压力为 10MPa，最大压力可达 13.5MPa，转速范围为 1300~1625r/min，共有 GB-10，GB-32，GB-46，GB-100 四种规格，后面的数字表示泵的理论流量。

CB-F 型高压齿轮泵，额定压力为 14MPa，最大压力可达 17.5MPa.

其他还有计量泵、屏蔽泵、潜水泵、射流泵、真空泵等。

思考题

1. 按工作原理的不同，泵可以分成几类？各类泵的工作原理是什么？

2. 举例说明离心泵的主要分类。

3. 说明离心泵型号的主要表示方法。

4. 试述离心泵的工作过程。为何启动前要进行灌泵？

5. 离心泵的基本性能参数及意义。

6. 为什么不能将泵实际扬程理解为泵的提液高度？

7. 液体在叶轮内流动时有几种速度？

8. 写出离心泵理论扬程的欧拉方程，并说明各项的含义。

9. 说明有限叶片与无限叶片叶轮理论扬程的区别。

10. 叶轮叶片有几种形式？离心泵一般常采用何种形式叶片的叶轮？为什么？

11. 试述离心泵的汽蚀现象及其危害。

12. 何谓有效汽蚀余量？何谓必需汽蚀余量？并写出它们的表达式。

13. 试写出泵汽蚀判别方程式，并说明如何判断泵是否发生汽蚀？

14. 提高离心泵抗汽蚀性能应采取哪些措施？试举例说明。

15. 试述离心泵中的主要能量损失及含义。

16. 离心泵性能曲线的组成及各曲线的含义。

17. 离心泵扬程与流量曲线有几种形状？试述各种形状的特点及应用。

18. 什么是离心泵的稳定工况点和不稳定工况点？

19. 试述离心泵流量调节的方法及特点。

20. 离心泵串、并联工作后性能曲线将如何变化？

21. 离心泵在起动前应做哪些准备工作？

22. 简述离心泵"气缚"现象产生的原因，并提出解决办法。

23. 离心泵在运行过程中要注意哪些问题？

24. 比例定律与切割定律表达式。

25. 什么是比转数？其主要用途是什么？

26. 何谓泵的高效工作区？并画出它的示意图。

27. 有哪些其他类型的泵？试任举一种类型泵说明其工作原理和用途。

28. 试述轴流泵的工作特性，并说明为何启动前要使出口管道的阀门全开？

29. 选用泵应遵循哪些原则？

30. 简述泵的选型步骤。

习　题

【4-1】　某型离心泵，其吸入管直径为 0.1m，排出管直径为 0.075m，流量为 0.025m³/s，出口压力表读数为 0.33MPa，进口真空表读数为 0.04MPa，两表位差为 0.8mH₂O，电机功率为 12.5kW，电机效率 η 为 0.95，泵与电机直联，输送介质为水，求此泵的扬程为多少？泵的有效功率为多少？轴功率为多少？效率为多少？

【4-2】　欲用离心泵将 20℃ 水以 30m³/h 的流量由水池打到敞口高位槽，两液面均保持不变，液面高差为 18m，泵的吸入口在水池液面上方 2m 处。泵的吸入管路全部阻力为 1mH₂O，压出管路全部阻力为 3mH₂O，泵的效率为 0.6。求：（1）泵的轴功率？（2）若已知泵的允许吸上真空高度为 6m，问上述安装高度是否合适（动压头可忽略）？水的密度可取 1000kg/m³。

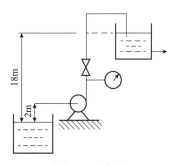

题 4-2　附图

【4-3】 如附图所示，计划在蓄水池 A 的一侧安装一台离心泵，将水输送至列管换热器 B 的壳程内作冷却用，要求水的流量为 $18m^3/h$，水自换热器出来后流进高位水槽 C 中，回收他用。已知：

（1）蓄水池 A 水面标高 3m，高位槽 C 处进水管末端标高 23m；

（2）输水管为 $\phi 60 \times 3.5mm$ 的钢管；

（3）管路部分的压头损失 $\sum h_f = 19 \times \dfrac{u^2}{2g} mH_2O$，换

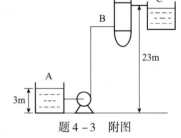

题 4-3 附图

热器 B 壳程的压力损失 $\Delta p = 73.6 \times \dfrac{u^2}{2g} kN \cdot m^{-2}$；（式

中，u 为管内流体流速，m/s），$\rho_{水} = 1000kg/m^3$。今库存有一台 2B-31 型离心泵，其性能参数如下表所示，试核算选用此泵是否合适。

流量/(m³/h)	扬程/m	轴功率/kW	允许吸入真空度/m
10	34.5	1.87	8.7
20	30.8	2.60	7.2
30	24	3.07	5.7

【4-4】 如图所示输水系统，管长、管径（均以 m 计）和各局部阻力的阻力系数 ζ 均标于图中。直管部分的 λ 值均为 0.03。求：

（1）以流量 Q（m^3/min）和压头 He（m）表示的管路特性曲线方程；

（2）输水量为 $15m^3/h$ 时，要求泵提供的有效功率（以 kW 计）。

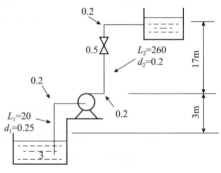

题 4-4 附图

【4-5】　欲用离心泵在两敞口容器间输液，该水泵铭牌标有：流量 39.6m³/h，扬程 15m，轴功率 2.02kW，效率 80%，配用 2.8kW 电机，转数 1400r/min。今欲在以下情况使用是否可以？如不可时采用什么措施才能满足要求（要用计算结果说明）（1）输送相对密度为 1.8 的溶液，流量为 38m³/h，扬程 15m；（2）输送相对密度为 0.8 的油类，流量为 40m³/h，扬程 30m；（3）输送相对密度为 0.9 的清液，流量为 30m³/h，扬程 15m。

【4-6】　有一台离心泵，铭牌上标出允许吸上真空度 $H_s = 5m$，用来输送 20℃ 的清水，已知吸入管路的全部阻力损失为 1.5mH₂O，当地大气压为 10mH₂O，若略去泵入口处的动压头。试计算此泵的允许安装高度 H_g 为多少 m？

【4-7】　如图所示的输水系统，已知管内径为 $d = 50mm$，在阀门全开时输送系统的管路损失 $(L + \sum L_e) = 50m$，摩擦系数 λ 可取 0.03，泵的性能曲线在流量为 6～15m³/h 范围内可用下式描述：$H = 18.92 - 0.82Q^{0.8}$，H 为泵的扬程，m，Q 为泵的流量，m³/h。问：

（1）如要求输送量为 10m³/h，单位质量的水所需外加功为多少？此泵能否完成任务？

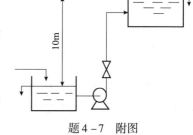

题 4-7　附图

（2）如要求输送量减至 8m³/h（通过关小阀门来达到），泵的轴功率减少百分之多少（设泵的效率变化忽略不计）？

【4-8】　在一定转速下，用离心泵向表压为 50kPa 的密闭高位槽输送密度 $\rho = 1200kg/m³$ 的水溶液。泵出口阀全开时，管路特性方程式为

$$H_c = \Delta Z + \frac{\Delta p}{\rho g} + Bq_c^2 = K + Bq_c^2$$

现分别改变如下操作条件，且改变条件前后流动均在阻力平方区，试判断管路特性方程式中参数变化趋势：（1）关小泵的出口阀；（2）改送 20℃ 的清水；（3）将高位槽改为常压。

【4-9】 用 IS80-65-125 ($n=2900\text{r/min}$) 型离心水泵将 60℃的水 ($\rho=983.2\text{kg/m}^3$, $p_V=19.92\text{kPa}$) 送至密闭高位槽 (压力表读数为 49kPa), 要求流量为 43m³/h, 提出如下图所示三种方案, 三种方案的管径、粗糙度和管长 (包括所有局部阻力的当量长度) 均相同, 且管路的总压头损失均为 3m, 当地大气压为 100kPa。试分析:

(1) 三种安装方法是否都能将水送到高位槽中? 若能送到, 是否都能保证流量? 泵的轴功率是否相同?

(2) 其他条件都不变, 改送水溶液 ($\rho=1200\text{kg/m}^3$, 其他性质和水相近), 则泵出口压力表的读数、流量、压头和轴功率将如何变化?

(3) 若将高位槽改为敞口, 则送 60℃的水和溶液 ($\rho=1200\text{kg/m}^3$) 的流量是否相同?

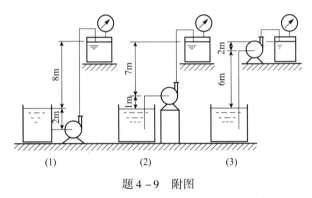

(1)　　　　　　　　　(2)　　　　　　　　　(3)

题 4-9　附图

【4-10】 用 IS80-50-200 型 ($n=2900\text{r/min}$) 离心泵将 20℃的清水由水池送到水洗塔内, 流程如本题附图所示。塔的操作压力为 177kPa (表压), 管径为 $\phi108\times4\text{mm}$, 管路全长 (包括除管路出口阻力外的所有局部阻力当量长度) 为 288m, 摩擦系数 λ 取为 0.025。试计算:

(1) 管路特性曲线方程;

(2) 若要求输水量 50m³/h, 该泵能否满足要求? 列出该流量下泵的性能参数;

(3) 调节阀门所损失的压头占泵压头的百分数。

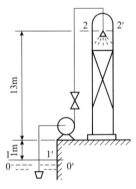

题 4-10　附图

【4-11】 　如本题附图所示用离心泵将常压水池中 20℃的清水由水池送至敞口高位槽中。泵入口真空表和出口压力表的读数分别为 $p_1 = 60\text{kPa}$ 和 $p_2 = 220\text{kPa}$，两测压口之间的垂直距离 $h_0 = 5\text{m}$。泵吸入管内径为 80mm，清水在吸入管中的流动阻力可表达为 $\sum h_f = 3.0u_1^2$（u_1 为吸入管内水的流速，m/s）。离心泵的安装高度为 2.5m。试求泵的轴功率（其效率为 68%）。

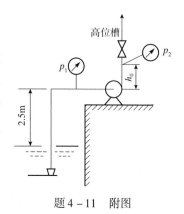

题 4-11　附图

【4-12】 　如本题附图所示的输水系统，管路直径为 $\phi 80 \times 2\text{mm}$，当流量为 $36\text{m}^3/\text{h}$ 时，吸入管路的能量损失为 6J/kg，排出管的压头损失为 0.8m，压力表读数为 246kPa，吸入管轴线到 U 管压差计汞面的垂直距离 $h = 0.5\text{m}$，当地大气压强为 98.1kPa，试计算：

（1）汞的升扬高度与扬程；

（2）泵的轴功率（$\eta = 70\%$）；

（3）泵吸入口压差计读数。

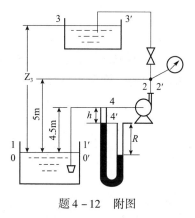

题 4-12　附图

【4-13】 　用离心泵将池中清水送至高位槽，两液面恒差 13m，管路系统的压头损失为 $H_f = 3 \times 10^5 q_e^2$（$q_e$ 的单位为 m^3/s），流动在阻力平方区。在指定转速下，泵的特性方程式为 $H = 28 - 2.5 \times 10^5 q^2$（$q$ 的单位为 m^3/s）。试求：

（1）两槽均为敞口时，泵的流量、压头和轴功率；

（2）两槽敞口，改送碱的水溶液（$\rho = 1250\text{kg}/\text{m}^3$），泵的流量和轴功率；

（3）若高位槽改为密闭，表压为 49.1kPa，输送清水和碱液流量将如何变化？

（4）库房里有一台规格相同的离心泵，欲向表压为 49.1kPa 的密闭高位槽送碱液（$\rho = 1250\text{kg}/\text{m}^3$），试比较与原泵并联还是串联能获得较大输液量。各种情况下泵的效率均取 70%。

【4-14】 用 IS100-80-125（$n = 2900\text{r/min}$）型的离心泵将常压、20℃的清水送往 A、B 两槽，如本题附图所示，其流量均为 $25\text{m}^3/\text{h}$，主管段 CO 长 50m，管内径为 100mm，OA 与 OB 段管长均为 40m，管内径均为 60mm（以上各管段长度包括局部阻力当量长度，OB 段的阀门除外）。假设所有管段内的流动皆进入阻力平方区，且摩擦系数 $\lambda = 0.02$。分支点处局部阻力可忽略。试求：

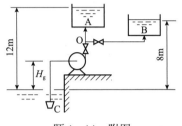

题 4-14 附图

（1）泵的压头与有效功率；

（2）支管 OB 中阀门的局部阻力系数 ζ；

（3）若吸入管线长（包括局部阻力当量长度）为 9m，试确定泵的安装高度。20℃下水的饱和蒸气压为 $p_v = 2334.6\text{Pa}$。

【4-15】 用离心泵将池中水送至高位槽 C，如本题附图所示，管路总长度（包括所有局部阻力当量长度，下同）为 100m，压力表以后 AC 管长为 80m，吸入管长度可取 16m，管子内径为 50mm，摩擦系数 $\lambda = 0.025$，要求输水量为 $10\text{m}^3/\text{h}$，泵的效率为 80%。试求：

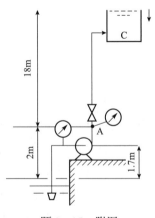

题 4-15 附图

（1）泵的轴功率；

（2）泵出口压力表读数为多少 Pa；

（3）若操作条件下泵的允许吸上真空度 $H_s = 4.5\text{m}$，泵的安装高度是否合适。

【4-16】　用离心泵将20℃的清水送到某设备中，泵的前后分别装有真空表和压力表，如本题附图所示。已知泵吸入管路的压头损失为2.4m，动压头为0.2m，水面与泵吸入口中心线之间的垂直距离为2.2m，操作条件下泵的必需汽蚀余量为2.5m，当地大气压为98.1kPa。试求：

（1）真空表的读数为多少kPa；

（2）当水温由20℃升至60℃（此时饱和蒸气压为19.92kPa）时，发现真空表与压力表读数跳动，流量骤然下降，试判断出了什么故障并提出排除措施。

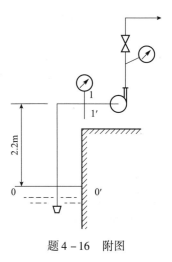

题 4-16　附图

【4-17】　用离心泵 B 将 A 池中溶液送至车间贮槽 C，管路中装有调节阀 D 和压力表 p_1 与 p_2，如本题附图所示。溶液的密度为 1200kg/m³。启动离心泵，当关闭出口阀 D 时，压力表 p_1 的读数为 1630kPa；当 D 阀全开时，压力表 p_2 的读数为 1000kPa，最大输液量为 240m³/h，此时管内流动进入阻力平方区，且全部管路的压头损失可表示为 $\sum H_f = 1.76 \times 10^4 q_e^2$（$H_f$ 的单位为 m，q_e 的单位为 m³/s）。由于工厂扩产，希望溶液输送量尽可能增大。现库房里有一台规格相同的离心泵，试求：

（1）两台泵如何组合才能获得尽可能大的输液量；

（2）扩产后压力表 p_2 的读数。

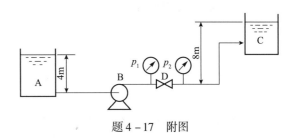

题 4-17　附图

【4-18】　某离心水泵输送清水，流量为 25m³/h，扬程为 32m，试计算有效功率为多少？若已知泵的效率为 71%，则泵的轴功率是多少？

【4-19】 已知水泵转速 $n = 2900 \text{r/min}$，经过叶轮的理论流量 $Q_{th} = 12.5 \text{m}^3/\text{h}$，叶轮外径 $D_2 = 128 \text{mm}$，叶轮入口内径 $D_1 = 48 \text{mm}$。叶轮出口宽度 $b_2 = 6.8 \text{mm}$，叶片阻塞系数 $\tau_2 = 0.85$，叶片出口安装角 $\beta_{2A} = 25.5°$，叶片数 $Z = 6$。试计算理论扬程 H_{th}，并做出叶轮出口速度三角形，假设液体无预旋径向进入叶片。

【4-20】 有一台离心泵，当流量 $Q = 35 \text{m}^3/\text{h}$ 时的扬程为 62m，其转速为 1450r/min 的电动机，功率 $N = 7.6 \text{kW}$。当流量 $Q' = 70 \text{m}^3/\text{h}$ 时，问电机的转速为多少时才能满足要求？此时扬程和轴功率各位多少？

【4-21】 用离心泵输送某石油产品，该石油产品在输送温度下的饱和蒸汽压力为 26.7kPa，密度 ρ 为 900kg/m^3，泵的允许汽蚀余量为 2.6m，吸入管路的压头损失约为 1m。试计算泵的允许安装高度 $[H_g]$。

【4-22】 安装一台离心泵，输送循环氨水，从泵的样本中查得该泵在 $Q = 468 \text{m}^3/\text{h}$，扬程 $H = 38.5 \text{m}$ 时，允许吸上真空高度 $[H_s] = 6 \text{m}$。吸入管路的阻力损失为 2m，试计算：
(1) 输送 293K 的水，泵允许几何安装高度是多少？
(2) 输送 323K 稀氨水，泵允许吸上真空高度是多少？

【4-23】 某 B 型离心泵，其吸入管口径为 0.1m，排出管口径为 0.075m，流量为 $0.025 \text{m}^3/\text{s}$，出口压力表读数为 0.33MPa，进口真空表读数为 0.04MPa，两表位差为 $0.8 \text{mH}_2\text{O}$，电机功率为 12.5kW，电机效率 η' 为 0.95，泵与电机直联，输送介质为水，求此泵的扬程为多少？泵的有效功率为多少？轴功率为多少？效率为多少？

【4-24】 一离心泵，叶轮尺寸 $b_1 = 3.5\text{cm}$，$b_2 = 1.9\text{cm}$，$D_1 = 17.8\text{cm}$，$D_2 = 38.1\text{cm}$，$\beta_{A1} = 18°$，$\beta_{A2} = 20°$，$n = 1450\text{r/min}$，径向流入叶轮，求 Q_t 及此流量下的 $H_{t\infty}$、$H_{d\infty}$、$H_{p\infty}$、$\rho_{R\infty}$，并作进出口的速度三角形。

【4-25】 一蜗壳式离心泵，泵转速 $n = 1450\text{r/min}$，$Q_t = 0.0833\text{m}^3/\text{h}$，$D_2 = 3600\text{mm}$，$D_1 = 138\text{mm}$，叶轮出口断面 $\pi b_2 D_2 \tau_2 = 0.023\text{m}^2$，$\beta_{A2} = 30°$，$Z = 7$，径向进入叶轮，求 H_∞ 及出口速度三角形。

【4-26】 有一泵的装置如题 4-26 附图 1 所示，其 $\Delta Z_{AB} = 18\text{m}$，吸入管路总长 $L_s = 4\text{m}$，管径 $D_s = 80\text{mm}$，进口装有滤网底阀 $\xi_1 = 6.0$，吸入口有一 90° 弯头 $\xi_2 = 0.25$，排出管长 $L_d = 40\text{m}$，管径 $D = 65\text{m}$，设有一排出阀 $\xi_3 = 0.1$，止逆阀 $\xi_4 = 1.7$ 和 90° 弯头 2 个。选用的是 $B50-40$ 型泵，其性能曲线如题 4-26 附图 2，求泵的工况点。

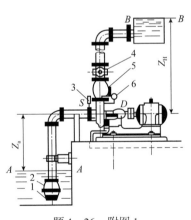

题 4-26   附图 1

1—滤网；2—底阀；3—真空表；
4—调节阀；5—逆止阀；6—压力表

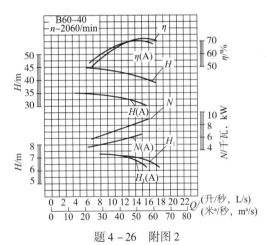

题 4-26   附图 2

【4－27】　一台泵，吸入口径为200mm，流量$Q = 7.78L/s$，样本给定$(H_s)_a = 3.6m$，估算$\sum h_s = 0.5m$，分别计算标准状态下和在拉萨地区，从开式容器中抽送40℃清水时的几何安装高度？

（拉萨地区主要参数：$p_v' = 7355Pa$，$\rho' = 992.2kg/m^3$，$p_a' = 6.62mH_2O$）

【4－28】　已知某装置如图所示，试选该装置中离心泵的型号。已知输送的介质是油，其密度为$850kg/m^3$，$H_1 = 8m$，$H_2 = 20m$；$p_1 = 0.2MPa$，$p_2 = 1.8MPa$。吸、排管系的阻力分别为$\sum h_s = 1m$油柱和$\sum h_f = 25m$油柱，炉子阻力为$H_e = 16m$，$c_1 = c_2 = 0$，$Q = 22m^3/h$，$t = 60℃$，$p_v = 0.17MPa$，$\nu = 3 \times 10^{-6}m^2/s$。

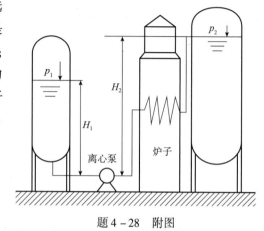

题4－28　附图

第5章　流体输送过程数值模拟技术

5.1　计算流体动力学基础

5.1.1　什么是计算流体动力学

计算流体动力学（Computational Fluid Dynamics，简称 CFD）是以电子计算机为工具，应用各种离散化的数学方法，对流体力学的各类问题进行数值实验、计算机模拟和分析研究的统称。具体来讲，CFD 就是通过求解流场控制方程组，以及计算机数值计算和图像显示的方法，在时间和空间上定量描述流场的数值解，从而达到对物理问题研究的目的。CFD 的基本思想可归结为：把原来在时间域及空间域上连续的物理量场，如速度场和压力场，用一系列有限个离散点上变量值的集合来代替，并通过一定原则和方式建立起关于这些离散点上物理场变量之间关系的代数方程组，然后求解代数方程组获取变量的近似解。理想的 CFD 数值模拟结果可以形象地再现流动现象，从而达到仿真的目的。

CFD 是近代流体力学、数值数学和计算机科学结合的具有强大生命力的一门全新交叉学科，图 5-1 所示为 CFD 与其他学科之间的关系图。随着近年来电子计算机的迅猛发展以及 CFD 技术软件的商业化，CFD 已由最初的航空、航天等高技术工程领域研究，迅速成为现代工程应用中用于解决复杂问题的一种常用方法，其广泛应用于航天设计、汽车设计、生物医学工业、化工处理工业、涡轮机设计、半导体设计及换热器设计等诸多工程。CFD 技术已成为传热、传质、动量传递及燃烧、多相流和化学反应研究的核心和重要技术。以解决各种实际问题为目的 CFD，已经进入了工业应用和科学研究的时代。

CFD 作为如图 5-1 所示的一个全新交叉学科，其研究与应用也必然基于与之相关的流体力学、数值数学和计算机科学学科。如流体力学研究主要包括流体的流动（流体动力学）与静止问题（流体静

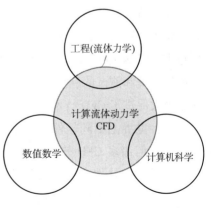

图 5-1　CFD 包含的不同学科及其之间的关系

力学），而 CFD 侧重"流体动力学"部分，研究流体流动对包含热量传递及燃烧流动中可能的化学反应等过程的影响。流体流动的物理特性通常以偏微分方程的形式加以描述，这些数学方程控制着流体流动过程，因此常将其称为 CFD 控制方程。宏观尺度的流体控制方程通常为 Navier-Stotkes 方程，对于该方程的解析求解至今仍是世界难题，因此工程上常采用数值求解的方式，为求解这些方程，计算机科学家应用高级计算机程序语言，将其转化为计算机程序或软件包。CFD 技术中"计算"部分代表通过数值模拟对流体流动的研究，包括应用计算机程序或软件包，在计算机上获取数值计算结果。在开发 CFD 程序或进行 CFD 数字模拟过程中，是否需要流体工程、数值数学和计算机科学的专业人员一起进行？答案显然是否定的。CFD 更需要的是对上述每一学科知识都有一定了解的人。

对于流体流动和热量传递的研究，传统方法是纯理论的分析流体力学和实验流体力学方法，CFD 已经成为继以上两种方法后的又一种研究方法。如图 5 - 2 所示，三种方法之间并非完全独立的，而是存在着互相验证和互相补充的密切的内在联系。在以前，理论分析和实验测试研究方法曾被用于流体动力学的各个方面，并协助工程师进行设备设计以及含有流体流动和热量传递的工业流程设计。随着 CFD 技术的发展，在工业设计或工程应用研究过程中，尽管理论分析方法仍在大量使用，实验研究方法继续发挥着重要作用，但发展趋势明显趋于数值计算方法，特别是在解决无法做分析解的复杂流动问题时或者因费用昂贵而无力进行实验确定时更是如此。

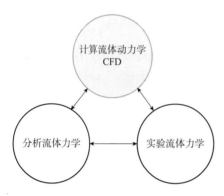

图 5 - 2　三种流体力学研究方法之间的关系

在 CFD 发展初期，初学者采用 CFD 方法解决问题时需要投入大量时间用于编写计算程序。而现在，随着工业界甚至科学领域中希望在短时间内获得 CFD 知识的需求在不断增长、流体流动物理学模型的更趋成熟以及多工程 CFD 程序正在逐步得到认可，研究者也就更乐于使用商业软件包。随着软件公司的不断开发，开发者们把先进的算法嵌入商业软件包中，经测试的 CFD 软件程序可直接应用求解大量流体流动问题，避免了使用者编程、前后处理和测试的麻烦，从而可将主要精力用于流体流动等物理问题本身的探索上。如此也极大促进了 CFD 技术的广泛应用以及可研究领域的迅速扩展。

如今，世界上不同软件公司已经开发出了多种诸如 CFX、Fluent 等被广泛认可的商业软件包，但诸多 CFD 软件或程序往往针对一定的研究领域或特点的某类物理问题，还没有出现一种软件或程序可解决所有的流体流动问题。因此使用者要想将 CFD 准确应用于工程领域，不仅仅要熟练运用软件，还要对所求解的物理问题有深入的了解、清楚描述求解问题的每一个步骤以及能准确解读软件计算结果并将计算结果应用于工程设计。

5.1.2　计算流体动力学工作过程

采用 CFD 方法对流体流动进行数值仿真模拟，通常包括如下基本过程：

（1）建立反映工程问题或物理问题本质的数学模型。该过程为采用 CFD 方法开展具体问题数值模拟的出发点，具体就是建立反映问题各个量之间关系的微分方程及相应的定解条件。只有正确完善的数学模型，数值模拟才有意义。流体的基本控制方程通常包括质量守恒方程、动量守恒方程和能量守恒方程，以及这些方程对应的定解条件。

（2）寻求高效率、高准确度的计算方法。该过程为 CFD 的核心，即建立针对控制方程的数值算法，如有限差分法、有限元法、有限体积法等，计算方法既包括微分方程的离散化和求解方法，还包括建立贴体坐标和确定边界条件等。

（3）编辑计算程序并开展计算。这部分过程为整个工作相对花费时间较多的部分，主要包括计算网格的划分、初始条件和边界条件的输入、控制参数的设定等。

（4）计算结果显示。计算结果一般可通过视频或图表等方式显示，由此可开展计算结果质量的检查和具体分析。

以上为 CFD 一般数值模拟的全过程。其中建立数学模型的理论研究部分，一般由理论工作者完成。对于研究者在使用 CFD 商业软件时，主要完成算法选择、编辑程序与计算和计算结果的检查与分析的部分过程。无论是直接编写计算程序还是利用商业 CFD 软件来求解问题，基于以上基本工作过程的 CFD 计算思路可由图 5 - 3 表示。

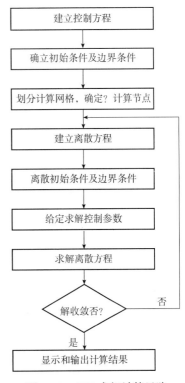

图 5 - 3　CFD 求解计算思路

5.1.3　计算流体动力学的特点

随着计算机技术的飞速发展，CFD 已经位于流体力学和热传递科学研究的前沿，已成为现代工程实践中的一种实用工具。CFD 具有适应性强、应用面广的优点。首先，流动问题的控制方程一般是非线性的，自变量多，计算域的几何性质和边界条件复杂，很难求得解析解，而用 CFD 方法则有可能找出满足工程需要的数值解；其次，可利用计算机进行各种数值试验，例如，选择不同流动参数进行物理方程中各项有效性和敏感性试验，从而进行方案对比；第三，它不受物理模型和实验模型的限制，对于某些如雷诺数、马赫数等无量纲参数允许其在一定范围内变化来开展设计，相对于实验方法不断上升的运行成本，CFD 方法省钱省时，更加灵活，且对于流体流动细节十分重要的场合，能给出详细和完整的信息。另外，CFD 很容易模拟特殊尺寸、高温、有毒、易燃等真实条件和实验中只能接近而无法达到的理想条件。

尽管如此，并不意味着 CFD 可取代实验测试，CFD 也存在一定的局限性。首先，数值解法是一种离散近似的计算方法，依赖于物理上合理、数学上适用、适合于在计算机上进行计算的离散的有限数学模型，且最终结果不能提供任何形式的解析表达式，只是有限个离散点上的数值解，并有一定的计算误差；其次，它不像物理模型实验一开始就能给出流动现象并定性地描述，往往需要由原体观测或物理模型试验提供某些流动参数，并需要对建立的数学模型进行验证；第三，程序的编制及资料的收集、整理与正确利用，在很大程度上依赖于经验与技巧。另外，因数值处理方法等原因有可能导致计算结果的不真实，例如产生数值黏性和频散等伪物理效应。CFD 还因涉及大量的数值计算，因此常需要较高的计算机软硬件配置。

总之 CFD 有自己的原理、方法和特点，其与理论分析和试验观测手段相互联系、相互促进，但不能完全替代，三者各有适用场合。在实际研究过程中，需要多注重三种方法的有机结合，互相补充，必然会取得相得益彰的效果。

5.1.4 CFD 应用领域及使用条件

CFD 方法已成为基础研究、应用研究和工业应用中强大的计算工具，在广大的工业及非工业流体工程领域有越来越多的应用，典型的应用领域及相关的工程问题包括：

（1）飞行器的设计等航空工程；

（2）船舶水动力学；

（3）动力装置（如内燃机或气体透平机械的燃烧过程等）；

（4）旋转机械（旋转通道及扩散器内的流动等）；

（5）电器及电子工程（如微电路的装置散热等）；

（6）化学过程工程（混合及分离、聚合物模塑过程等）；

（7）建筑物内外部环境（风载荷及供暖通风等）；

（8）海洋工程（海洋环境下结构载荷）；

（9）水利学及海洋学（河流及洋流等）；

（10）环境工程（污染物及废水的处理和排放等）；

（11）气象学（气象预报等）；

（12）生物工程（呼吸及血液流动等）；

（13）能源工程（涡轮及工业炉等）。

将 CFD 用于工程设计，对于通过流体计算软件来研究流动时，通常在以下情况下最适合采用 CFD 方法进行分析：

（1）物理过程有成熟的数学模型描述，计算边界明确且边界条件易于精确获取的；

（2）现场实验不可能完成或成本过高的。

5.1.5　CFD 未来发展

近年来，我们目睹了计算机模拟技术在很多工业应用中的兴起，这种不断发展变化的现象，部分得益于 CFD 技术和模型的快速发展。当前，最先进的、用来模拟复杂流体动力学问题的模型，诸如多相和多元流动模型、喷射火焰、浮升燃烧等，通过多功能商用 CFD 软件，正在被越来越多的应用。这些程序在工业中的不断使用清楚地说明了 CFD 正用于分析解决那些非常迫切需要解决的实际问题。另外，随着计算机硬件价格的下降和计算时间的缩短，工程师会更加依赖可靠、易于使用的 CFD 工具来获取正确的分析结果。

此外 CFD 虚拟技术和数值报告使得工程师能够对于给定的工程设计进行实时观察和模拟计算结果查询，并进行必要的评估和判断。在工业中，CFD 将在设计过程中逐渐占据主体，新产品开发将逐渐趋于零原型工程。在研究领域中，随着计算机资源的发展，大涡模拟逐渐成为研究流体动力学诸多基础湍流问题的首选。由于所有的真实流动都是非定常流，在基础研究中，大涡模拟提供的求解方法将逐渐取代传统的两方程湍流模型。对于大涡模拟建模的需求正在稳步增长，特别是在单相流动中，大涡模拟已有了巨大进展。尽管人们致力于开发更具鲁棒性的 CFD 模型，用于预测气液、气固、液固或者气液固等流动的复杂多相流物理特性，而大涡模拟对求解这类流动问题的应用才刚刚开始。当然，在处理包括上述流动在内的湍流问题计算时，就目前而言，两方程模拟还是非常流行的，也更需要进一步发展更为成熟的两方湍流模型来求解。

基于目前的计算能力，大涡模拟涉及大量网格节点的数值计算，而这将是非常费时的，然而随着计算机计算速度的不断提高，在不久的将来大涡模拟将被普遍采用。并且，随着大涡模拟逐渐从学术研究转移到工业应用，高无疑问大涡模拟逐渐成为解决很多实际工业流动机理问题的一般方法。探索 CFD 在工业和科研中的应用将面临许多挑战，后续我们能预期有一天不需要任何湍流模型就能直接求解所有的湍流问题。将直接数值模拟应用于学术研究以及工业领域中的湍流流动分析将成为可能。

5.1.6　常用的商业 CFD 软件

随着商业软件以及自编计算程序越来越容易得到、使用越来越多，目前的 CFD 使用者与以往的使用者相比，他们更需要具有必要的 CFD 知识和技能。很多科学领域、工业部门和大型研究机构中，CFD 软件的使用已经非常普遍，因此毫不奇怪，现在的初学者更愿意通过现有的软件来学习 CFD。商业软件的发展也反映了这种需求，其用户界面也越来越友好。

下面介绍近 30 年来，出现的较为著名的商业 CFD 软件，包括 Phoenics、STAR – CCM$^+$、ANSYS CFX、ANSYS FLUENT 和 OPENFOAM 等。

5.1.6.1　Phoenics 软件

Phoenics 是英国 CHAM 公司开发的模拟传热、流动、反应、燃烧过程的通用 CFD 软件，有 30 多年的历史。网格系统包括直角、圆柱、曲面（包括非正交和运动网格，但在其 VR 环境不可以）、多重网格、精密网络。

它可以对三维稳态或非稳态的可压缩流或不可压缩流进行模拟，包括非牛顿流、多孔介质中的流动，并且可以考虑黏度、密度、温度变化的影响。

在流体模型上面，Phoenics 内置了 22 种适合于各种 Re 数场合的湍流模型，包括雷诺应力模型、多流体湍流模型和通量模型及 $k-\varepsilon$ 模型的各种变异，共计 21 个湍流模型、8 个多相流模型和十几个差分格式。

Phoenics 的 VR（虚拟现实）彩色图形界面菜单系统是 CDF 软件中前处理最方便的一个，可以直接读入 Pro/Engineer 建立的模型（需转换成 STL 格式），使复杂几何体的生成更为方便，在边界条件的定义方面也极为简单，并且网格自动生成。但其缺点则是网格比较单一粗糙，不能细分复杂曲面或曲率小的地方的网格，即不能在 VR 环境里采用贴体网格。

Phoenics 的 VR 后处理也不是很好。要进行更高级的分析则要采用命令格式进行，但这在易用性上比其他软件就要差了。

另外，Phoenics 自带了 1000 多个例题与验证题，附有完整的可读可改的输入文件。其中就有 CHAM 公司做的一个 PDC 钻头的流场分析。Phoenics 的开放性很好，提供对软件现有模型进行修改，增加新模型的功能和接口，可以用 FORTRAN 语音进行二次开发。

5.1.6.2　STAR – CCM + 软件

STAR – CCM + 软件的前身是 STAR – CD，在内燃机模拟方面仍然无可替代。STAR – CCM + 是 CD adapco 集团推出的新一代 CFD 软件。采用最先进的连续介质力学数值技术，并和卓越的现代软件工程技术结合在一起，拥有出色的性能和高可靠性，是热流体分析工程师强有力的工具。

STAR – CCM + 界面非常友好，对表面准备，如包面、表面重构及体网格生成（多面体、四面体、六面体核心网格）等功能进行了拓展；且在并行计算上取得巨大改进，不仅求解器可以并行计算，对前后处理也能通过并行来实现，大大提高了分析效率。在计算过程中可以实时监控分析结果（如矢量、标量和结果统计图表等），同时实现了工程问题后处理数据方面的高度实用性、流体分析的高性能化、分析对象的复杂化、用户水平范围的扩大化。由于采用了连续介质力学数值技术，STAR – CCM + 不仅可以进行流体分析，还可进行结构等其他物理场的分析。目前 STAR – CCM + 正在应用于多达 2 亿网格的超大型计算问题上，如方程式赛车外流场空气动力分析等项目。

STAR – CCM + 着眼于未来 20 年内工程领域的挑战。专家们对它的概括很简单：STAR – CCM + 不仅是个新的解算器，而且是 CFD 的全新尝试。

5.1.6.3　ANSYS CFX 软件

ANSYS CFX 系列软件是拥有世界级先进算法的成熟商业流体计算软件。功能强大的前处理器、求解器和后处理模块使得 ANSYS CFX 系列软件的应用范围遍及航空、航天、船舶、能源、石油化工、机械制造、汽车、生物技术、水处理、火灾安全、冶金、环保等众多领域。

ANSYS CFX 软件系列包括 CFX Solver、BladeModeler、TurboPre、TurboPost、TurboGrid 等软件。DeSignModeler 基于 ANSYS 的公共 CAE 平台——Workbench，提供了完全参数化的几何生成、几何修正、几何简化，以及概念模型的创建能力，它与 Workbench 支持的所有 CAD 软件能够直接双向关联。CFX 软件提供了从网格到流体计算以及后处理的整体解决方案。核心模块包括 CFXMesh、CFXPre、CFXSolver 和 CFXPost 4 个部分。其中 CFXSolver 是 CFX 软件的求解器，是 CFX 软件的内核，它的先进性和精确性主要体现在以下方面。

不同于大多数 CFD 软件，CFXSolver 采用基于有限元的有限体积法，在保证有限体积法守恒特性的基础上，吸收了有限元法的数值精确性。

CFXSolver 采用先进的全隐式耦合多网格线性求解，再加上自适应多网格技术，同等条件下比其他流体软件快 1～2 个数量级。CFXSolver 支持真实流体、燃烧、化学反应和多相流等复杂的物理模型，这使得 CFX 软件在航空工业、化学及过程工业领域有着非常广泛的应用。

ANSYS CFX 特别为旋转机械定制了完整的软件体系，向用户提供从设计到 CFX 分析的一体化解决方案，因此，ANSYS CFX 被公认为是全球最好的旋转机械工程 CFD 软件，被旋转机械领域 80% 以上的企业选作动力分析和设计工具，包括 GE、Pratt & Whitney、Rolls-Royce、Westinghouse、ABB、Siemens 等企业界巨头。

ANSYS CFX 包含的专用旋转机械设计分析工具有 BladeModeler、TurboGrid、TurboPre 和 TurboPost。

BladeModeler：是交互式涡轮机械叶片设计软件，用户通过修改原件库参数或完全依靠 BladeModeler 中提供的工具设计各种旋转和静止叶片原件及新型叶片。软件简单实用，模块丰富，具有自动化程度高和叶片几何生成迅速的特点。

TurboGrid：是专业的涡轮叶栅通道网格划分软件，用户只需提供叶片数目，叶片及轮毂和外罩的外形数据文件。自动化程度高，网格生成迅速，生成网格质量高是它的优点。

TurboPre：包含于 CFXPre 中，是专业的旋转机械物理模型设置模块，以旋转机械的专业术语完成模型设置。

TurboPost：包含于 CFXPost 中，是专用的旋转机械问题模拟结果后处理模块，可以自动生成子午面等专业视图，同时提供效率、压比和扭矩等旋转机械性能参数。

5.1.6.4　ANSYS FLUENT 软件

FLUENT 自 1983 年问世以来，就一直是 CFD 软件技术的领先者，被广泛应用于航空航天、旋转机械、航海、石油化工、汽车、能源、计算机/电子、材料、冶金、生物、医药等领域，这使 FLUENT 公司成为占有最大市场份额的 CFD 软件供应商。作为通用的 CFD 软件，FLUENT 可用于模拟从不可压缩到高度可压缩范围内的复杂流动。

其代表性客户包括美国国家航空航天局（NASA）、美国国防部（DOD）、美国能源部（DOE）等政府部门以及 BMW - RR、波音、福特、GE、三菱等企业。

关于 ANSYS FLUENT 软件的相关介绍及详细应用，请查阅后面章节。

5.1.6.5   OpenFOAM 软件

OpenFOAM 的前身为 FOAM，后来作为开源代码公布到网上，任何人都可以自由下载和传播其代码。国内学习资料少，但近年来使用人数逐年上升。OpenFOAM 软件可以模拟复杂流体流动、化学反应、湍流流动、换热分析等现象，还可以进行结构动力学分析、电磁场分析以及金融评估等。

OpenFOAM 软件的核心技术为一系列的高效 C＋＋模块数据包，利用这些数据包可以构造出一系列有效的求解器、辅助工具和库文件，用来模拟特定的工程机械问题和进行前处理，包括数据处理、图形显示、网格处理、物理模型和求解器接口等。

OpenFOAM 是一个完全由 C＋＋编写的面向对象的 CFD 类库，采用类似于我们日常习惯的方法在软件中描述偏微分方程的有限体积离散化，支持多面体网格，因而可以处理复杂的几何外形，支持大型并行计算等。另外 OpenFOAM 还具有以下功能和特点：自动生成动网格、拉格朗日粒子追踪及射流、滑移网格、网格层消等。

5.2   FLUENT 软件基本用法

5.2.1   FLUENT 软件特点

2006 年 5 月，FLUENT 成为全球最大的 CAE 软件供应商——ANSYS 大家庭中的重要成员。所有的 FLUENT 软件都集成在 ANSYS Workbench 环境下，共享先进的 ANSYS 公共 CAE 技术。

FLUENT 是 ANSYS CFD 的旗舰产品，ANSYS 加大了对 FLUENT 核心 CFD 技术的投资，确保 FLUENT 在 CFD 领域的绝对领先地位。ANSYS 公司收购 FLUENT 以后做了大量高技术含量的开发工作，具体如下：

（1）内置六自由度刚体运动模块配合强大的动网格技术；

（2）领先的转捩模型精确计算层流到湍流的转捩以及飞行器阻力精确模拟；

（3）非平衡壁面函数和增强型壁面函数加压力梯度修正大大提高了边界层回流计算精度；

（4）多面体网格技术大大减小了网格量并提高计算精度；

（5）密度基算法解决高超音速流动；

（6）高阶格式可以精确捕捉激波；

（7）噪声模块解决航空领域的气动噪声问题；

（8）非平衡火焰模型用于航空发动机燃烧模拟；

（9）旋转机械模型加虚拟叶片模型广泛用于螺旋桨旋翼 CFD 模拟；

（10）先进的多相流模型；

（11）HPC 大规模计算高效并行技术。

5.2.1.1　网格技术

计算网格是任何计算流体动力学（Computational Fluid Dynamics，CFD）计算的核心，它通常把计算域划分为几千甚至几百万个单元，在单元上计算并存储求解变量。FLUENT使用非结构化网格技术，这就意味着可以有各种各样的网格单元，具体如下：

（1）二维的四边形和三角形单元；

（2）三维的四面体核心单元；

（3）六面体核心单元；

（4）棱柱和多面体单元。

这些网格可以使用 FLUENT 的前处理软件 Gambit 自动生成，也可以选择在 ICEM CFD工具中生成。

在目前的 CFD 市场上，FLUENT 以其在非结构网格的基础上提供丰富的物理模型而著称，主要有以下特点。

1. 完全非结构化网格

FLUENT 软件采用基于完全非结构化网格的有限体积法，而且具有基于网格节点和网格单元的梯度算法。

2. 先进的动/变形网格技术

FLUENT 软件中的动/变形网格技术主要解决边界运动的问题，用户只需指定初始网格和运动壁面的边界条件，余下的网格变化完全由解算器自动生成。FLUENT 解算器包括NEKTON、FIDAP、POLYFLOW、ICEPAK 以及 MIXSIM。

网格变形方式有 3 种：弹簧压缩式、动态铺层式以及局部网格重生式。其中，局部网格重生式是 FLUENT 所独有的，而且用途广泛，可用于非结构网格、变形较大问题以及物体运动规律事先不知道而完全由流动所产生的力所决定的问题。

3. 多网格支持功能

FLUENT 软件具有强大的网格支持能力，支持界面不连续的网格、混合网格、动/变形网格以及滑动网格等。值得强调的是，FLUENT 软件还拥有多种基于解的网格的自适应、动态自适应技术以及动网格与网格动态自适应相结合的技术。

5.2.1.2　数值技术

在 FLUENT 软件当中，有两种数值方法可以选择：基于压力的求解器和基于密度的求解器。

从传统上讲，基于压力的求解器是针对低速、不可压缩流开发的，基于密度的求解器是针对高速、可压缩流开发的。但近年来这两种方法被不断地扩展和重构，这使得它们突破了传统上的限制，可以求解更为广泛的流体流动问题。

FLUENT 软件基于压力的求解器和基于密度的求解器完全在同一界面下，确保 FLUENT 对于不同的问题都可以得到很好的收敛性、稳定性和精度。

1. 基于压力的求解器

基于压力的求解器采用的计算法则属于常规意义上的投影方法。在投影方法中，首先通过动量方程求解速度场，继而通过压力方程的修正使得速度场满足连续性条件。

由于压力方程来源于连续性方程和动量方程，从而保证整个流场的模拟结果同时满足质量守恒和动量守恒。

由于控制方程（动量方程和压力方程）的非线性和相互耦合作用，所以需要一个迭代过程，使得控制方程重复求解直至结果收敛，用这种方法求解压力方程和动量方程。

FLUENT 软件中包含以下两种基于压力的求解器。

（1）基于压力的分离求解器

如图 5-4 所示，分离求解器顺序地求解每一个变量的控制方程，每一个控制方程在求解时被从其他方程中"解耦"或分离，并且因此而得名。

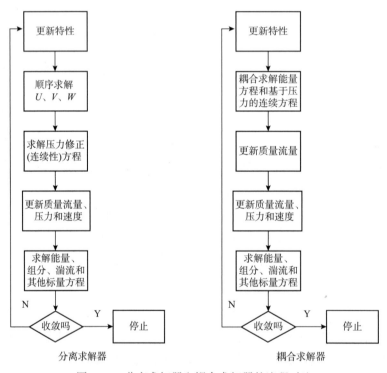

图 5-4 分离求解器和耦合求解器的流程对比

分离求解器的内存效率非常高，因为离散方程仅仅在一个时刻需要占用内存，收敛速度相对较慢，因为方程是以"解耦"方式求解的。

工程实践表明，分离求解器对于燃烧、多相流问题更加有效，因为它提供了更为灵活的收敛控制机制。

（2）基于压力的耦合求解器

如图 5-4 所示，基于压力的耦合求解器以耦合方式求解动量方程和基于压力的连续性方程，它的内存使用量大约是分离求解器的 1.5~2 倍；由于以耦合方式求解，所以它的收敛速度具有 5 ~ 10 倍的提高。

基于压力的耦合求解器同时还具有传统压力算法物理模型丰富的优点，可以和所有动网格、多相流、燃烧和化学反应模型兼容，同时收敛速度远远高于基于密度的求解器。

2. 基于密度的求解器

基于密度的求解器直接求解瞬态 N – S 方程（瞬态 N – S 方程在理论上是绝对稳定的），将稳态问题转化为时间推进的瞬态问题，由给定的初场时间推进到收敛的稳态解，这就是通常说的时间推进法（密度基求解方法）。这种方法适用于求解亚音速、高超音速等流场的强可压缩流问题，且易于改为瞬态求解器。

FLUENT 软件中基于密度的求解器源于 FLUENT 和 NASA 合作开发的 RAMPANT 软件，因此被广泛应用于航空航天工业。

FLUENT 增加了 AUSM 和 Roe – FDS 通量格式，AUSM 对不连续激波提供了更高精度的分辨率，Roe – FDS 通量格式减小了在大涡模拟计算中的耗散，从而进一步提高了 FLUENT 在高超声速模拟方面的精度。

5.2.1.3　物理模型

FLUENT 软件包含丰富而先进的物理模型，具体有以下几种。

1. 传热、相变、辐射模型

许多流体流动伴随传热现象，FLUENT 提供一系列应用广泛的对流、热传导及辐射模型。对于热辐射，P1 和 Rossland 模型适用于介质光学厚度较大的环境；基于角系数的 surface to surface 模型适用于介质不参与辐射的情况；DO（Discrete Ordinates）模型适用于包括玻璃在内的任何介质。DRTM 模型（Discrete Ray Tracing Module）也同样适用。

太阳辐射模型使用光线追踪算法，包含了一个光照计算器，它允许光照和阴影面积的可视化，这使得气候控制的模拟更加有意义。

其他与传热紧密相关的模型还有汽蚀模型、可压缩流体模型、热交换器模型、壳导热模型、真实气体模型和湿蒸汽模型。

相变模型可以追踪分析流体的融化和凝固。离散相模型（DPM）可用于液滴和湿粒子的蒸发及煤的液化。易懂的附加源相和完备的热边界条件使得 FLUENT 的传热模型成为满足各种模拟需要的成熟可靠的工具。

2. 湍流和噪声模型

FLUENT 的湍流模型一直处于商业 CFD 软件的前沿，它提供的丰富的湍流模型中有经常使用到的湍流模型，包括 Spalart-Allmaras 模型、$k - \omega$ 模型组。

随着计算机能力的显著提高，FLUENT 已经将大涡模拟（LES）纳入其标准模块，并且开发了更加高效的分离涡（DES）模型，FLUENT 提供的壁面函数和加强壁面处理的方法可以很好地处理壁面附近的流动问题。

气动声学在很多工业领域中备受关注，模拟起来却相当困难，如今，使用 FLUENT 可以有多种方法计算由非稳态压力脉动引起的噪声，瞬态大涡模拟（LES）预测的表面压力可以使用 FLUENT 内嵌的快速傅立叶（FFT）工具转换成频谱。

Ffowcs-Williams & Hawkings 声学模型可以用于模拟从非流线型实体到旋转风机叶片等各式各样的噪声源的传播，宽带噪声源模拟允许在稳态结果的基础上进行模拟，这是一个快速评估设计是否需要改进的非常实用的工具。

3. 化学反应模型

化学反应模型，尤其是湍流状态下的化学反应模型在 FLUENT 软件中一直占有很重要的地位，多年来，FLUENT 强大的化学反应模拟能力帮助工程师完成了对各种复杂燃烧过程的模拟。

涡耗散概念、PDF 转换以及有限速率化学模型已经加入 FLUENT 的主要模型中：涡耗散模型、均衡混合颗粒模型、小火焰模型以及模拟大量气体燃烧、煤燃烧、液体燃料燃烧的预混合模型。预测 NO_x 生成的模型也被广泛地应用与制定。

许多工业应用中涉及发生在固体表面的化学反应，FLUENT 表面反应模型可以用来分析气体和表面组分之间的化学反应及不同表面组分之间的化学反应，以确保准确预测表面沉积和蚀刻现象。

对催化转化、气体重整、污染物控制装置及半导体制造等的模拟都受益于这一技术。FLUENT 的化学反应模型可以和大涡模拟（LES）及分离涡（DES）湍流模型联合使用，只有将这些非稳态湍流模型耦合到化学反应模型中，才有可能预测火焰稳定性及燃尽特性。

4. 多相流模型

多相流混合物广泛应用于工业中，FLUENT 软件是多相流建模方面的领导者，其丰富的模拟能力可以帮助工程师洞察设备内那些难以探测的现象，Eulerian 多相流模型通过分别求解各相的流动方程的方法分析相互渗透的各种流体或各相流体，对于颗粒相流体，采用特殊的物理模型进行模拟。

很多情况下，占用资源较少的混合模型也用来模拟颗粒相与非颗粒相的混合。FLU-ENT 可用来模拟三相混合流（液、颗粒、气），如泥浆气泡柱和喷淋床的模。可以模拟相间传热和相间传质的流动，这使得模拟均相及非均相成为可能。

FLUENT 标准模块中还包括许多其他的多相流模型，对于其他的一些多相流流动，如喷雾干燥器、煤粉高炉、液体燃料喷雾，可以使用离散相模型（DPM）。射入的粒子、泡沫及液滴与背景流之间进行发生热、质量及动量的交换。

VOF（Volume Of Fluid）模型可以用于对界面预测比较感兴趣的自由表面流动，如海浪。汽蚀模型已被证实可以很好地应用到水翼艇、泵及燃料喷雾器的模拟。沸腾现象可以很容易地通过用户自定义函数实现。

5.2.1.4 FLUENT 的特点

FLUENT 具有以下特点：

（1）FLUENT 可以方便地设置惯性或非惯性坐标系、复数基准坐标系、滑移网格以及动静翼相互作用模型化后的接续界面；

（2）FLUENT 内部集成丰富的物性参数的数据库，里面有大量的材料可供选用，此外用户可以非常方便地定制自己的材料；

（3）高效率的并行计算功能提供多种自动/手动分区算法，内置 MPI 并行机制大幅度提高并行效率，另外，FLUENT 特有的动态负载平衡功能确保全局高效并行计算；

（4）FLUENT 软件提供了友好的用户界面，并为用户提供了二次开发接口（UDF）；

（5）FLUENT 软件后置处理和数据输出，可对计算结果进行处理，生成可视化的图形及给出相应的曲线、报表等。

上述各项功能和特点使得 FLUENT 在很多领域得到了广泛的应用，主要有以下几个方面：

（1）油/气能量的产生和环境应用；

（2）航天和涡轮机械的应用；

（3）汽车工业的应用；

（4）电子/HVAC 应用；

（5）材料处理应用；

（6）建筑设计和火灾研究。

5.2.1.5　FLUENT 系列软件简介

FLUENT 系列软件包括：通用的 CFD 软件 FLUENT、POLYFLOW、FIDAP，工程设计软件 FloWizard、FLUENT for CATIAV5，前处理软件 Gambit、TGrid、G/Turbo，CFD 教学软件 Flowlab，面向特定专业应用的 ICEPAK、AIRPAK、MIXSIM 软件等。

FLUENT 软件包含基于压力的分离求解器、基于压力的耦合求解器、基于密度的隐式求解器、基于密度的显式求解器。多求解器技术使 FLUENT 软件可以用来模拟从不可压缩到高超音速范围内的各种复杂流场。FLUENT 软件包含非常丰富的、经过工程确认的物理模型，可以模拟高超音速流场、转捩、传热与相变、化学反应与燃烧、多相流、旋转机械、动/变形网格、噪声、材料加工等复杂机理的流动问题。

FLUENT 软件的动网格技术处于绝对领先地位，并且包含了专门针对多体分离问题的六自由度模型，以及针对发动机的两维半动网格模型。

POLYFLOW 是基于有限元法的 CFD 软件，专用于模拟黏弹性材料的层流流动。它适用于塑料、树脂等高分子材料的挤出成型、吹塑成型、拉丝、层流混合、涂层过程中的流动及传热和化学反应问题。

FloWizard 是高度自动化的流动模拟工具，它允许设计和工艺工程师在产品开发的早期阶段迅速而准确地验证他们的设计。它引导从头至尾地完成模拟过程，使模拟过程变得非常容易。

FLUENT for CATIAV5 是专门为 CATIA 用户定制的 CFD 软件，将 FLUENT 完全集成在 CATIAV5 内部，用户就像使用 CATIA 其他分析环境一样地使用 FLUENT 软件。

Gambit 是专业的 CFD 前处理软件，包括功能强大的几何建模和网格生成能力。

G/Turbo 是专业的叶轮机械网格生成软件。

AIRPAK 是面向 HVAC 工程师的 CFD 软件，并依照 ISO 7730 标准提供舒适度、PMV、PPD 等衡量室内外空气质量（IAQ）的技术指标。

MIXSIM 是专业的搅拌槽 CFD 模拟软件。

5.2.1.6　FLUENT 18.0 的新特性

FLUENT 18.0 相对于以往的 FLUENT 版本，在操作界面、网格处理、并行运算、物理模型和求解精度控制方面有了很多改进。

1. 新的操作界面

如图 5-5 所示，FLUENT 18.0 的操作界面较先前版本有了一些变化。原来的列单式项目树改成了与 ANSYS CFX 类似的导航树，使 ANSYS 系列的界面风格趋向统一。树状图形界面中包含了所有的设置步骤。

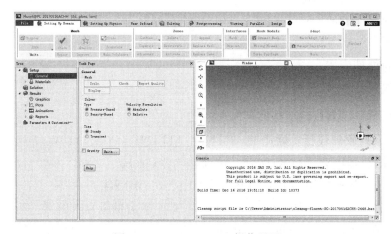

图 5-5　FLUENT 18.0 操作界面

ANSYS FLUENT 18.0 既可单独使用，也可以在 ANSYS Workbench 环境下使用。

2. 功能上的改进

最新版 ANSYS FLUENT 18.0 在功能上做了如下改进：

（1）采用谐波分析 CFD 以提升 100 倍的速度获得准确可靠的涡轮机械分析结果；

（2）使用 Overset 网格简化并加速运动部件仿真；

（3）ANSYS AIM 可为 ANSYS Fluent 仿真实现简便的准备及网格划分；

（4）采用功能强大的 ANSYS CFD Enterprise 从容应对最严峻的仿真挑战；

（5）增加了一个新的辐射模型：Monte Carlo Model；

（6）增加了两个新的用于模拟气液流动的 darg laws：Ishii-Zuber 及 Grace，这两个模型能够考虑气泡与液体之间的界面；

（7）后处理中增加了新的 DPM 场变量，包括 DPM RMS Diameter、Mean DPM D20、Mean DPM D30、RMS DPM Diameter；

（8）对于欧拉多相流模型，目前可追踪任何欧拉相的流线，在之前的版本中只能追踪主相的流线。

除此之外，FLUENT 18.0 还在动画控制、视图显示、后处理等其他方面进行了改进，在此不一一列举了。

5.2.2　FLUENT 功能模块

一套传统的 FLUENT 软件包含两个部分，即 Gambit 和 FLUENT。Gambit 的主要功能是几何建模和划分网格，FLUENT 的功能是流场的解算及后处理。此外还有专门针对旋转机械的几何建模和网格划分模块 Gambit/Turbo 以及其他具有专门用途的功能模块。

说明：ANSYS 收购 FLUENT 以后，FLUENT 被集成到 ANSYS Workbench 中，越来越多的用户选择使用 ANSYS Workbench 中集成的网格划分工具进行前处理。

ANSYS Workbench 中集成的网格划分工具以 ICEM CFD 为主，还包括 TGrid 和 Turbo-Grid。在后面的章节中将介绍的 ICEM CFD 应用。

1. Gambit 创建网格

Gambit 拥有完整的建模手段，可以生成复杂的几何模型。此外，Gambit 含有 CAD/CAE 接口，可以方便地从其他 CAD/CAE 软件中导入建好的几何模型或网格。

2. FLUENT 求解及后处理

如前文提到的，FLUENT 求解功能的不断完善确保了 FLUENT 对于不同的问题都可以得到很好的收敛性、稳定性和精度。

FLUENT 具有强大的后置处理功能，能够完成 CFD 计算所要求的功能，包括速度矢量图、等值线图、等值面图、流动轨迹图，并具有积分功能，可以求得力、力矩及其对应的力和力矩系数、流量等。

对于用户关心的参数和计算中的误差可以随时进行动态跟踪显示。对于非定常计算，FLUENT 提供非常强大的动画制作功能，在迭代过程中将所模拟非定常现象的整个过程记录成动画文件，供后续进行分析演示。

3. Gambit/Turbo 模块

该模块主要用于旋转机械的叶片造型及网格划分，该模块是根据 Gambit 的内核定制出来的，因此它与 Gambit 直接耦合在一起。采用 Turbo 模块生成的叶型或网格，可以直接用 Gambit 的功能进行其他方面的操作，从而可以生成更加复杂的叶型结构。

例如，对于涡轮叶片，可以先采用 Turbo 生成光叶片，然后通过 Gambit 的操作直接在叶片上开孔或槽，也可以通过布尔运算或切割生成复杂的内冷通道等。因此 Turbo 模块可以极大地提高叶轮机械的建模效率。

4. Pro/E Interface 模块

该模块用于同 Pro/Engineer 软件直接传递几何数据、实体信息，提高建模效率。

5. Deforming Mesh 模块

该模块主要用于计算域随时间发生变化情况下的流场模拟，如飞行器姿态变化过程的流场特性的模拟、飞行器分离过程的模拟、飞行器轨道的计算等。

6. Flow-Induced Noise Prediction

该模块主要用于预测所模拟流动的气动噪声，对于工程应用可用于降噪，如用于车辆领域或风机等领域，降低气流噪声。

7. Magnetohydro dynamics 模块

该模块主要用于模拟磁场、电场作用时对流体流动的影响，主要用于冶金及磁流体发电领域。

8. Continuous Fiber Modeling 模块

该模块主要应用于纺织工业中纤维拉制成型过程的模拟。

5.2.3 FLUENT 与 ANSYS Workbench

FLUENT 18.0 被集成到 ANSYS Workbench 平台后，其使用方法有了一些新特点。为了让读者更好地在 ANSYS Workbench 平台中使用 FLUENT，本节将简要介绍 ANSYS Workbench 及其与 FLUENT 之间的关系。

5.2.3.1 ANSYS Workbench 简介

ANSYS Workbench 提供了多种先进工程仿真技术的基础框架。全新的项目视图概念将整个仿真过程紧密地组合在一起，引导用户通过简单的鼠标拖曳操作完成复杂的多物理场分析流程。Workbench 所提供的 CAD 双向参数互动、强大的全自动网格划分、项目更新机制、全面的参数管理和无缝集成的优化工具等，使 ANSYS Workbench 平台在仿真驱动产品设计方面达到了前所未有的高度。

ANSYS Workbench 大大推动了仿真驱动产品的设计。各种仿真流程的紧密集成使得设置变得前所未有的简单，并且为一些复杂的多物理场仿真提供了解决方案。

ANSYS Workbench 环境中的应用程序都是支持参数变量的，包括 CAD 几何尺寸参数、材料属性参数、边界条件参数以及计算结果参数等。在仿真流程各环节中定义的参数可以直接在项目窗口中进行管理，因而很容易研究多个参数变量的变化。

在项目窗口中，可以很方便地形成一系列表格形式的"设计点"，然后一次性地自动进行多个设计点的分析来完成"What-If"研究。

ANSYS Workbench 全新的项目视图功能改变了工程师的仿真方式。仿真项目中的各项任务以互相连接的图形化方式清晰地表达出来，使用户对项目的工程意图、数据关系和分析过程一目了然。

只要通过鼠标的拖曳操作，就可以非常容易地创建复杂的、含多个物理场的耦合分析流程，在各物理场之间的数据传输也会自动定义好。

项目视图系统使用起来非常简单，直接从左边的工具栏中将所需的分析系统拖到项目视图窗口即可。完整的分析系统包含了所选分析类型的所有任务节点及相关应用程序，自上而下执行各个分析步骤即可完成整个分析。

5.2.3.2　ANSYS Workbench 的操作界面

ANSYS Workbench 的操作界面主要由菜单栏、工具栏、工具箱和项目概图区组成，如图 5 - 6 所示。

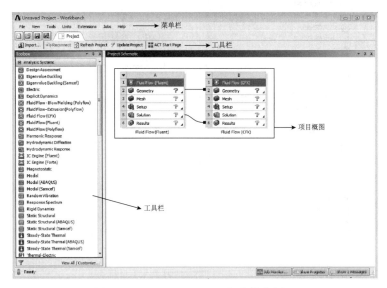

图 5 - 6　ANSYS Workbench 的操作界面

工具箱包括以下 5 个组，如图 5 - 7 所示。

（1）Analysis Systems：可用的预定义的模板。

（2）Component Systems：可存取多种程序来建立和扩展分析系统。

（3）Custom Systems：为耦合应用预定义分析系统（FSI、thermal-stress 等）。用户也可以建立自己的预定义系统。

（4）Design Exploration：参数管理和优化工具。

（5）External Connection Systems：用于建立与其他外部程序之间的数据连接。

图 5 - 7　工具箱中的 5 个组

需要进行某种项目分析时，可以通过两种方法在项目概图区生成相关分析项目的概图。一种是在工具箱中双击相关项目，另一种是用鼠标将相关项目拖至项目概图区内。

生成项目概图后，只需按照概图的顺序，从顶向下逐步完成，就可以实现一个完整的仿真分析流程。

5.2.3.2　在 ANSYS Workbench 中打开 FLUENT

在 ANSYS Workbench 中可以按如下步骤创建 FLUENT 分析项目并打开 FLUENT。

（1）在 Windows 系统下执行"开始"→"所有程序"→"ANSYS 18.0"→"Work-bench"命令，启动 ANSYS Workbench 18.0，进入主界面。

（2）双击主界面 Toolbox（工具箱）中的 Component Systems→Geometry（几何体）选项，即可在项目管理区创建分析项目 A，如图 5 - 8 所示。

图 5 - 8　创建 Geometry（几何体）分析项目

（3）将工具箱中的 Component Systems→Mesh（网格）选项拖到项目管理区中，悬挂在项目 A 中的 A2 栏 "Geometry" 上，当项目 A2 的 Geometry 栏红色高亮显示时，即可放开鼠标创建项目 B，项目 A 和项目 B 中的 Geometry 栏（A2 和 B2）之间出现了一条线相连，表示它们之间可共享几何体数据，如图 5 - 9 所示。

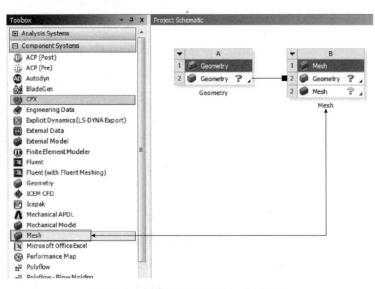

图 5 - 9　创建 Mesh（网格）分析项目

（4）将工具箱中的 Analysis Systems→Fluid Flow（FLUENT）选项拖到项目管理区中，

悬挂在项目 B 中的 B3 栏"Mesh"上，当项目 B3 的 Mesh 栏红色高亮显示时，即可放开鼠标创建项目 C。

项目 B 和项目 C 中的 Geometry 栏（B2 和 C2）和 Mesh 栏（B3 和 C3）之间各出现了一条线相连，表示它们之间可共享数据，如图 5 – 10 所示。

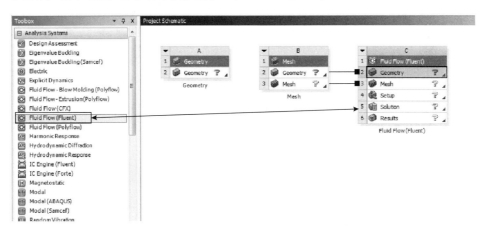

图 5 – 10　创建 FLUENT 分析项目

也可以直接生成图 5 – 11 中的项目 C 而不生成项目 A 和项目 B，如图 5 – 11 所示，这样就不必使用 ANSYS Workbench 中集成的 CAD 模块 Designmodeler 生成和处理几何体。

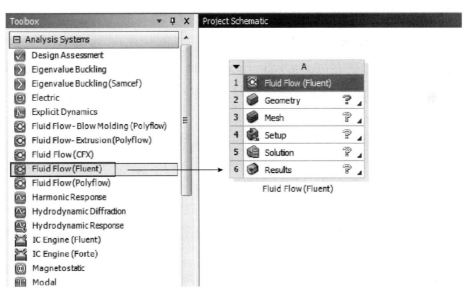

图 5 – 11　直接生成 FLUENT 分析项目

还可以直接生成单独的 FLUENT 分析项目（不包含前后处理），这与单独运行 FLU-ENT 的效果完全相同，如图 5 – 12 所示。

双击图 5 – 10 ~ 图 5 – 12 中的任意一个 FLUENT 分析项目中的 Setup 项均可启动 FLU-ENT 软件。

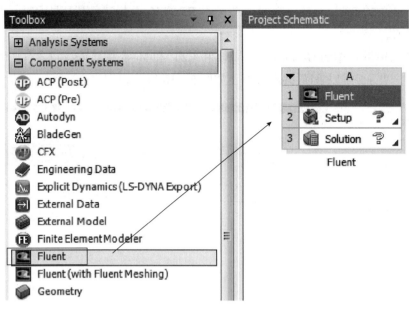

图 5 – 12　生成单独的 FLUENT 分析项目（不包含前后处理）

5.2.4　FLUENT18.0 基本操作

本节将介绍 FLUENT18.0 的用户界面和一些基本操作。

5.2.4.1　启动 FLUENT 主程序

在开始程序菜单中选择单独运行 FLUENT 主程序或者在 ANSYS Workbench 中运行 FLUENT 项目，弹出 FLUENT Launcher 对话框，如图 5 – 13 所示。在对话框中可以做如下选择。

（1）二维或三维版本，在 Dimension 选项区中选择 2D 或 3D。

（2）单精度或双精度版本，默认为单精度，当选中 Double Precision 时为双精度版本。

（3）Meshing Mode 为 Meshing 模式，若不选择此项则采用 Solution 模式。

（4）并行运算选项，可选择单核运算或并行运算版本。选择 Serial 时运行单核运算版本，选择 Parallel 时可利用多核处理器进行并行运算，并可设置使用处理器的数量。

（5）界面显示设置（Display Options）。Display Mesh After Reading 激活此项则导入网格后显示网格，否则不直接显示；Workbench Color Scheme 激活此项采用蓝色渐变背景图像窗口，否则采用黑色背景的 FLUENT 经典图形窗口。

（6）用户定制工具（ANSYS Customization Tools）选项，简称 ACT，此扩展工具包含了丰富的模块。

（7）当单击 Show More Options 时，会得到展开的 LUENT Launcher 对话框，如图5 – 14 所示，可以在其中设置工作目录、启动路径、并行运算类型、UDF 编译环境等。

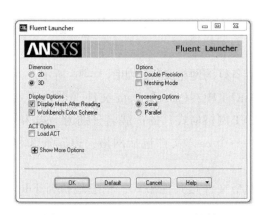

图 5 - 13　FLUENT Launcher 对话框　　　　图 5 - 14　展开的 FLUENT Launcher 对话框

5.2.4.2　FLUENT 主界面

设置完毕后，单击 FLUENT Launcher 对话框中的 OK 按钮，打开如图 5 - 15 所示的 FLUENT 主界面。FLUENT 主界面由标题栏、Ribbon 菜单栏、树形菜单、控制面板、图形窗口和文本窗口组成。

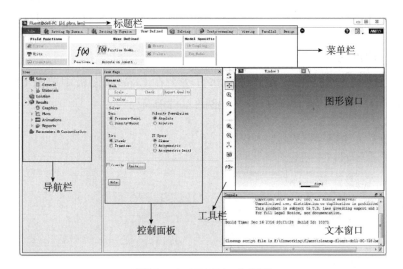

图 5 - 15　FLUENT 主界面

（1）标题栏中显示运行的 FLUENT 版本和物理模型的简要信息以及文件名，例如，FLUENT［3d，dp，pbns，lam］是指运行的 FLUENT 版本为 3D 双精度版本，运算基于压力求解，而且采用层流模型。

（2）Ribbon 菜单栏包括 File、Setting Up Domain、Setting Up Physics、User Defined、Solving、Postprocessing、Viewing、Parallel 和 Design 菜单选项。

（3）树形菜单中的树形节点从上至下以 CFD 工作流程设计，可以打开参数设置、求解器设置、后处理的面板。

（4）控制面板中显示树形节点对应的参数设置面板。

（5）图形窗口用来显示网格、残差曲线、动画及各种后处理显示的图像。

（6）文本窗口中显示各种信息提示，包括版本信息、网格信息、错误提示等信息。

5.2.4.3 FLUENT 读入网格

通过执行 File→Read→Mesh 命令，读入准备好的网格文件，如图 5 – 16 所示。

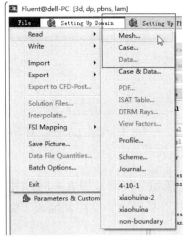

图 5 – 16 读入网格文件

在 FLUENT 中，Case 和 Data 文件（默认读入可识别的 FLUENT 网格格式）的扩展名分别为 . cas 和 . dat。一般说来，一个 case 文件包括网格、边界条件和解的控制参数。

如果网格文件是其他格式，相应地执行 File→Import 命令。

FLUENT 中常见的几种主要的文件形式如下。

（1）jou 文件：日志文档，可以编辑运行。

（2）dbs 文件：Gambit 工作文件。

（3）msh 文件：从 Gambit 输出的网格文件。

（4）cas 文件：经 FLUENT 定义的文件。

（5）dat 文件：经 FLUENT 计算的数据结果文件。

5.2.4.4 检查网格

读入网格之后要检查网格，相应地操作方法为在 General 面板中单击 Check 按钮，或者执行 Setting Up Physics→Check 命令，如图 5 – 17 所示。

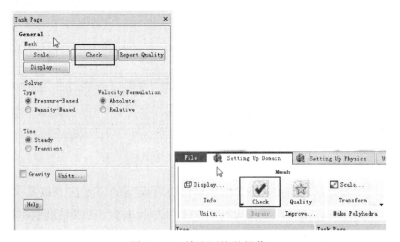

图 5 – 17 检查网格的操作

在检查网格的过程中，用户可以文本窗口中看到区域范围、体积统计以及连通性信息。网格检查最容易出现的问题是网格体积为负数。如果最小体积是负数，就需要修复网格以减少解域的非物理离散。

5.2.4.5　选择基本物理模型

单击树形菜单中的 Models 项，打开 Models 面板，可以选择采用的基本物理模型，如图 5－18 所示，包括多相流模型、能量方程、湍流模型、辐射模型、换热器模型、组分传输模型、离散型模型、融化和凝固模型、噪声模型等。

单击相应的物理模型后，会弹出相应的对话框对模型参数进行设置。

5.2.4.6　设置材料属性

双击树形菜单中的 Materials 项，打开 Materials 面板，可以看到材料列表，如图 5－19 所示。

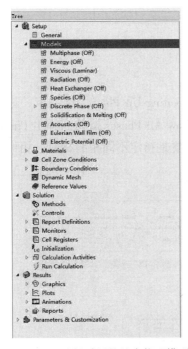
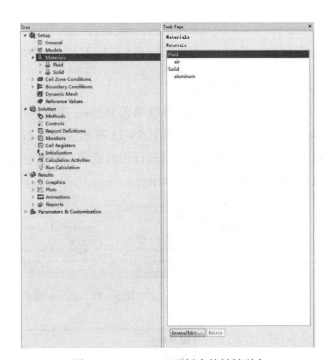

图 5－18　选择采用的基本物理模型　　　　图 5－19　Materials 面板中的材料列表

单击 Materials 面板中的 Create/Edite 按钮，可以打开材料编辑对话框，如图 5－20 所示。

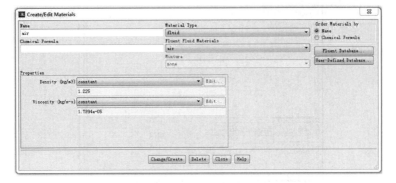

图 5－20　材料编辑对话框

在材料编辑对话框中单击 FLUENT Database 按钮，可以打开 FLUENT 的材料库选择材料，如图 5 – 21 所示。也可以单击 User-Defined Datebase 按钮，自定义材料属性。

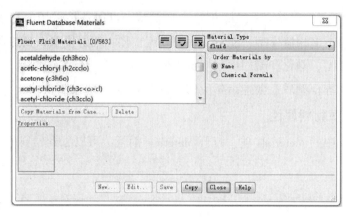

图 5 – 21　FLUENT 的材料库

5.2.4.7　相的定义

在进行多相流计算时，可以单击 Ribbon 菜单栏中的 Setting Up Physics 选项卡，进行 Phases 的设置，如图 5 – 22 和图 5 – 23 所示，单击 List/show All Phases 按钮，弹出 Phases 选项卡，单击 Edit 按钮，可以进行相的定义。相的定义主要是指定不同相的材料，相可以是主相和次相或连续相和离散相。

图 5 – 22　Phases 选项卡

图 5 – 23　Phases 的定义

5.2.4.8　设置计算区域条件

双击树形菜单中的 Cell Zone Conditions 项，可以打开 Cell Zone Conditions 面板设置区域类型，如图 5 - 24 所示。

图 5 - 24　设置区域类型

单击 Cell Zone Conditions 面板中的 Edit 按钮，可以打开流体或固体区域的参数设置对话框，对区域的运动、源项、反应、多孔介质参数进行设置，如图 5 - 25 所示。

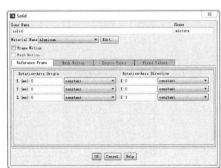

图 5 - 25　流体和固体区域的参数设置对话框

5.2.4.9　设置边界条件

双击树形菜单栏中的 Boundary Conditions 项，打开 Boundary Conditions 面板，可以选择

边界条件类型，如图 5 - 26 所示。

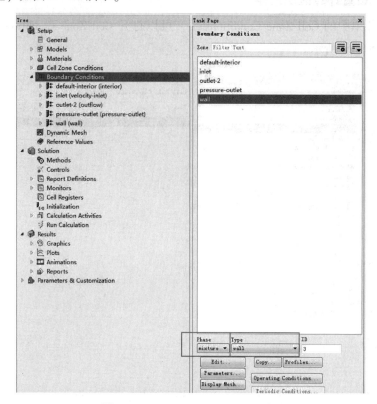

图 5 - 26　Boundary Conditions 面板

　　单击 Boundary Conditions 面板中的 Edit 按钮，可以打开边界条件参数设置对话框。图 5 - 27 所示为壁面边界条件的设置对话框。

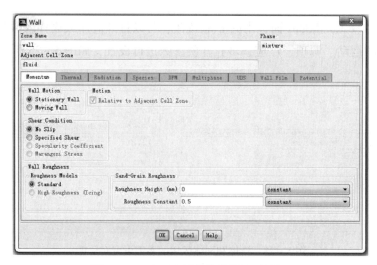

图 5 - 27　壁面边界条件的设置对话框

5. 2. 4. 10　设置动网格

双击树形菜单中的 Dynamic Mesh 项，打开 Dynamic Mesh 面板，可以设置动网格的相关参数，如图 5 – 28 所示。在面板中可以设置局部网格更新方法：Smoothing（网格光滑更新）、Layering（网格层变）和 Remeshing（局部网格重新划分）。

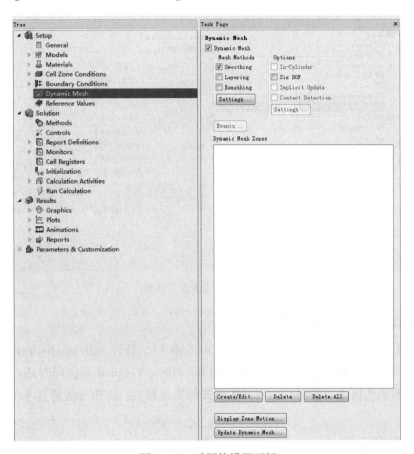

图 5 – 28　动网格设置面板

当选择 Smoothing 时，需要网格光滑更新的参数，包括弹性常数因子（Sping Constant Factor）、边界节点松弛（Laplace Node Relaxation）、收敛公差（Convergence Tolerance）和迭代数（Number of Iterations）。

当选择 Layering 网格更新方法时，选项包括基于高度（Height Based）和基于变化率（Ratio Based）。设置参数包括分裂因子（Split Factor）和合并因子（Collapse Factor）。

当选择 Remeshing 时，需要的设置的参数有尺寸函数（Sizing Function）和更新方法（Remeshing Methods）。

在 Dynamic Mesh 面板中的 Options 选项组中有 In-Cylinder（活塞内腔）、Six DOF（六自由度）、Implicit Update（隐式更新）、Contact Detection（接触检测）。对于活塞内腔的往复运动，需要选中 In-Cylinder 选项。对于自由度的运动，需要选中 Six DOF 选项。

5.2.4.11　设置参考值

双击树形菜单中的 Reference Value 项，打开 Reference Value 面板，可以设置参考参数，如图 5 - 29 所示。这些参考参数用来计算如升力系数、阻力系数等与参考参数相关的值。具体操作方法请参考帮助文档。

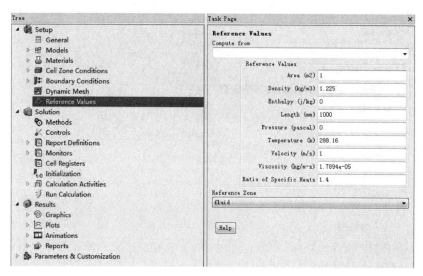

图 5 - 29　设置参考参数

5.2.4.12　设置算法及离散格式

单击树形菜单中的 Solution，然后双击 Methods 项，打开 Solution Methods 面板，如图 5 - 30所示。可以设置算法 SIMPLE、SIMPLEC、PISO、Coupled 等，同时还可以设置各物理量或方程的离散格式。各种算法及离散格式的物理意义、操作方法请参考帮助文档。

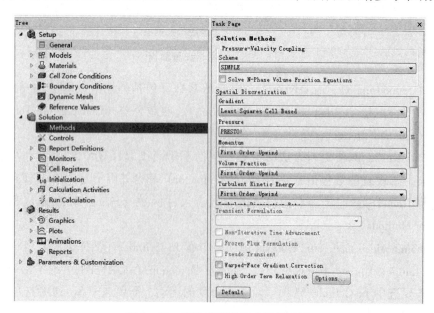

图 5 - 30　算法及离散格式设置面板

5.2.4.13　设置求解参数

双击树形菜单中的 Controls 项，打开 Solution Controls 面板，可以设置亚松弛因子，以控制求解的收敛性和收敛速度，如图 5-31 所示。具体操作方法请参考帮助文档。

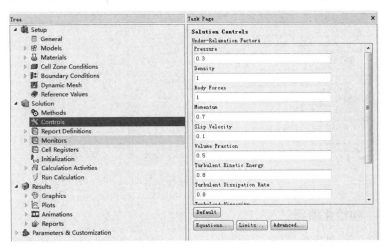

图 5-31　求解参数设置

5.2.4.14　设置监视窗口

双击树形菜单中的 Report Definitions 项，进入 Report Definitions 面板，如图 5-32 所示。单击 New 或 Edit 按钮，可以设置监视点、线、面、体上的压力、速度、流量、力等物理量随迭代次数或时间的变化，并可将数据绘制成曲线或输出报告文件。

图 5-32　报告定义设置面板

单击树形菜单中的 Monitor 项，展开的菜单中可分别对残差（Residual）、报告文件（Report Files）、报告曲线（Report Plots）、收敛条件（Convergence Conditions）进行设置。双击 Residual 项，对残差曲线的监视设置，如图 5-33 所示。通过设置希望的残差值控制求解器达到残差精度时停止迭代计算。具体操作方法请参考帮助文档。

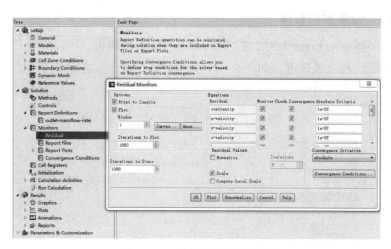

图 5 - 33　残差监视设置面板

5.2.4.15　初始化流场

迭代计算之前要初始化流场，即提供一个初始解。用户可以从一个或多个边界条件算出初始解，也可以根据需要设置流场的数值。双击树形菜单中的 Initialization 项，打开 Solution Initialization 面板，如图 5 - 34 所示。初始化时，设置流场初始化的源面或者具体物理量的值，单击 Initialize 按钮开始初始化。当涉及需要对求解区域分区初始化时，点击 Patch 按钮。

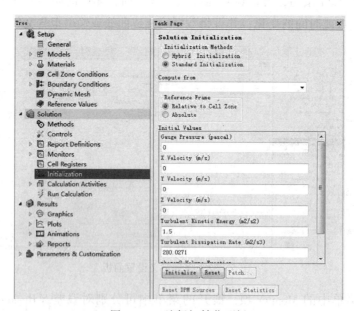

图 5 - 34　流场初始化面板

5.2.4.16　与运行计算相关的设置

双击树形菜单中的 Calculation Activities 项，打开 Calculation Activities 面板，可以设置自动保存间隔步数、自动输出文件、求解动画、自动初始化等，如图 5 - 35 所示。

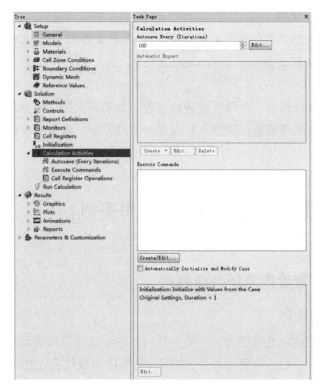

图 5 – 35　Calculation Activities 设置面板

　　双击树形菜单中的 Run Calculation 项，打开 Run Calculation 设置面板，可以设置迭代步数、迭代步长等参数，点击 Calculate 按钮则开始运行计算，如图 5 – 36 所示。

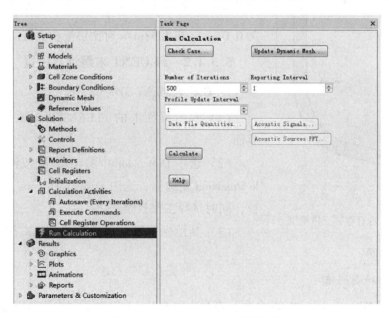

图 5 – 36　Run Calculation 设置面板

5.2.4.17　保存结果

问题的定义和 FLUENT 计算结果分别保存在 Case 文件和 Data 文件中。必须保存这两个文件以便以后重新启动分析。保存 Case 文件和 Data 文件的方法为执行 File→Write→Case&Data 命令。

一般来说，仿真分析是一个反复改进的过程，如果首次仿真结果精度不高或不能反映实际情况，可以提高网格质量，调整参数设置和物理模型，使结果不断接近真实，提高仿真精度。

5.3　流体输送过程数值模拟应用实例

5.3.1　垂直弯管内流场数值模拟

5.3.1.1　案例简介

本案例以一个三维垂直弯管为例，模拟其内部的湍流和层流运动状态，如图 5 - 37 所示。坐标原点在入口中心，弯管直径为 50mm，直管段长度均为 500mm，弯管段曲率半径为 225mm。

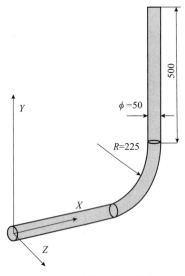

图 5 - 37　垂直弯管三维模型

当雷诺数小于等于 2000 时，流体呈现层流流动状态；当雷诺数大于等于 4000 时，流体呈现湍流流动状态，其公式为 $R_e = \dfrac{\rho v d}{\mu}$，经计算选定入口速度分别为 0.04m/s 和 4.58m/s 对比层流和湍流的流动状态。

5.3.1.2　FLUENT 求解计算设置

1. 启动 FLUENT-3D

（1）双击桌面上的 FLUENT18.0 图标，进入启动界面。

（2）选中 Dimension 中的 3D 单选按钮，选中 Double Precision 复选框，选中 Display Options 下的 2 个复选框，同时选择工作目录。

（3）其他保持默认设置，单击 OK 按钮进入 FLUENT18.0 主界面。

2. 读入并检查网格

（1）执行 File→Read→Mesh 命令，在弹出的 Select File 对话框中读入三维网格文件。

（2）执行 Setting Up Domain→Info→Size 命令，得到如图 5 - 38 所示的模型网格信息：共 157042 个网格节点、454160 个网格面、148800 个网格单元。

（3）执行 Setting Up Domain→Check 命令，反馈信息如图 5 – 38 所示，检查最小体积和最小面积是否为负数。

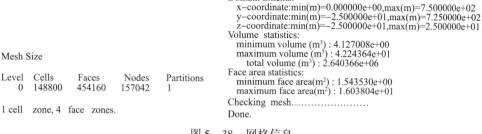

Mesh Size

Level	Cells	Faces	Nodes	Partitions
0	148800	454160	157042	1

1 cell　zone, 4 face　zones.

```
Domain Extents:
    x-coordinate:min(m)=0.000000e+00,max(m)=7.500000e+02
    y-coordinate:min(m)=-2.500000e+01,max(m)=7.250000e+02
    z-coordinate:min(m)=-2.500000e+01,max(m)=2.500000e+01
Volume  statistics:
    minimum volume (m³) : 4.127008e+00
    maximum volume (m³) : 4.224364e+01
      total volume (m³) : 2.640366e+06
Face area statistics:
    minimum face area(m²) : 1.543530e+00
    maximum face area(m²) : 1.603804e+01
Checking  mesh......................
Done.
```

图 5 – 38　网格信息

3. 设置求解器参数

（1）选择属性菜单中的 General 选项，如图 5 – 39 所示。

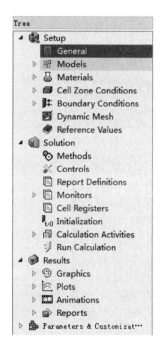

图 5 – 39　设置单位转换

（2）在出现的面板中单击 Scale 按钮，弹出 Scale Mesh 对话框。在 Mesh Was Created In 和 View Length Unit In 下拉列表中选择 mm，单击 Scale 按钮。

（3）在 General 面板中勾选 Gravity 复选框，定义 Y 方向的重力加速度为 – 9.8，如图 5 – 40 所示。

（4）双击树形菜单中的 Models 项，对求解模型进行设置，如图 5 – 41 所示。

（5）在 Models 面板中双击 Viscous-Laminar 选项，弹出 Viscous Models 对话框，在 Model 中选择 k-epsilon（2eqn），在 k-epsilon Model 中选择 RNG 按钮，如图 5 – 42 所示，单击 OK。

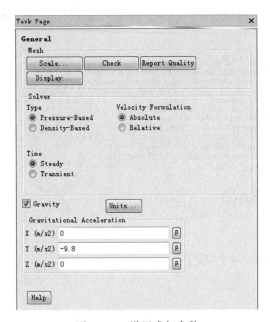

图 5-40 设置求解参数　　　　　　　　图 5-41 选择计算模型

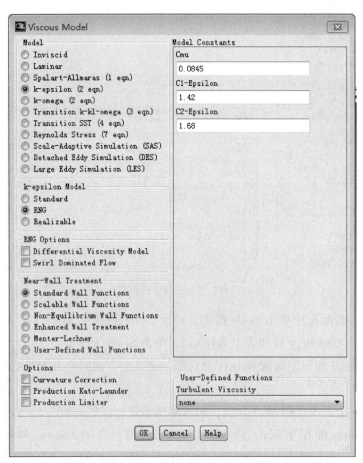

图 5-42 选择湍流模型

4. 定义材料物性

（1）双击树形菜单中的 Materials 选项，在出现的 Materials 面板中对所需材料进行设置。

（2）双击 Materials 列表中的 Fluid 选项，弹出材料物性设置对话框，如图 5-43 所示。

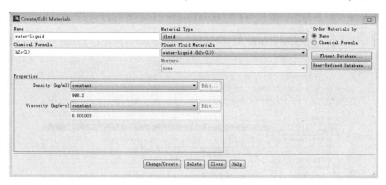

图 5-43　水的物性参数

（3）在 Fluent Fluid Materials 下可选择所需的材料，并可自定义修改材料的物性参数，或者点击 Fluent Database 按钮，从材料库中调用。本案例材料选择 water-liquid，物性参数默认，最后单击 Change/Create 按钮，保存修改。

5. 设置区域条件

（1）双击树形菜单中的 Cell Zone Conditions 选项，在弹出的 Cell Zone Conditions 面板中对区域条件进行设置，如图 5-44 所示。

（2）选择 Zone 列表中的需要设置的区域，本案例只定义了 fluid 区，故双击 fluid 项，进入编辑对话框。在 Material Name 下拉列表中选择 water-liquid 选项，如图 5-45 所示，单击 OK 按钮完成设置。

图 5-44　选择区域

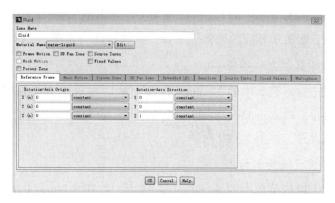

图 5-45　设置区域属性

6. 设置边界条件

（1）双击树形菜单中的 Boundary Conditions 选项，在打开的 Boundary Conditions 面板中对边界条件进行设置。

（2）双击 Zone 列表下的 inlet 选项，如图 5 - 46 所示，弹出 Velocity Inlet 对话框，在 Velocity Magnitude 标签下输入速度值为 0.04m/s 和 4.58m/s 进行对比；在 Specification Method 下拉列表中选择 Intensity and Hydraulic Diameter 标签，并输入水力直径为 50mm，单击 OK 按钮完成设置。

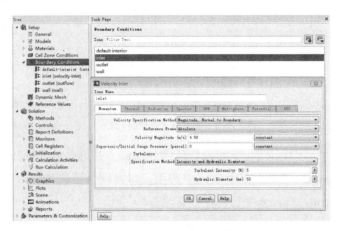

图 5 - 46　设置空气进口边界条件

（3）依次双击 Zone 列表下的 outlet 和 wall 选项，这里保持默认即可。

5.3.1.3　求解计算

1. 求解控制参数

双击树形菜单中的 Methods 选项，在弹出的 Solution Methods 面板中对求解参数进行设置，面板中的各个选项采用默认值，如图 5 - 47 所示。

2. 设置求解松弛因子

双击树形菜单中的 Controls 选项，在弹出的 Solution Controls 面板中对求解松弛因子进行设置，面板中相应的松弛因子保持默认设置，如图 5 - 48 所示。

3. 设置收敛临界值

双击树形菜单中的 Monitors 选项，然后再双击 Residual 选项，弹出 Residual Monitors 设置面板，将 Equations Residual 标签下的 continuity 的残差值设置为 1e - 06，单击 OK 按钮完成设置，如图 5 - 49 所示。

4. 设置流场初始化

双击树形菜单中的 Initialization 选项，打开 Solution Initialization 面板进行初始化设置，如图 5 - 50 所示，可选择 Hybrid Initialization 或 Standard Initialization，本案例选择 Hybrid Initialization，单击 Initialize 按钮完成初始化。

图 5 – 47　设置求解算法

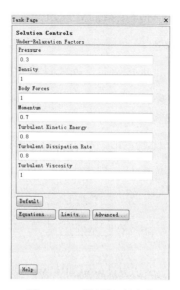

图 5 – 48　设置松弛因子

图 5 – 49　修改迭代残差

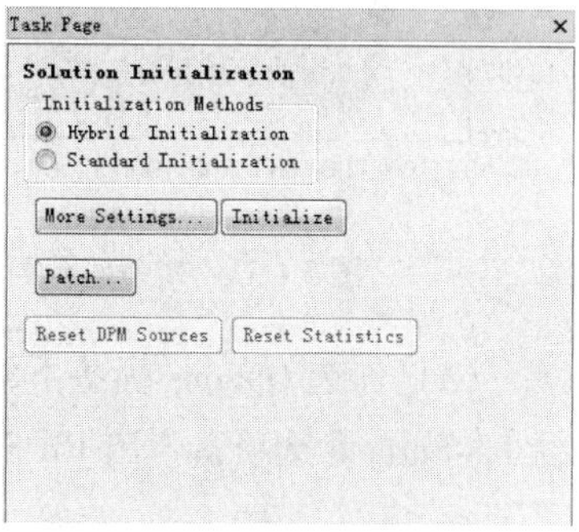

图 5 – 50　设定流场初始化

5. 迭代计算

双击树形菜单中的 Run Calculation 选项，打开 Run Calculation 面板进行初始化设置，如图 5 – 51 所示，设置 Number of Iterations 为 2000，单击 Calculate 按钮进行迭代计算。

图 5 – 51　迭代设置对话框

5.3.1.4 计算结果后处理及分析

1. 残差曲线

单击 Calculate 按钮后，迭代计算开始，弹出残差窗口，计算 2000 步，达到收敛标准，如图 5 - 52 所示。

2. 压力场和速度场

（1）双击树形菜单中的 Graphics 选项，打开 Graphics and Animations 面板。

（2）双击 Graphics 列表中的 Contours 选项，打开 Contours 对话框，如图 5 - 53 所示。

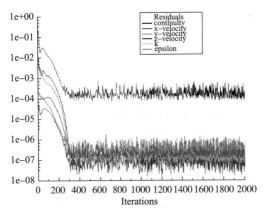

图 5 - 52　残差监视窗口

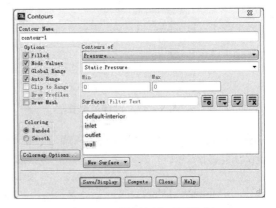

图 5 - 53　设置压力云图绘制

（3）勾选 Options 标签下的 Filled 选项，单击 New Surface 复选框，在其下拉列表中选择 Iso-Surface 选项，弹出 Iso-Surface 面板，如图 5 - 54 所示。

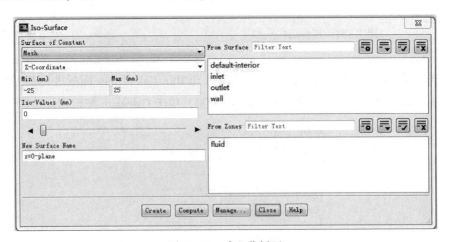

图 5 - 54　建立分析面

（4）选择 Surface of Constant 下拉列表中的 Mesh 选项，并在其下拉列表中选择 Z-Coordinate 选项，在 New Surface Name 标签下输入新建面的名称为 "z = 0-plane"，单击 Create 按钮完成设置。

（5）在 Contours 面板中 Surface 标签下选择 "z = 0-plane" 平面，单击 Contours 面板中

的 Save/Display 按钮，如图 5 – 55 所示即为入口速度分别为 0.04m/s（左）和 4.58m/s（右）时 $z = 0$ 平面上的压力分布云图。

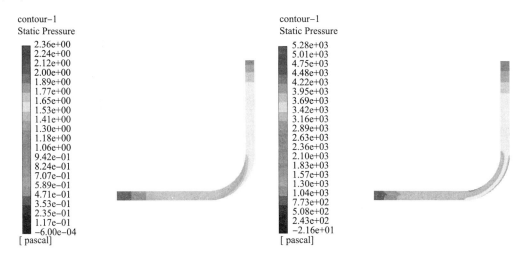

图 5 – 55　管内层流和湍流状态的压力分布云图

（6）在 Contours 面板中 Contours of 下拉列表中选择 Velocity 和 Velocity Magnitude 选项，单击 Save/Display 按钮，如图 5 – 56 所示为入口速度分别为 0.04m/s（左）和 4.58m/s（右）时 $z = 0$ 平面上的速度分布云图。

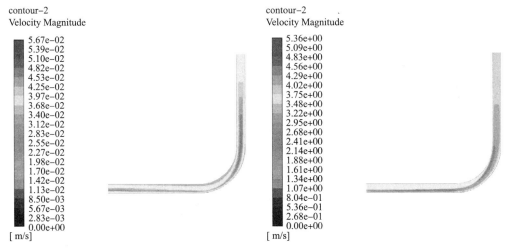

图 5 – 56　管内层流和湍流状态的速度分布云图

5.3.2　二维离心泵叶轮内流场数值模拟

5.3.2.1　案例简介

离心泵是靠叶轮旋转时产生离心力来对液体进行输送，其具有结构简单紧凑、工作可靠以及维修管理方便等优点，并广泛应用于工业、农业等多个领域。为了便于理解和分析，本案例以一个 2D 离心泵为例，利用 FLUENT18.0 转动参考系法，对其内部流场进行

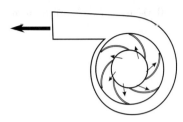

图 5-57　离心泵二维模型

数值模拟，其结构及出入口如图 5-57 所示。通过该案例可以学习离心泵的工作原理以及掌握 Fluent 软件在模拟 2D 离心泵的参数设置要求，同时更重要的是对离心泵内各部分流体的速度大小和流向、各部分压力大小进行了深入的了解。

在该案例中，已知模拟的介质为水，离心泵的叶轮直径为 700mm，轮毂直径为 350mm，叶片数为 6，转速为 1500rpm。

5.3.2.2　FLUNET 求解计算设置

1. 启动 FLUENT-2D

（1）双击桌面上的 FLUENT18.0 图标，进入启动界面。

（2）选中 Dimension 中的 2D 单选按钮，选中 Double Precision 复选框，取消选中 Display Options 下的 3 个复选框。

（3）其他保持默认设置，单击 OK 按钮进入 FLUENT18.0 主界面。

2. 读入并检查网格

（1）执行 File→Read→Mesh 命令，在弹出的 Select File 对话框中读入 volute.msh 二维网格文件。

（2）执行 Mesh→Info→Size 命令，得到如图 5-58 所示的模型网格信息：共有 41961 个节点、122751 个网格面和 81546 个网格单元。

（3）执行 Mesh→Check 命令。反馈信息如图 5-59 所示。可以看到计算域三维坐标的上、下限，检查最小体积和最小面积是否为负数。

```
Mesh Check
Domain Extents:
x-coordinate: min (m) = -9.000000e+01, max (m) = 5.500000e+01
y-coordinate: min (m) = -5.200000e+01, max (m) = 6.500000e+01
Volume statistics:
minimum volume (m³): 4.610116e-02
maximum volume (m³): 1.910123e-01
total volume (m³): 9.201514e+03
Face area statistics:
minimum face area (m²): 2.736914e-01
maximum face area (m²): 7.365821e-01
Checking mesh..........................
Done.
```

```
Mesh Size

Level  Cells   Faces   Nodes  Partitions
0      81546   122751  41961  1

2 cell zones, 8 face zones.
```

图 5-58　FLUENT 网格尺寸信息　　　　　图 5-59　FLUENT 网格检查

3. 设置求解器参数

（1）选择 Solution Setup→General 选项，如图 5-60 所示，在出现的 General 面板中进行求解器的设置。

（2）单击面板中 Scale 按钮，弹出 Scale Mesh 对话框。在 Mesh Was Created In 下拉列表中选择 cm，单击 Scale 按钮，在 View Length Unit In 下拉列表中选择 m，可以看到计算

区域在 X 轴方向上的最大值和最小值分别为 $0.55\mathrm{m}$ 和 $-0.9\mathrm{m}$，在 Y 轴方向上的最大值和最小值分别为 $0.52\mathrm{m}$ 和 $0.65\mathrm{m}$，如图 5-61 所示，单击 Close 按钮关闭对话框。

图 5-60　选择求解器工具条　　　　　图 5-61　设置单位转换

（3）在 General 面板中选中 Gravity 复选框，定义 Y 方向的重力加速度为 -9.81，如图 5-62 所示。

（4）单击 Unit 按钮，弹出 Set Units 对话框，在 Quantities 列表中选择 angular-velocity 选项，在 Units 选择 rpm-选项，如图 5-63 所示。

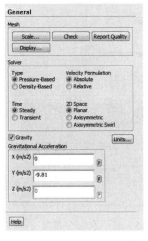

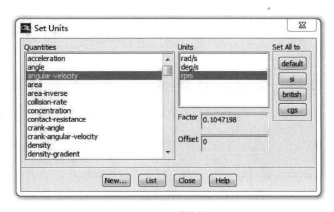

图 5-62　设置求解参数　　　　　　　图 5-63　单位设置

（5）选择 Solution Setup→Model 选项，对求解模型进行设置，如图 5-64 所示。

（6）在 Model 面板中双击 Viscous-Laminar 选项，弹出 Viscous Model 对话框，在 Model 中选中 k-epsilon（2equ）单选按钮，如图 5-65 所示，单击 OK 按钮完成设置。

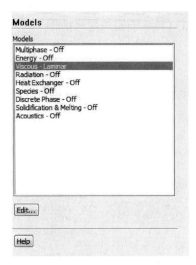

图 5 - 64　选择计算模型

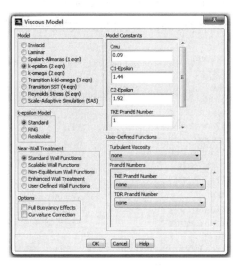

图 5 - 65　选择湍流模型

4. 定义材料物性

（1）选择 Solution Setup→Materials 选项，在出现的 Materials 面板中对所需材料进行设置。

（2）双击 Materials 列表中的 Fluid 选项，弹出材料物性参数设置对话框，如图 5 - 66 所示。

（3）在材料物性参数对话框中单击 FLUENT Database 按钮，弹出 FLUENT Database Materitals 对话框，在 FLUENT Fluid Material 列表中选择 Water-liduid（$H_2O < 1 >$），如图 5 - 67所示，单击 Copy 按钮，复制水的物性参数。

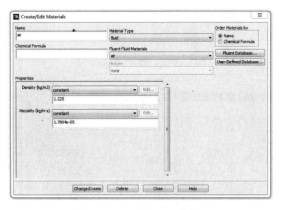

图 5 - 66　空气物性参数

图 5 - 67　水物性参数

（4）回到材料物性参数设置对话框，单击 Change/Create 按钮，保存水的物性参数。

5. 设置区域条件

（1）选择 Solution Setup→Cell Zone Conditions 选项，在弹出的 Cell Zone Condition 面板中对区域条件进行设置，如图 5 - 68 所示。

（2）选择 zone 列表中的 nei 选项，单击 Edit 按钮，弹出 Fluid 对话框，在 Material Name 下拉列表中选择 water-liquid 选项，选中 Frame Motion 复选框，speed（rpm）设置为 1500，如图 5 - 69 所示，单击 OK 按钮完成设置。

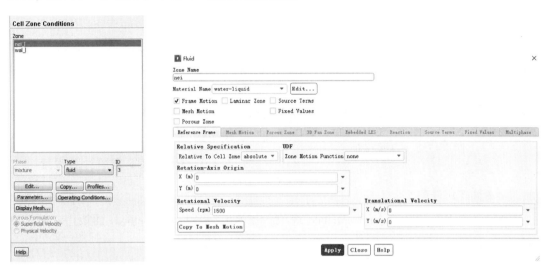

图 5 - 68　选择区域　　　　　　　　　　图 5 - 69　设置区域属性

（3）重重复上述操作，对 wai 区域进行设置，在 Material Name 下拉列表中选择 water-liduid 选项，其他保持默认设置。

6. 设置边界条件

（1）选择 Solution Setup→Boundary Conditions 选项，在打开的 Boundary Condition 面板中对边界条件进行设置。

（2）双击 Zone 列表中的 in 选项，如图 5 - 70 所示，弹出 Pressure Inlet 对话框，对进口边界条件进行设置。

（3）保持对话框中的默认设置，如图 5 - 71 所示。

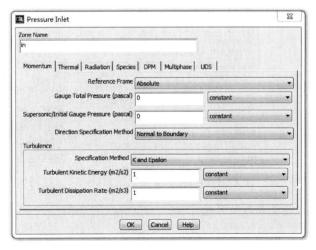

图 5 - 70　选择进口边界　　　　　　　　图 5 - 71　设置水进口边界条件

227

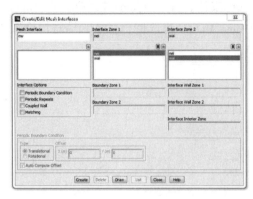

图 5 - 72　设置滑移面

7. 设置滑移耦合面

（1）选择 Solution Setup→Mesh Interface 选项，打开 Mesh Interface 面板。

（2）单击 Create/Edit 按钮，弹出 Create/Edit Mesh Interfaces 对话框，设置 Mesh Interface 为 nw，Interface Zone1 为 nei 选项，Interface Zone2 为 wai，单击 Create 按钮，创建滑移耦合面，如图 5 - 72 所示，单击 Close 按钮，关闭对话框。

5.3.2.3　FLUNET 求解计算设置

1. 求解控制参数

（1）选择 Solution→Solution Method 选项，在弹出的 Solution Methods 面板中求解控制参数进行设置。

（2）面板中的各个选项采用默认值，如图 5 - 73 所示。

2. 设置求解松弛因子

（1）选择 Solution→Solution Controls 选项，在弹出的 Solution Controls 面板中对求解松弛因子进行设置。

（2）面板中相应的松弛因子保持默认设置，如图 5 - 74 所示。

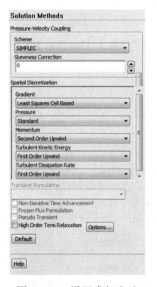

图 5 - 73　设置求解方法

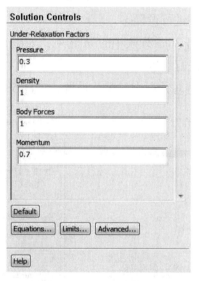

图 5 - 74　设置松弛因子

3. 设置收敛临界值

（1）选择 Solution→Monitors 选项，打开 Monitors 面板，如图 5 - 75 所示。

（2）双击 Monitors 面板中的 Residuals-Print，Plot 选项，打开 Residual Monitors 对话框，为了保证计算的精度，在对应 continuity 后输入残差值为 10^{-5}，如图 5 - 76 所示，单击 OK 按钮完成设置。

图 5 - 75　残差设置面板　　　　　图 5 - 76　修改迭代残差

4. 设置流场初始化

（1）选择 Solution→Solution Initialization 选项，打开 Solution Initialization 面板进行初始化设置。

（2）在 Initialization Methods 下选择 Standard Initialization 选项，在 Compute from 下拉列表中选择 all-zones，其他保持默认，单击 Initialize 按钮完成初始化，如图 5 - 77 所示。

5. 迭代计算

（1）执行 File→Write→Case&Data 命令，弹出 Select File 对话框，保存为 volute.case 和 volute.data。

（2）选择 Solution→Run Calculation 选项，打开 Run Calculation 面板。

（3）设置 Number of Iterations 为 10000，如图 5 - 78 所示。

（4）单击 Calculate 按钮进行迭代计算。

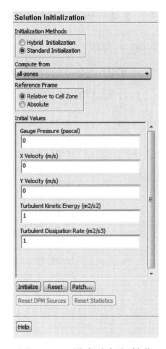

图 5 - 77　设定流场初始化

229

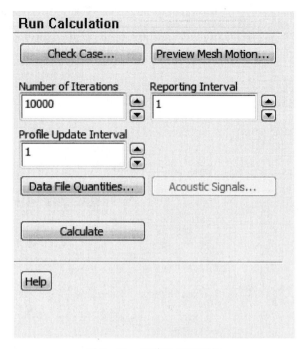

图 5 - 78　迭代设置对话框

5. 3. 2. 4　计算结果后处理及分析

1. 残差曲线

（1）单击 Calculate 按钮后，迭代计算开始，弹出残差窗口，如图 5 - 79 所示。

（2）计算 2703 步之后，达到收敛的最低限，结果收敛。

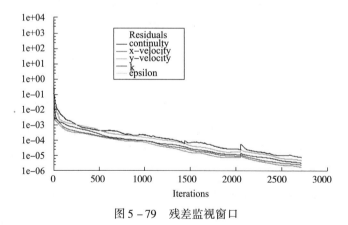

图 5 - 79　残差监视窗口

2. 质量流量报告

（1）选择 Workspace 下 Results→Reports 选项，打开 Reports 面板，如图 5 - 80 所示。

（2）在打开的面板中，双击 Fluxes 选项，弹出 Flux Reports 对话框。Boundaries 下选中处 default-interior 选项的其他所有选项，单击 Compute 显示进出口质量流量结果，如图 5 - 81所示。

（3）由质量流量结果可以看出，进出口质量流量误差很小，质量流量是守恒的。

图 5 - 80 设置求解方法

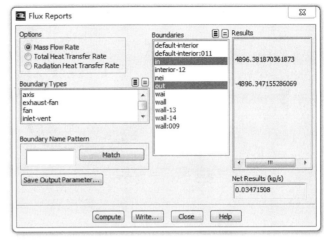

图 5 - 81 设置松弛因子

3. 压力场和速度场

（1）选择 Results → Graphics and Animations 选项，打开 Graphics and Animations 面板。

（2）双击 Graphics 列表中的 Contours 选项，打开 Contours 对话框，如图 5 - 82 所示，单击 Display 按钮，弹出压力云图窗口，如图 5 - 83 所示。

图 5 - 82 设置压力云图绘制

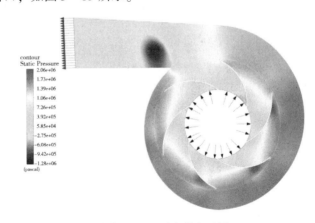

图 5 - 83 压力分布云图

（3）重复（2）的操作，在 Contours of 的第一个下拉列表中选择 velocity，单击 Display 按钮，弹出速度云图，如图 5 - 84 所示。

（4）在 Graphics and Animation 面板中双击 Vectors 选项，弹出 Vectors 对话框，如图 5 - 85 所示。单击 Display 按钮，弹出速度矢量图，调整图的大小，显示局部的速度矢量。图 5 - 86 是叶轮部分速度矢量图，图 5 - 87 时出口区域速度矢量云图。

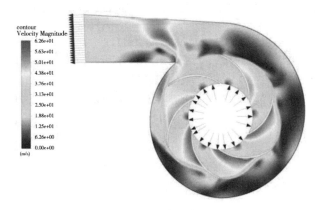

图 5 - 84　速度分布云图　　　　　　图 5 - 85　设置速度矢量

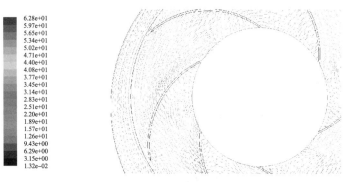

图 5 - 86　叶片区域速度矢量云图

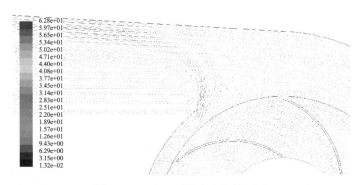

图 5 - 87　出口区域速度矢量云图

5.3.3　水力旋流分离器内流场模拟

5.3.3.1　案例简介

水力旋流器是一种根据离心力场远大于重力场的原理来分离液体混合物的设备，20世纪 50 年代水力旋流器开始应用于选矿，目前水力旋流器已广泛应用于矿冶、船舶、石油、化工、食品等行业。本案例以液-液油水旋流分离器为例，对其内部流场进行数值模拟，油水混合液以一定的速度进入，经过分离后的油水分别从不同出口流出，其结构简图和尺寸比例如图 5 – 88 和表 5 – 1 所示。本案例选取 $D_c = 20\text{mm}$ 为例，入口流体介质为油水混合液，进口速度为 12m/s，视为不可压缩流动。

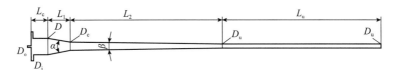

图 5 – 88　Martin – Thew 型旋流器的几何结构图

表 5 – 1　**Martin-Thew** 型旋流器的尺寸比例

D_c	D	D_o	D_i	D_u	L_c	L_u	α	β
D_c	$2D_c$	$0.14D_c$	$0.35D_c$	$0.5D_c$	$2D_c$	$20D_c$	$20°$	$1.5°$

5.3.3.2　FLUENT 求解计算设置

1. 启动 FLUENT – 3D

（1）双击桌面上的 FLUENT18.0 图标，进入启动界面。

（2）选中 Dimension 中的 3D 单选按钮，选中 Double Precision 复选框，选中 Display Options 下的 2 个复选框，同时选择工作目录。

（3）其他保持默认设置，单击 OK 按钮进入 FLUENT18.0 主界面。

2. 读入并检查网格

（1）执行 File→Read→Mesh 命令，在弹出的 Select File 对话框中读入 msh 三维网格文件。

（2）执行 Setting Up Domain→Info→Size 命令，得到如图 5 – 89 所示的模型网格信息：共 588635 个网格节点、1738550 个网格面、575220 个网格单元。

```
                                    Domain Extents:
                                      x–coordinate:min(m)=–2.000000e+00,max(m)=2.000000e+01
                                      y–coordinate:min(m)=–3.000000e+01,max(m)=3.000000e+01
                                      z–coordinate:min(m)=–8.790000e+02,max(m)=1.000000e+01
                                    Volume statistics:
                                      minimum volume (m³) : 8.179340e–04
Mesh Size                             maximum volume (m³) : 4.743234e+00
                                        total volume (m³) : 1.934553e+05
Level  Cells    Faces    Nodes   Partitions  Face area statistics:
  0    575220   1738550  588635   2             minimum face area(m²) : 4.089659e–04
                                                maximum face area(m²) : 4.297577e+00
1 cell zone, 5 face zones.          Checking mesh......................
                                    Done.
```

图 5 – 89　网格信息

（3）执行 Setting Up Domain→Check 命令，反馈信息如图 5 – 89 所示，检查最小体积和最小面积是否为负数。

3. 设置求解器参数

（1）选择属性菜单中的 General 选项，如图 5 – 90 所示。

（2）在出现的面板中单击 Scale 按钮，弹出 Scale Mesh 对话框。在 Mesh Was Created In 和 View Length Unit In 下拉列表中选择 mm，单击 Scale 按钮。

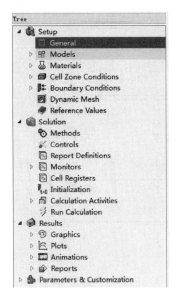

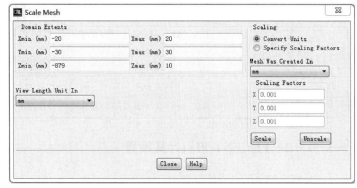

图 5-90　设置单位转换

（3）在 General 面板中勾选 Gravity 复选框，定义 Z 方向的重力加速度为 -9.8，如图 5-91所示。

（4）双击树形菜单中的 Models 项，对求解模型进行设置，如图 5-92 所示。

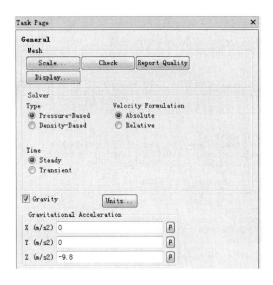

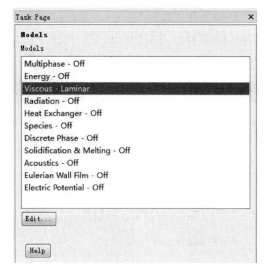

图 5-91　设置求解参数　　　　　　　　图 5-92　选择计算模型

（5）在 Models 面板中双击 Viscous-Laminar 选项，弹出 Viscous Models 对话框，在 Model 中选择 Reynolds Stress（7eqn），如图 5-93 所示，单击 OK。

图 5 - 93　选择湍流模型

（6）在 Models 面板中双击 Multiphase 选项，弹出 Multiphase Models 对话框，在 Model 中选择 Mixture，如图 5 - 94 所示，单击 OK。

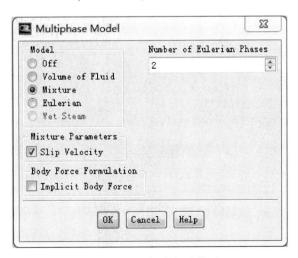

图 5 - 94　选择多相流模型

4. 定义材料物性

（1）双击树形菜单中的 Materials 选项，在出现的 Materials 面板中对所需材料进行设置。

（2）双击 Materials 列表中的 Fluid 选项，弹出材料物性设置对话框，如图 5-95 所示。

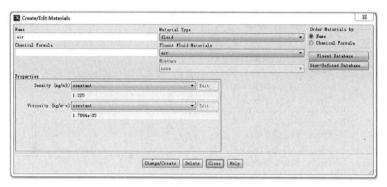

图 5-95　空气物性参数

（3）在 Fluent Fluid Materials 下可选择所需的材料，并可自定义修改材料的物性参数，或者点击 Fluent Database 按钮，从材料库中调用。本案例从 Fluent Database 调用，单击 Fluent Database 按钮，分别选择 engine-oil 和 water-liquid 两种材料，单击 copy 按钮，最后单击 Change/Create 按钮，保存修改，如图 5-96 所示。

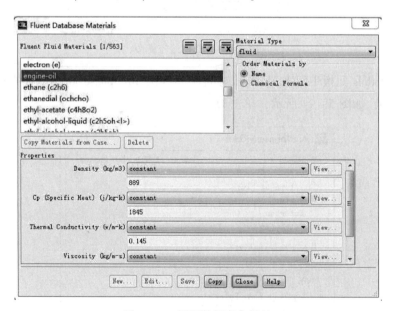

图 5-96　调用数据库中材料

5. 设置相条件

（1）选择 Setting Up Physics 标题栏下 Phases 下的 List/Show All Phases，在弹出的 Phases 面板中对相进行设置，如图 5-97 所示。

（2）选择 Phases 列表中的 Primary Phase，在弹出的对话框中 Phase Material 列表下选择 water-liquid 材料，如图 5 – 98 所示，单击 OK 按钮完成设置。

（3）选择 Phases 列表中的 Secondary Phase，在弹出的对话框中 Phase Material 列表下选择 engine-oil 材料，修改 Diameter 值为 0.1mm，如图 5 – 99 所示，单击 OK 按钮完成设置。

图 5 – 97　选择相

图 5 – 98　设置连续相材料

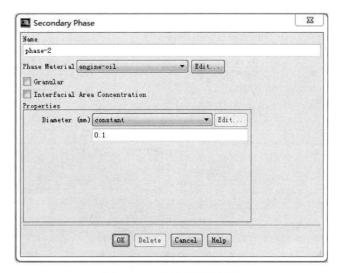

图 5 – 99　设置离散相材料

6. 设置边界条件

（1）双击树形菜单中的 Boundary Conditions 选项，在打开的 Boundary Conditions 面板中对边界条件进行设置。

（2）双击 Zone 列表下的 inlet 选项，如图 5 – 100 所示，弹出 Velocity Inlet 对话框，在 Velocity Magnitude 标签下输入速度值为 12m／s；在 Specification Method 下拉列表中选择

Intensity and Hydraulic Diameter 标签，并输入水力直径为3.2mm，单击 OK 按钮完成设置。设置连续相和离散相的入口速度均为12m/s，同时油相体积分数为5%，如图5-101所示。

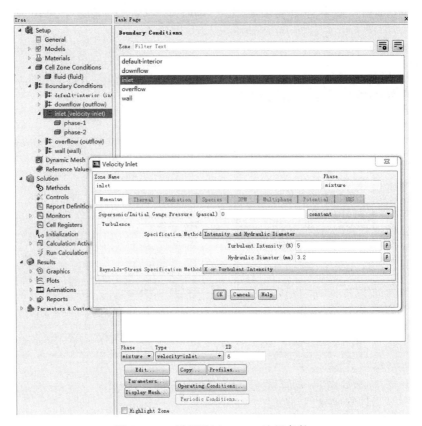

图5-100　设置进口 mixture 边界条件

图5-101　设置进口边界条件

（3）依次双击 Zone 列表下的 downflow 和 overflow 选项，弹出 Outflow 对话框，分别设置其 Flow Rate Weighting 为0.75和0.25，如图5-102所示。

图5-102　设置出口边界条件

5.3.3.3　求解计算

1. 求解控制参数

双击树形菜单中的 Methods 选项，在弹出的 Solution Methods 面板中对求解参数进行设置，面板中的各个选项采用默认值，如图 5 - 103 所示。

2. 设置求解松弛因子

双击树形菜单中的 Controls 选项，在弹出的 Solution Controls 面板中对求解松弛因子进行设置，面板中相应的松弛因子保持默认设置，如图 5 - 104 所示。

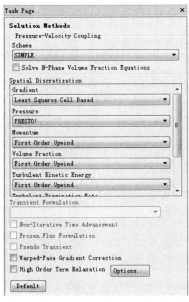
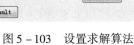

图 5 - 103　设置求解算法

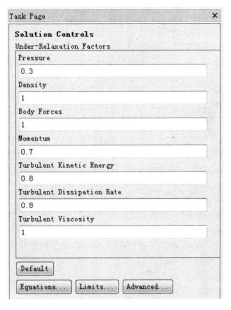

图 5 - 104　设置松弛因子

3. 设置收敛临界值

双击树形菜单中的 Monitors 选项，然后再双击 Residual 选项，弹出 Residual Monitors 设置面板，将 Equations Residual 标签下的 continuity 的残差值设置为 1e - 06，单击 OK 按钮完成设置，如图 5 - 105 所示。

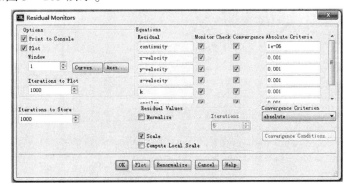

图 5 - 105　修改迭代残差

4. 设置流场初始化

双击树形菜单中的 Initialization 选项，打开 Solution Initialization 面板进行初始化设置，如图5-106所示，可选择 Hybrid Initialization 或 Standard Initialization，本案例选择Standard Initialization，Compute from 选择 all-zones，单击 Initialize 按钮完成初始化。

5. 迭代计算

双击树形菜单中的 Run Calculation 选项，打开 Run Calculation 面板进行初始化设置，如图5-107所示，设置 Number of Iterations 为5000，单击 Calculate 按钮进行迭代计算。

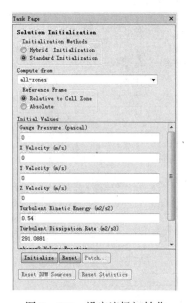

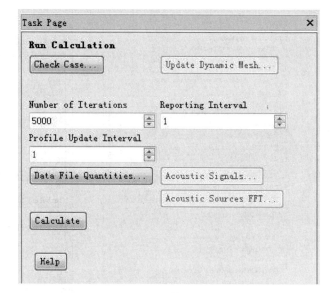

图5-106　设定流场初始化　　　　　　图5-107　迭代设置对话框

5.3.3.4　计算结果后处理及分析

1. 残差曲线

单击 Calculate 按钮后，迭代计算开始，弹出残差窗口，计算5000步，达到收敛标准，如图5-108所示。

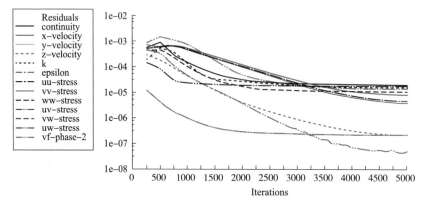

图5-108　残差监视窗口

240

2. 质量流量报告

（1）双击树形菜单中的 Reports 选项，打开 Reports 面板进行初始化设置，如图5－109 所示。

（2）在打开的面板中，双击 Fluxes 选项，弹出 Flux Reports 对话框。Boundaries 下选中除 default-interior 和 wall 选项的其他所有选项，单击 Compute 显示进出口质量流量结果，如图 5－110 所示。

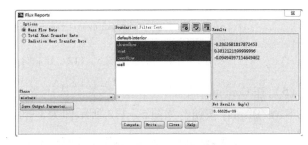

图 5－109 Reports 面板　　　　　　　图 5－110 进出口质量流量

（3）由质量流量结果可以看出，进出口质量流量误差很小，质量流量是守恒的。

3. 压力场和速度场

（1）双击树形菜单中的 Graphics 选项，打开 Graphics and Animations 面板。

（2）双击 Graphics 列表中的 Contours 选项，打开 Contours 对话框，如图 5－111 所示。

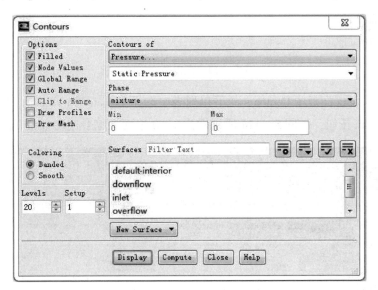

图 5－111 设置压力云图绘制

（3）勾选 Options 标签下的 Filled 选项，单击 New Surface 复选框，在其下拉列表中选择 Iso-Surface 选项，弹出 Iso-Surface 面板，如图 5－112 所示。

（4）选择 Surface of Constant 下拉列表中的 Mesh 选项，在 Ncw Surface Name 标签下输入新建面的名称为"$x = 0 - \text{plane}$"，单击 Create 按钮完成设置。

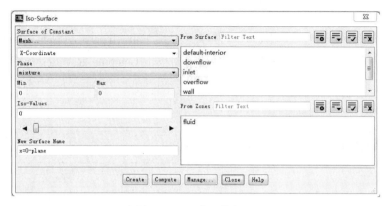

图5-112　建立分析面

（5）在 Contours 面板中 Surface 标签下选择"$x = 0 - \text{plane}$"平面，单击 Contours 面板中的 Save/Display 按钮，如图5-113所示即为 $x = 0$ 平面上的压力分布云图。

图5-113　压力分布云图

（6）在 Contours 面板中 Contours of 下拉列表中选择 Velocity 和 Velocity Magnitude 选项，单击 Save/Display 按钮，如图5-114所示即为 $x = 0$ 平面上综合速度分布云图。

图5-114　综合速度分布云图

思考题

1. CFD 的优点有哪些？CFD 的局限性和缺点是什么？

2. CFD 在装备制造产品研发过程中有什么优势？

3. 与实验相比，CFD 在获得大量计算结果方面有什么优点？

4. CFD 工程应用主要涉及哪些方面？

5. CFD 的工作过程是什么？

6. 以水力旋流分离器的 CFD 模拟为例，通常可以得到什么细节？

7. 与粗糙网格（即单元网格数量少）相比，使用非常精细网格（即单元网格数量很多）会导致何种结果？

8. 结构化网格与非结构化网格之间的主要差别有哪些？

9. 什么是迭代过程，如何进行迭代？

10. 判断计算收敛的标准是什么？

11. 后处理阶段的主要目的是什么？

12. 流线的意义有哪些？与其他结果图形相比，其对问题分析有哪些优点？

13. 计算域的基本概念。举例说明定义计算域的重要性。

14. FLUENT 中的湍流计算模型都有哪些，简述其适用场合。

15. 什么叫边界条件，有何物理意义，常用的边界条件有哪些？

习　题

【5-1】　试对图中垂直弯管，利用数值仿真分别计算入口速度为 0.1m/s、0.5m/s、1.0m/s、2.0m/s 和 5.0m/s 时，弯管的压力损失情况？
坐标原点在入口中心，弯管直径为 50mm，直管段长度均为 500mm，弯管段曲率半径为 225mm。

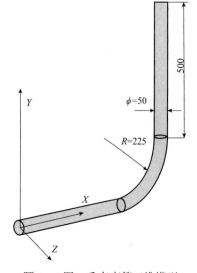

题 5-1 图　垂直弯管三维模型

【5 - 2】 试用 FLUENT 计算气体流经光滑水平管道的压降。管道长度 1500m，半径 2mm，该气体密度 1.225kg/m³，黏度 1.7894×10^{-5} Pa·s，入口速度 50m/s，出口压力 0Pa。

【5 - 3】 如图所示球阀，在其半开条件下，试用 FLUENT 计算内部速度及压力降分布情况。流动介质为水，密度为 998.2kg/m³，入口质量流量为 2.5kg/s。管内径 50mm，球阀及临近管线水平放置，阀门前端及后端管线长度分别按照 150mm 和 300mm 计算。

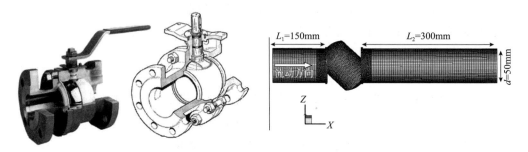

题 5 - 3 图　球阀结构示意图

【5 - 4】 对于如图所示 T 形管内流动，流动介质为水和空气，其中气液比为 1:4，在两分支出口充分发展的情况，试通过 FLUENT 模拟计算两相在该 T 形结构内的速度分布、流线分布及气相分布。水相密度为 998.2kg/m³，气相密度为 0.6325kg/m³，二者混合流速为 10m/s。

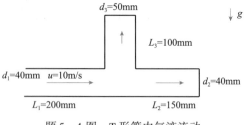

题 5 - 4 图　T 形管内气液流动

【5－5】　如图所示弯管内流动看似简单，实则内部流动存在严重的分离附着以及二次流问题，可通过 FLUENT 模拟掌握内部流场特征。管道中流体介质密度为 $10kg/m^3$，黏度 2.3256×10^{-5} Pa.s，管道直径 50mm，管道出口为充分发展湍流。试对其内部流体流动速度进行模拟分析，并得出纵向对称面上的速度分布云图、矢量图及中心轴线上的速度分布曲线。

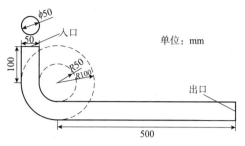

题 5－5 图　弯管结构形式及尺寸

【5－6】　一直管半径 2.5mm，管道长度 110mm，管内流动流体介质为水银，密度为 $13529kg/m^3$，黏度为 0.001523Pa·s，入口条件为充分发展速度，平均速度 0.005m/s，试模拟管内水银的速度分布及沿程压力损失分布情况。

【5－7】　试用 FLUENT 计算 Tesla 阀的内部流场特征。Tesla 阀是一种没有运动部件的微型阀门，其操作原理基于流体流动的方向。在相同的压力降下，正向流动的流量大于逆向流动的流量，换句话说，在相同流量情况下，正向压降要远小于逆向压降。基于此原理，研究的阀门几何形式及尺寸如图所示，给定正向或反向流动速度为 10m/s，试分析在此速度条件下，正向流动与逆向流动的压力降。采用 3D 模型进行计算，流动介质为水，密度为 $998.2kg/m^3$，黏度为 0.001Pa·s。

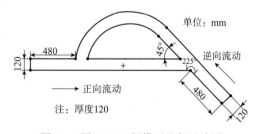

题 5－7 图　Tesla 阀模型几何尺寸图

【5-8】 如图所示水平放置的双组分混合管道系统，混合前两流动介质为水和空气，在混合出口充分发展的情况，试通过FLUENT模拟计算两相在该混合结构内的速度分布、流线分布、气相分布及出口截面上混合质量分布。水相密度 998.2kg/m³，气相密度为 0.6325kg/m³，二者入口流速均为8m/s。

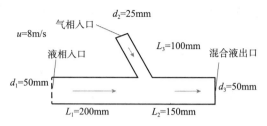

题 5-8 图　气液混合管道系统结构形式及尺寸图

【5-9】 如图所示旋流分离器结构及其基本结构尺寸，入口待分离气液混合介质中气相含量为 10%，粒度 0.15mm，入口平均流速 8m/s，溢流口分流比 30% 条件下试通过FLUENT模拟计算并分析两相在该旋流分离结构内的速度分布和相分布情况。水相密度为998.2kg/m³，气相密度为 0.6325kg/m³。

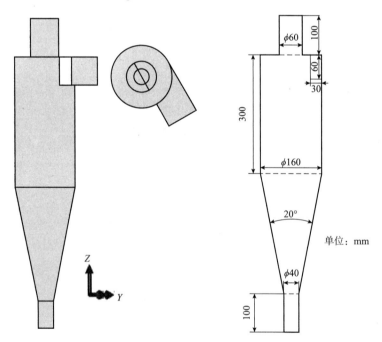

题 5-9 图　旋流分离器结构及尺寸图

【5－10】　如习题 5－9 图所示旋流分离器，入口待分离混合介质为油水混合介质，其中油相含量为 10%，平均粒度 0.15mm，入口平均流速 8m/s，溢流口分流比 30% 条件下，试通过 FLUENT 模拟计算并分析两相在该旋流分离结构内的速度分布和相分布情况，并与习题 5－9 中的不同混合介质分离效果进行对比。水相密度为 998.2kg/m³，油相密度为 850kg/m³。

附录 常见液体的重要物理性质

名称	分子式	密度 (20℃)/ (kg/m³)	沸点 (101.33 kPa)/℃	汽化热/ (kJ/kg)	比热容 (20℃)/[kJ /(kg·℃)]	黏度 (20℃)/ (mPa·s)	导热系数 (20℃)/[W /(m·℃)]	体积胀系数 $\beta \times 10^4$ (20℃)/(1/℃)	表面张力 $\sigma \times 10^3$ (20℃)/(N/m)
水	H_2O	998	100	2258	4.183	1.005	0.599	1.82	72.8
氯化钠盐水 (25%)	—	1186 (25℃)	107	—	3.39	2.3	0.57 (30℃)	(4.4)	—
氯化钙盐水 (25%)	—	1228	107	—	2.89	2.5	0.57	(3.4)	—
硫酸	H_2SO_4	1831	340 (分解)	—	1.47 (98%)	—	0.38	5.7	—
硝酸	HNO_3	1513	86	481.1	—	1.17 (10℃)	—	—	—
盐酸 (30%)	HCl	1149	—	—	2.55	2 (31.5%)	0.42	—	—
二硫化碳	CS_2	1262	46.3	352	1.005	0.38	0.16	12.1	32
戊烷	C_5H_{12}	626	36.07	357.4	2.24 (15.6℃)	0.229	0.113	15.9	16.2
己烷	C_6H_{14}	659	68.74	335.1	2.31 (15.6℃)	0.313	0.119	—	18.2
庚烷	C_7H_{16}	684	98.43	316.5	2.21 (15.6℃)	0.411	0.123	—	20.1
辛烷	C_8H_{18}	763	125.67	306.4	2.19 (15.6℃)	0.540	0.131	—	21.8
三氯甲烷	$CHCl_3$	1489	61.2	253.7	0.992	0.58	0.138 (30℃)	12.6	28.5 (10℃)
四氯化碳	CCl_4	1594	76.8	195	0.850	1.0	0.12	—	26.8
二氯乙烷-1,2	$C_2H_4Cl_2$	1253	83.6	324	1.260	0.83	0.14 (50℃)	—	30.8
苯	C_6H_6	879	80.10	393.9	1.704	0.737	0.148	12.4	28.6
甲苯	C_7H_8	867	110.63	363	1.70	0.675	0.138	10.9	27.9
邻二甲苯	C_8H_{10}	880	144.42	347	1.74	0.811	0.142	—	30.2
间二甲苯	C_8H_{10}	864	139.10	343	1.70	0.611	0.167	10.1	29.0
对二甲苯	C_8H_{10}	861	138.35	340	1.704	0.643	0.129	—	28.0
苯乙烯	C_8H_9	911 (15.6℃)	145.2	(352)	1.733	0.72	—	—	—

续表

名称	分子式	密度(20℃)/(kg/m³)	沸点(101.33kPa)/℃	汽化热/(kJ/kg)	比热容(20℃)/[kJ/(kg·℃)]	黏度(20℃)/(mPa·s)	导热系数(20℃)/[W/(m·℃)]	体积胀系数 $\beta \times 10^4$ (20℃)/(1/℃)	表面张力 $\sigma \times 10^3$ (20℃)/(N/m)
氯苯	C_6H_5Cl	1106	131.8	325	1.298	0.85	0.14 (30℃)	—	—
硝基苯	$C_6H_5NO_2$	1203	210.9	396	1.47	2.1	0.15	—	41
苯胺	$C_6H_5NH_2$	1022	184.4	448	2.07	4.3	0.17	8.5	42.9
酚	C_6H_5OH	1050 (50℃)	181.8 (熔点 40.9)	511	—	3.4 (50℃)	—	—	—
萘	$C_{16}H_8$	1145 (固体)	217.9 (熔点 80.2)	314	1.80 (100℃)	0.59 (100℃)	—	—	—
甲醇	CH_3OH	791	64.7	1101	2.48	0.6	0.212	12.2	22.6
乙醇	C_3H_5OH	789	78.3	846	2.39	1.15	0.172	11.6	22.8
乙醇(95%)	—	804	78.2	—	—	1.4	—	—	—
乙二醇	$C_2H_4(OH)_2$	1113	197.6	780	2.35	23	—	—	47.7
甘油	$C_3H_5(OH)_3$	1261	290 (分解)	—	—	1499	0.59	5.3	63
乙醚	$(C_2H_5)_2O$	714	34.6	360	2.34	0.24	0.14	16.3	18
乙醛	CH_3CHO	783 (18℃)	20.2	574	1.9	1.3 (18℃)	—	—	21.2
糠醛	$C_5H_4O_2$	1168	161.7	452	1.6	1.15 (50℃)	—	—	43.5
丙酮	CH_3COCH_3	792	56.2	523	2.35	0.32	0.17	—	23.7
甲酸	$HCOOH$	1220	100.7	494	2.17	1.9	0.26	—	27.8
醋酸	CH_3COOH	1049	118.1	406	1.99	1.3	0.17	10.7	23.9
醋酸乙酯	$CH_3COOC_2H_5$	901	77.1	368	1.92	0.48	0.14 (10℃)	—	—
煤油	—	780~820	—	—	—	3	0.15	10.0	—
汽油	—	680~800	—	—	—	0.7~0.8	0.19 (30℃)	12.5	—

参 考 文 献

［1］廖传华，周勇军，周玲. 输送过程与设备 ［M］. 北京：中国石化出版社，2008.

［2］昌友权. 化工原理 ［M］. 北京：中国计量出版社，2006.

［3］诸林，刘瑾，王兵等. 化工原理 ［M］. 北京：石油工业出版社，2007.

［4］陆肇达. 流体机械基础教程 ［M］. 哈尔滨：哈尔滨工业大学出版社，2003.

［5］屠大燕. 流体力学与流体机械 ［M］. 北京：中国建筑工业出版社，1994.

［6］塞埃（美）编，邓敦夏译. 流体流动手册 ［M］. 北京：中国石化出版社，2004.

［7］周勇敏. 材料工程基础 ［M］. 北京：化学工业出版社，2011.

［8］黄振仁. 过程装备成套技术 ［M］. 北京：化学工业出版社，2001.

［9］潘家祯. 过程原理与装备 ［M］. 北京：化学工业出版社，2008.

［10］夏清，陈常贵. 化工原理 ［M］. 天津：天津大学出版社，2005.

［11］董健生. 炼油单元过程与设备 ［M］. 北京：中国石化出版社，2001.

［12］张涵. 化工机器 ［M］. 北京：化学工业出版社，2009.

［13］方子严. 化工机器 ［M］. 北京：中国石化出版社，1999.

［14］中国石化集团上海工程有限公司. 化工工艺设计手册 ［M］. 第四版（上册）. 北京：化学工业出版社，2009.

［15］李云，姜培正. 过程流体机械 ［M］. 北京：化学工业出版社，2007.

［16］李善春，李宝彦. 石油化工机器维护和检修技术 ［M］. 北京：石油工业出版社，2000.

［17］高慎琴. 化工机器 ［M］. 北京：化学工业出版社，1992.

［18］沙毅，闻建龙. 泵与风机 ［M］. 北京：中国科学技术大学出版社，2005.

［19］范德明. 工业泵选用手册 ［M］. 北京：化学工业出版社，1998.

［20］张湘亚，陈弘. 石油化工流体机械 ［J］. 北京：石油大学出版社，1996.

［21］钱锡俊，陈弘. 泵和压缩机 ［M］. 北京：石油大学出版社，1989.

［22］张克危. 流体机械原理 ［M］. 北京：机械工业出版社，2001.

［23］全国化工设备设计技术中心站机泵技术委员会. 工业泵选用手册 ［M］. 北京：化学工业出版社，2002.

［24］蔡增基，龙天渝. 流体力学泵与风机 ［M］. 北京：中国建筑工业出版社，2006.6.

［25］李多民. 化工过程机器 ［M］. 北京：中国石化出版社，2007.

［26］姜培正. 叶轮机械 ［M］. 西安：西安交通大学出版社，1991.

［27］陈伟. 石油化工设备设计选用手册——机泵选用 ［M］. 北京：化学工业出版社，2009.

［28］崔继哲. 化工机械与设备检修技术 ［M］. 北京：化学工业出版社，2000.

［29］康勇，张建伟. 过程流体机械 ［M］. 北京：化学工业出版社，2008.

［30］王福军. 计算流体动力学分析——CFD 软件原理与应用 ［M］. 北京：清华大学出版社，2004.

［31］Tu Jiyuan, Yeoh GuanHeng, Liu Chaoqun. 计算流体力学：从实践中学习 ［M］. 王晓冬译，沈阳：东北大学出版社，2014.

［32］唐家鹏. FLUENT 14. 0 超级学习手册 ［M］. 北京：人民邮电出版社，2013.

习题参考答案

第 2 章 习题答案（其中重力加速度 $g = 10 \text{m/s}^2$）

【2-1】 $p_A - p_B = 56.5 \text{kPa}$

【2-2】 （1）$p_M = 147.8 \text{kPa}$；（2）$p_M = 132.4 \text{kPa}$

【2-3】 $p = 478.179 \text{kPa}$

【2-4】 表压：$p = -20 \text{kPa}$；绝对压强：$p' = 81.2 \text{kPa}$；真空度 $p_V = |p| = Pa - p' = 20 \text{kPa}$

【2-5】 （1）$p = 100.1 \text{Pa}$（表压），相对误差为 -2.0%

（2）U 管压差计的读数 $R' = 11.6 \text{mm}$

（3）双液 U 管微压差计的相对误差为 $\pm 0.25\%$；U 管压差计的相对误差为 $\pm 4.3\%$

【2-6】 $H = 0.381 \text{m}$；$\rho = 1292 \text{kg/m}^3$

【2-7】 （1）$h = 2.67 \text{m}$；（2）水在倒 U 管中流动排出时，管内会产生真空，出现虹吸现象，使油水分离器中的液体被倒 U 管吸空，因此在倒 U 管顶部开一个通大气的孔，可防止虹吸现象发生；（3）当油水分离器中液面高出倒 U 管顶部 10m 时，油水分离器内的压力大于倒 U 管出口处的压力，使得油水从大气孔和水出口处一起排出，因此倒 U 管应保持适宜高度，才能保证出口只排出水面不出油。

【2-8】 总静压力为 $p = \rho g V = \rho g h \pi d^2 / 4$，方向为垂直向上

【2-9】 （1）管路中流体的流速 $u = 4.85 \text{m/s}$

（2）$p_A = 7756 \text{Pa}$（表压）；$p_C = -11630 \text{Pa}$（表压）；$p_D = -17446 \text{Pa}$（表压）

（3）$h_1' = 7.98 \text{m}$

【2-10】 $N_e = 2.18 \text{kW}$

【2-11】 所需压缩空气压力 $p = 0.209 \text{MPa}$（表压）

【2-12】 （1）$H = 5.96 \text{m}$；（2）高位槽中的水位将要上升 1.23m

【2-13】 （1）流动方向自下而上。（2）能量损失 26J/kg

【2-14】 $0.58 \text{Pa} \cdot \text{s}$

【2-15】 略

【2-16】 增高为 4.14m.

【2-17】 （1）压强差 74590Pa；（2）为有效功率的 43.3%。

【2-18】 （1）水的流量为 7.7m³/h；（2）最大水流量为 15.4m³/h；（3）孔径为 35mm。

【2-19】 （1）出口流速为 2.22m/s；（2）压力表指示值 $1.83 \times 10^5 \text{Pa}$。

【2-20】 （1）H 为 29.74m；（2）功率为 4.27kW；（3）真空表的读数 $5.25 \times 10^4 \text{Pa}$。

第 3 章　习题答案

【3 - 1】　(1) 0.54kW；(2) $R_1 = 0.31$m；(3) $R_2 = 0.634$m

【3 - 2】　6.51m³/h

【3 - 3】　7.96m³/h

【3 - 4】　(1) 泵的轴功率 $N = 2.31$kW；(2) B 处的压力表读数 6.18×10^4 Pa（表压）

【3 - 5】　(1) $q_{v \cdot s1} = 15.1$ m³/h，$q_{v \cdot s2} = 34.9$ m³/h；(2) $\xi_E = 7.3$

【3 - 6】　(1) $q_{v \cdot s} = 122.5$ m³/s，$q_{v \cdot A} = 74.8$ m³/s，$q_{v \cdot B} = 47.7$ m³/s；

(2) $N_e = 6.18$kW

【3 - 7】　(1) $q_{v \cdot C} = 1.71 \times 10^{-3}$ m³/s；

(2) $q_{v \cdot D} = 8.10 \times 10^{-4}$ m³/s，$q_v = q_{v \cdot C} + q_{v \cdot D} = 1.66 \times 10^{-3}$ m³/s

【3 - 8】　(1) 0.877kW；(2) 8.1

【3 - 9】　(1) 19.1m³/s；(2) 三种方案：①51.96m³/h，②23.22m³/h，③23.4m³/h

【3 - 10】　(1) 5.42m³/h；(2) 5.35m³/h，4.29m³/h，9.64m³/h

【3 - 11】　(1) $d = [\lambda (8LV_h/3600\pi gH)]^{0.5}$；(2) 46.6mm

【3 - 12】　(1) $V = 95.5$m³/h；(2) $p_B = 31392$N/m²

【3 - 13】　602.72m³/h

【3 - 14】　(1) 96570Pa；(2) 34%

【3 - 15】　(1) 893.95m³/h；(2) $\zeta = 14.3$，$L_e = 118.2$m

【3 - 16】　(1) 3.33m³/h；(2) 阀开后，$p_1 \downarrow$，$p_2 \uparrow$

【3 - 17】　(1) 3.26m；(2) 76.87m³/h

【3 - 18】　2kW

【3 - 19】　(1) 水在管内流动呈湍流；(2) $H_e = 47.9$m，$N_e = 7.4$kW

【3 - 20】　(1) 148.3J/kg；(2) $R_1 = 38.46$cm；(3) $R_2 = 40$cm

第 4 章　习题答案

【4 - 1】　$H = 40.163$ mH₂O；$N_e = 9.84$kW；$N = 911.875$kW；$\eta = 82.86\%$

【4 - 2】　(1) $N_轴 = 3$kW；(2) 安装高度合适。

【4 - 3】　经校核，此泵可用。

【4 - 4】　(1) $H_e = 20 + 0.62Q$；(2) $N_e = 0.819$kW

【4 - 5】　(1) 需电机功率为 3.5kW，换大电机；(2) 扬程不够，换一电机，增加转速 $n = 1980$rpm，电机功率为 5.72kW；(3) 可以使用，通过关小出口阀调节至工作点。

【4 - 6】　$H_g = 3.5$m

【4 - 7】　(1) 所需外加功为 130J/kg，泵提供的扬程为 13.75m，满足要求；

(2) 轴功率减少 15.1%。

【4-8】 在离心泵特性方程不变前提下，管路特性方程中各参数的变化趋势如下：

(1) 关小泵的出口阀，局部阻力系数 ζ 变大，B 值加大，K 值不变，q_e 变小。

(2) 改送 20℃ 的清水，$\Delta p/\rho g$ 变大，导致 K 值变大，B 值不变，q_e 值变小。

(3) 将高位槽改为常压后，$\Delta p/\rho g = 0$，K 值变小，B 值不变，q_e 值变大。

【4-9】 (1) 在三种安装方法中，方案 (3) 的安装高度超过允许安装高度，操作中将发生汽蚀现象，不能把 60℃ 的热水送到高位槽。方案 (1) 和 (2) 都能保证向高位槽的送水量。由于流量和压头相同，因而泵的轴功率相等。

(2) 改送水溶液后，泵出口压力表的读数增大，流量加大（管路特性方程中的 K 值减小），压头降低，轴功率加大。

(3) 高位槽改为敞口后，管路特性方程均变为 $H_e = \Delta Z + B q_e^{\ 2}$，故送 60℃ 的热水和水溶液流量相等。

【4-10】 (1) $H_e = 32.04 + 4.654 \times 10^3 q_e^{\ 2}$（$q_e$ 的单位为 $\mathrm{m^3/h}$）；

(2) 能满足要求：$q = 50\mathrm{m^3/h}$，$H = 50\mathrm{m}$，$P = 9.9\mathrm{kW}$，$\eta = 69\%$；

(3) 12.6%

【4-11】 $N_{\text{轴}} = 6.7\mathrm{kW}$

【4-12】 (1) $\Delta Z = 29.5\mathrm{m}$，$H = 31\mathrm{m}$；(2) $N_{\text{轴}} = 4.33\mathrm{kW}$；(3) $R = 0.357\mathrm{m}$。

【4-13】 (1) $q = 18.8\mathrm{m^3/h}$，$H = 21.2\mathrm{m}$，$N_{\text{轴}} = 1.55\mathrm{kW}$；

(2) $q = 18.8\mathrm{m^3/h}$，$H = 21.2\mathrm{m}$，$N_{\text{轴}} = 1.94\mathrm{kW}$；

(3) $q_{\text{水}} = 15.35\mathrm{m^3/h}$，$q_{\text{碱}} = 16.12\mathrm{m^3/h}$；

(4) 串联能获得更大流量，$q_{\text{串}} = 25.15\mathrm{m^3/h}$，（$q_{\text{并}} = 19.9\mathrm{m^3/h}$）；

【4-14】 (1) $H = 17.7\mathrm{m}$，$N_e = 2.41\mathrm{kW}$；(2) $\zeta = 13$；(3) $H_g = 4.9\mathrm{m}$。

【4-15】 (1) $N_{\text{轴}} = 0.854\mathrm{kW}$；(2) $p_a = 2.16 \times 10^5 \mathrm{Pa}$；(3) $H_g = 3.58\mathrm{m}$。

【4-16】 (1) 真空度 $= 47.07\mathrm{kPa}$；(2) 可能发生汽蚀现象，可降低泵的安装高度；减少吸入管路压头损失或加粗吸入管径。

【4-17】 (1) $q_{\text{并}} = 289.1\mathrm{m^3/h}$；(2) $p_2 = 1409\mathrm{Pa}$。

【4-18】 (1) $N_e = 2.18\mathrm{kW}$；(2) $N = 3.07\mathrm{kW}$。

【4-19】 $H_{\text{th}} = 24.23\mathrm{m}$，图略。

【4-20】 $n' = 2900\mathrm{r/min}$；$H' = 248\mathrm{m}$；$N' = 60.81\mathrm{kW}$

【4-21】 $[H_g] = 4.5\mathrm{m}$

【4-22】 (1) $[H_g] = 4\mathrm{m}$；(2) $[H_g] = 2.7\mathrm{m}$

【4-23】 $H = 40.163\mathrm{mH_2O}$；$N_e = 9.84\mathrm{kW}$；$N = 911.875\mathrm{kW}$；$\eta = 82.86\%$

【4-24】 $Q_t = 0.0773\mathrm{m^3/s}$；$H_{t\infty} = 54.76\mathrm{mH_2O}$；$H_{d\infty} = 17.30\mathrm{mH_2O}$；

$H_{p\infty} = 37.46\mathrm{mH_2O}$；$\rho_{R\infty} = 0.684$；图略。

【4－25】 $H_t = 41.55\text{m}$；图略。

【4－26】 工作点扬程为 42m，流量为 $52\text{m}^2/\text{h}$。

【4－27】 $Z_s = -1.44\text{m}$，负值表示倒灌。

【4－28】 泵的型号为 $65\text{Y}-60$。

第5章 习题答案

（略）